改訂新版

酵素応用の知識

原著者 小巻利章
改訂編著者 白兼孝雄

幸書房

まえがき

　バイオテクノロジーという新語の誕生に伴い酵素利用技術に対する関心も一段とたかまってきた昨今である.

　酵素の工業的利用の始まりは，明治時代後期にさかのぼり，α-アミラーゼによる織布のデンプン糊の糊抜き目的である．筆者が学校を卒業してこの仕事についた当時（1951）は，工業生産された酵素の大部分は糊抜剤として消費されていた.

　その頃から酵素の工業生産も活発化し，水あめ製造用，ブドウ糖製造用（1959），洗剤への添加用（1968），異性化糖生産用（1971）などの酵素の需要が急増した.

　こうした第一世代期の酵素利用技術を振り返って見ると，ある反応に酵素を利用しようと発想し，その目的に対して都合のよい性質を備えた酵素の生産起源を探し出すこと，微生物の改良，育種，培養条件，製剤化条件などの酵素生産技術の研究，さらにその酵素の応用条件の研究，特にこの場合は酵素の基質となる原料の性質をよく理解し，これと酵素作用上での特性との組合せを考えることになる.

　こうして次々と利用価値のある新しい酵素が生産されたり，利用されるようになった.

　こうした第一世代を経て，アミノ酸，異性化糖の生産に代表される固定化酵素を用いた連続反応が，1970年代に入って実用化され，バイオリアクター，バイオセンサーなどの概念が生まれ，その利用価値が一段と向上した第二世代を迎えた.

　今後に期待される第三世代では，遺伝子工学およびタンパク質構造研究などの生化学的基礎研究の成果を利用して，酵素タンパク質の質的な変換，例えば狙いを定めた特定のアミノ酸配列を遺伝子的に変えることにより，耐熱性などの構造上の特性を改良した酵素の生産が可能になるタンパ

ク質工学の分野に発展するであろうと予測される．そうなれば，自然界から与えられた酵素から，目的に適するものを探し出して利用してきた現代技術から，それを目的に対してより好都合な性質をもったものに改質された酵素として生産しうる可能性が広がり，それによってより一層酵素の利用効率なり，利用範囲が拡大されるであろうと思う．

本書では，第二世代までの酵素利用技術の発展の道すじにおける筆者の経験と知識をもとにして，いささか独断的な考えも含めて，酵素利用を試みる人々への参考になればと思い，書きためたものをまとめてみた．

かつて，月刊雑誌「油脂」（幸書房刊）に 1969 年 10 号から 1973 年 2 号までの間に，「酵素応用のための知識」として 13 回執筆したことがきっかけで，幸書房　野口千秋氏のおすすめと御協力により，本書が世に出ることに深く御礼を申し上げたい．

1985 年 10 月 27 日

小巻利章

一部訂正にあたって

　最初に本書を書いてから既に 14 年が経過し，その間 2 回追加・修正を加えたが，新しい酵素の応用として，タンパク質の接着剤としてのトランスグルタミナーゼの応用や，トレハロースの工業生産が開始されるなどの大きな進展があり，遺伝子工学の実用的応用などが注目される時代になった．古希と，ミレニアム記念にこれらの新しい項目を追加することを思い立って，第 4 版の原稿を昨秋から書き始めた．種々の分野で酵素を利用しようとする方々が増えてきている現在，この書が少しでもお役にたてば幸甚である．

　2000 年 1 月 17 日

小巻利章

改訂新版にあたって

本書の初版『酵素応用の知識』は，1986 年に小巻利章氏が，わが国の酵素産業を鑑みながら，酵素科学の基礎と応用に立脚した知見の裾野を広げるべく執筆された労作である．その後も，この初版本は好評のうちに改版を重ねて，2000 年に第四版の発行に至っており，2007 年には第四版の増刷も行われている．

このように長寿の酵素科学に関する専門書は希有なことであり，ほぼ 20 年が経過した現在でも，酵素業界関係者における本書への希求には変わりないものがある．

しかし，この 20 年間における酵素応用の学術・技術には格段の進展が見られたことは周知の通りであり，これらの学術・技術の動向を理解するうえで必須の基礎知識を涵養するために，本書の体裁を改訂新版として新たにすることを，幸書房の夏野雅博代表取締役社長から提案された．

本書の構成や章立ては，ほぼ従来の体裁を守りながらも，5 章の「脂質関連酵素とその応用」，7 章の「各種の酵素の応用（1）」の内容を充実させた．その代わりに，第四版の 9 章の「医薬品への応用」は割愛した．

酵素科学に関する入門者や専門書が多数出版されている昨今にあって，本書は酵素応用の知識・技術に特化した内容に絞っており，敢えて改訂新版を世に送り出す意義は非常に大きいと考える．

幸書房の夏野氏の意向に賛同したものの，元より浅学非才の身には荷の重いことであり，酵素に対する知識と見識の不足から内容に誤りや不正確な記述，あるいは古い情報・技術などがあるかも知れません．読者諸兄姉のご教示やご批判をお願いするものである．

本書が酵素科学の領域で活躍することを志望する研究者，技術者，学生など，各方面の関係者に少しでもお役に立てば幸甚の至りである．

なお，本文中の引用文献にも一部記載しているが，読者の学習に役立つ

参考図書をまとめて列記しておいた．本書とともに参照されたい．

2019 年 8 月 30 日

改訂編著者　白兼孝雄

〔酵素科学全般〕

1) 辻阪好夫，山田秀明，鶴 大典，別府輝彦（編）（1979）『応用酵素学』，講談社，東京.

2) 一島英治（編）（1983）『食品工業と酵素』，朝倉書店，東京.

3) 中村隆雄（1986）『酵素のはなし―生命を支えるその精巧なはたらき』，学会出版センター，東京.

4) 田中渥夫，松野隆一（1995）『酵素工学概論』，コロナ社，東京.

5) 上島孝之（1999）『酵素テクノロジー』，幸書房，東京.

6) 一島英治（2001）『酵素―ライフサイエンスとバイオテクノロジーの基礎』，東海大学出版会，神奈川.

7) 小宮山 眞（監修）（2010）『酵素利用技術体系―基礎・解析から改変・高機能化・産業利用まで』，エヌ・ティー・エス，東京.

8) Bugg, T. D. H.（井上國世（訳））（2012）『入門 酵素と補酵素の化学』，丸善出版，東京.

9) 虎谷哲夫，北爪智哉，吉村 徹，世良貴史，蒲池利章（2012）『改訂 酵素―科学と工学』，講談社，東京.

10) 清水 昌（監修）（2013）『食品用酵素データ集―取り扱い手法と実践―』，シーエムシー出版，東京.

11) 井上國世（企画立案・編集）（2016）『初めての酵素化学』，シーエムシー出版，東京.

12) Purich, D. L. & Allison, R. D. (Eds.) (2002) *"The enzyme reference : a comprehensive guidebook to enzyme nomenclature, reactions, and methods"*, 1st edn., Academic Press, New York and London.

13) Pandey, A., Webb, C., Soccol, C. R. & Larroche, C. (Eds.) (2006) *"Enzyme Technology"*, Springer, Berlin and Heidelberg.

14) Whitehurst, R. J. & Oort, M. (Eds.) (2010) *"Enzymes in Food Technology"*, 2nd edn., Wiley-Blackwell, Hoboken, USA.

15) Brahmachari. G., Demain, A. L. & Adrio, J. L. (Eds.) (2016) *"Biotechnology of microbial enzymes : production, biocatalysis and industrial applications"*, 1st edn., Academic Press, New York and London.

〔生化学全般〕

1) Conn, E. E., Stumpf, P. K., Bruening, G, & Doi, R. H.（田宮信雄, 八木達彦（訳））（1988）『コーン・スタンプ生化学』, 第5版, 東京化学同人, 東京.

2) Berg, J. M., Tymoczko, J. L., Gatto, G. J., Jr, & Stryer, L.（入村達郎, 岡山博人, 清水孝雄, 仲野 徹（監訳））（2018）『ストライヤー 生化学』, 第8版, 東京化学同人, 東京.

3) Moran, L. A., Scrimgeour, K. G., Perry, H. D. & Horton, H. R.（鈴木紘一, 宗川惇子, 笠井献一, 宗川吉汪, 榎森康文, 川崎博史（訳））（2013）『ホートン生化学』, 第5版, 東京化学同人, 東京.

4) Voet, D., Voet, J. G. & Pratt, C. W.（田宮信雄, 八木達彦, 遠藤斗志也, 吉久 徹（訳））（2017）『ヴォート基礎生化学』, 第5版, 東京化学同人, 東京.

5) Nelson, D. L. & Cox, M. M.（川嵜敏祐（監修）, 中山和久（編））（2015）『レーニンジャーの新生化学（上, 下)』, 第6版, 廣川書店, 東京.

〔辞典〕

1) 長倉三郎, 井口洋夫, 江沢 洋, 岩村 秀, 佐藤文隆, 久保亮五（編）（1998）『岩波理化学辞典』, 第5版, 岩波書店, 東京.

2) 今堀和友, 山川民夫（監修）（2007）『生化学辞典』, 第4版, 東京化学同人, 東京.

3) 巌佐 庸, 倉谷 滋, 斎藤成也, 塚谷裕一（編）（2013）『岩波生物学辞典』, 第5版, 岩波書店, 東京.

目　　次

1章　序　　説 ……………………………………………………… 1

1.1　酵素の発見 ………………………………………………… 2

1.2　酵素産業の流れ …………………………………………… 4

1.3　酵素の構造と活性発現 ……………………………………12

　1.3.1　酵素タンパク質の構造 …………………………………13

　1.3.2　活性の発現 ………………………………………………15

1.4　酵素の生産 …………………………………………………16

　1.4.1　酵素の給源 ………………………………………………16

　1.4.2　培養方式 …………………………………………………18

　1.4.3　培地組成，培養条件 ……………………………………19

1.5　酵素の精製 …………………………………………………20

　1.5.1　酵素の抽出 ………………………………………………21

　1.5.2　精製方法 …………………………………………………23

　1.5.3　製剤化 ……………………………………………………25

1.6　バイオテクノロジーにおける酵素利用技術 ……………26

　1.6.1　バイオテクノロジー ……………………………………26

　1.6.2　酵素利用技術 ……………………………………………28

　1.6.3　固定化酵素 ………………………………………………29

　1.6.4　バイオリアクター ………………………………………33

　1.6.5　バイオセンサー …………………………………………36

1.7　第 9 版食品添加物公定書 …………………………………38

2章　酵素の特性 ································43

2.1　酵素の働き ································43
2.1.1　酵素反応と活性化エネルギー ·········44
2.1.2　酵素反応速度論 ·······················44
2.2　酵素の特異性 ·····························47
2.3　酵素の補因子 ·····························49
2.4　酵素反応の至適条件 ·····················51
2.4.1　温度の影響と至適温度 ················52
2.4.2　pH の影響と至適 pH ··················52
2.5　酵素の活性化，安定化，阻害 ···········53
2.5.1　酵素の活性化，安定化 ················53
2.5.2　酵素の阻害 ···························55
2.6　酵素の変性と失活 ·······················55
2.6.1　熱変性 ·······························56
2.6.2　表面変性 ·····························57
2.6.3　圧力による変性 ·······················57
2.6.4　pH による変性 ·······················58
2.6.5　有機溶媒による変性 ··················58
2.6.6　プロテアーゼの影響 ··················60
2.7　酵素の単位 ·······························60
2.7.1　酵素単位の定義 ·······················61
2.7.2　比活性 ·······························62
2.7.3　測定条件 ·····························62
2.8　酵素の分類 ·······························63
2.8.1　酵素の命名法 ·························63
2.8.2　酵素分類法と酵素番号 ················64
2.8.3　酵素の名称 ···························65

目　次　　　**xiii**

3章　糖質関連酵素とその応用 ……………………………………69

3.1　糖質関連酵素 …………………………………………………69
3.1.1　アミラーゼの多様性 ………………………………………70
3.1.2　α-アミラーゼ …………………………………………73
3.1.3　β-アミラーゼ …………………………………………81
3.1.4　グルコアミラーゼ …………………………………………84
3.1.5　枝切り酵素：プルラナーゼおよびイソアミラーゼ …………88
3.1.6　α-グルコシダーゼ …………………………………91
3.1.7　D-グルコシルトランスフェラーゼ …………………………92
3.1.8　シクロマルトデキストリングルカノトランスフェラーゼ …93
3.1.9　グルコースイソメラーゼ …………………………………95
3.1.10　その他の糖質関連酵素 …………………………………98

3.2　デンプン加工への応用 ………………………………………106
3.2.1　デンプンの液化 ……………………………………………107
3.2.2　水あめの製造 ………………………………………………111
3.2.3　マルトースの製造 …………………………………………115
3.2.4　グルコースの製造 …………………………………………118
3.2.5　異性化糖の製造 ……………………………………………123

3.3　各種の転移反応の利用 ………………………………………126
3.3.1　シクロデキストリンの製造と利用 ………………………126
3.3.2　カップリングシュガーの製造と利用 ……………………129
3.3.3　フルクトオリゴ糖の製造と利用 …………………………131
3.3.4　ガラクトオリゴ糖の製造と利用 …………………………132
3.3.5　イソマルツロース（パラチノース）の製造と利用 ………133
3.3.6　トレハロースの製造と利用 ………………………………133
3.3.7　イヌリンの製造と利用 ……………………………………135
3.3.8　D-プシコース（D-アルロース）の製造と利用 ……………136
3.3.9　う蝕と糖 ……………………………………………………137

xiv　　　　　　　　　　目　　次

3.4　醸造工業への応用 …………………………………… 138

　3.4.1　清酒の醸造 ………………………………………… 139

　3.4.2　みりんの製造 ……………………………………… 140

　3.4.3　ビールの醸造 ……………………………………… 141

　3.4.4　アルコール発酵 …………………………………… 142

3.5　その他の工業的利用 ………………………………… 142

　3.5.1　繊維工業におけるデンプン糊の糊抜き ………… 142

　3.5.2　テンサイ糖工業におけるメリビアーゼの利用 ………… 143

　3.5.3　もち類の老化防止 ………………………………… 143

4章　タンパク質分解酵素とその応用 ……………………… 151

4.1　プロテアーゼの種類 ………………………………… 151

4.2　微生物由来プロテアーゼ …………………………… 154

　4.2.1　*Bacillus* 属細菌由来プロテアーゼ …………… 154

　4.2.2　コウジ菌由来プロテアーゼ ……………………… 156

4.3　食品加工への応用 …………………………………… 156

　4.3.1　調味料の製造 ……………………………………… 157

　4.3.2　味噌，醤油の醸造 ………………………………… 162

　4.3.3　クラッカー，ビスケットなどの製造 …………… 163

　4.3.4　食肉の軟化 ………………………………………… 164

　4.3.5　チーズの製造 ……………………………………… 167

4.4　洗剤への応用 ………………………………………… 170

　4.4.1　洗剤用酵素の歴史 ………………………………… 170

　4.4.2　洗剤用プロテアーゼとして要求される性質 ………… 172

　4.4.3　洗剤用プロテアーゼの現状 ……………………… 174

4.5　サーモライシンによるアスパルテームの合成 ………… 176

目　次

5章　脂質関連酵素とその応用 …………………………………… 181

5.1　リパーゼの種類 ……………………………………………… 181
5.2　リパーゼの応用 ……………………………………………… 185
　5.2.1　脂質分解反応の利用 …………………………………… 186
　5.2.2　脂質除去反応の利用 …………………………………… 190
　5.2.3　エステル化反応の利用 ………………………………… 191
　5.2.4　エステル交換反応の利用 ……………………………… 193
5.3　ホスホリパーゼの種類 ……………………………………… 196
5.4　ホスホリパーゼの食品加工への応用 ……………………… 199
　5.4.1　リゾレシチンの製造 …………………………………… 199
　5.4.2　機能性グリセロリン脂質の製造 ……………………… 201
　5.4.3　酵素脱ガム法 …………………………………………… 203
　5.4.4　卵黄の改質 ……………………………………………… 204
5.5　リポキシゲナーゼの応用 …………………………………… 205

6章　植物組織崩壊酵素とその応用 ……………………………… 211

6.1　植物組織崩壊酵素の種類 …………………………………… 211
6.2　セルロース分解酵素（セルラーゼ） ……………………… 212
6.3　ペクチン質分解酵素（ペクチナーゼ） …………………… 214
6.4　ヘミセルラーゼ ……………………………………………… 219
　6.4.1　キシラナーゼ …………………………………………… 220
　6.4.2　ガラクタナーゼ ………………………………………… 221
　6.4.3　マンナナーゼ …………………………………………… 221
　6.4.4　アラビナナーゼ ………………………………………… 222
　6.4.5　β-グルカナーゼ ………………………………………… 222
6.5　植物組織崩壊酵素の応用 …………………………………… 223
　6.5.1　バイオマスの糖化 ……………………………………… 223
　6.5.2　果汁の清澄化 …………………………………………… 226

xvi 目　次

6.5.3　野菜エキスの製造 ……………………………………… 228

6.5.4　タンナーゼの応用 ………………………………………… 228

6.5.5　ヘスペリジナーゼの応用 ………………………………… 230

6.5.6　ナリンギナーゼの応用 …………………………………… 232

7章　各種の酵素の応用 (1) ………………………………………… 237

7.1　核酸分解酵素 (ヌクレアーゼ) の種類 ……………………… 237

7.1.1　ヌクレアーゼ P_1 ………………………………………… 238

7.1.2　AMP デアミナーゼ ……………………………………… 238

7.1.3　酵母エキスの製造 ………………………………………… 239

7.1.4　核酸系うま味物質の製造 ………………………………… 240

7.2　酸化還元酵素の応用 …………………………………………… 241

7.2.1　グルコースオキシダーゼの応用 ………………………… 241

7.2.2　カタラーゼの応用 ………………………………………… 243

7.2.3　L-アスコルビン酸オキシダーゼの応用 ………………… 243

7.3　アミノ酸関連酵素の応用 ……………………………………… 244

7.3.1　アスパラギナーゼの応用 ………………………………… 244

7.3.2　グルタミナーゼの応用 …………………………………… 245

7.3.3　ペプチド合成酵素の応用 ………………………………… 247

7.4　タンパク質関連酵素の応用 …………………………………… 249

7.4.1　トランスグルタミナーゼの応用 ………………………… 249

7.4.2　プロテイングルタミナーゼの応用 ……………………… 250

7.5　その他の酵素の応用 …………………………………………… 251

7.5.1　キチナーゼ，キトサナーゼの応用 ……………………… 251

7.5.2　リゾチームの応用 ………………………………………… 252

7.5.3　ウレアーゼの応用 ………………………………………… 253

7.5.4　フィターゼの応用 ………………………………………… 254

目　次　　xvii

8章　各種の酵素の応用 (2) ……………………………………… 259

8.1　酵素法によるアミノ酸の製造 ……………………………… 260

8.1.1　ラセミ体アミノ酸の酵素的光学分割 ……………………… 260

8.1.2　アミノ酸前駆体の酵素的変換 ……………………………… 261

8.1.3　アミノ酸代謝に関与する酵素の逆反応の利用 …………… 262

8.1.4　化学合成中間体から光学活性アミノ酸への変換 ………… 263

8.2　酵素法による有機酸の製造 ………………………………… 266

8.2.1　L-リンゴ酸の製造 …………………………………………… 266

8.2.2　酒石酸の製造 ………………………………………………… 267

8.3　酵素法による化成品の製造 ………………………………… 267

8.3.1　アクリルアミドの製造 ……………………………………… 268

8.3.2　ニコチン酸アミドおよびニコチン酸の製造 ……………… 269

【酵素名索引】……………………………………………………… 273

【事 項 索 引】……………………………………………………… 277

【微生物名索引】……………………………………………………… 281

1章 序　説

　生物の生命活動は化学反応の集積であり，その化学反応の主役は酵素と呼ばれる生体触媒である．国際生化学分子生物学連合（International Union of Biochemistry and Molecular Biology, IUBMB）の酵素委員会（Enzyme Commission）に登録されている酵素の種類は，2019年4月現在で6,300種に達している[1]．

　酵素の触媒作用の特徴は，一般の固体触媒と異なり，水中や常温・常圧・中性付近という温和な条件下で極めて効率的に行われること，また酵素は特定の反応だけを触媒する選択性（反応特異性）と，特定の物質だけに作用する選択性（基質特異性）という極めて高い触媒特性を持っていること，さらにその作用条件が特定の範囲内であることなどである．生体内では，これらが有機的に調和のとれた作用を行うことによって，生命活動が円滑に保たれているといえる．

　酵素は，生活細胞のみが生産しうる特異的な触媒作用を有するタンパク質である．人類が酵素の働きを生活の知恵の一つとして利用してきたのが発酵現象であり，微生物や酵素の実態が明らかにされるかなり以前からであった．

　人類は，狩猟採集から農耕社会へ移行する1万年以上前から，蜂蜜や果実（ブドウなど）を原料とする自然の酒を飲んでいたとされる．一般的に最古の発酵飲料とされている．

　農耕に向かない草原で生きてきた人々は，家畜化した山羊や羊，馬，牛などの生乳の保存食として発酵乳製品を利用してきた．ヨーグルトなどの発酵乳の歴史は古く，紀元前6000年頃に遡るといわれる．発酵乳も，自然環境の中で偶然に発酵して出来上がったものである．

　紀元前4000〜5000年頃の農耕社会（古代メソポタミア，古代エジプト）では，ブドウ栽培とともにワイン造りが行われた．さらに，麦芽のパンを焼いてから湯に漬けて，こし分けてから壺に入れ，自然にアルコール発酵

2　　　　　　　　　1章　序　　説

をさせるビール醸造が行われた.

　平焼き（無発酵）パンから発酵パンの発明は，ビール酵母を利用した偶然の産物とされている.

　インドの北部やアフガニスタンでは，発酵させずに焼きあげる古代の平焼き（無発酵）パン（チャパティなど）の製造法が，今なお受けつがれている.

　中国の伝統酒（紹興酒を代表とする黄酒など）の歴史も紀元前1000年頃に始まっており，日本書記に登場する天甜酒（あめのたむさけ）は，木花咲耶姫（このはなのさくやびめ）が米飯を噛んで（唾液のデンプン分解酵素作用），それを放置して発酵させたもの（口噛みの酒）とされている.

　発酵現象の利用に関しては，このように古い歴史がある．この発酵が，酵母の中にある酵素という物質の働きであることが，1897年にブフナー（Büchner, E.）の実験によって明らかにされた.

1.1　酵素の発見[2-11]

　酵素の働きの解明は，麦芽，唾液，膵臓などの分解酵素の研究と，糖類の発酵現象の研究の二つの流れで行われてきた.

　レオミュール（Réaumur, R. A. F.）は1752年に，網カゴに入れた肉片を鳥に飲み込ませて胃内部で肉片が溶けること，スパランツァーニ（Spallanzani, L.）は1783年に，鳥やヒトの胃から取り出した胃液が体外で肉を溶かすことを観察した.

　1785年にアーバイン（Irvine, W.）は，大麦を発芽させた麦芽（ビールやウイスキー醸造の原料）によるデンプンの糖化現象を報告している.

　1814年にキルヒホッフ（Kirchhoff, G. S. C.）は，小麦の粘る成分がデンプンを加水分解すること，また1831年にルークス（Leuchs, E. F.）は，唾液に糖化作用があることについて，今でいう酵素の働きであることを証明している.

　その後，1833年にペイアン（Payen, A.）とペルソ（Persoz, J. F.）は，麦芽の抽出液にアルコールを加えて沈殿した物質が，デンプンを分解し

て糖をつくることを見出し，さらにその作用が加熱によって失われること（失活）を発見した．この物質に不溶性のデンプンから可溶性の糖類を"分離"する作用があると考えて，separation を意味するギリシャ語からdiastase（ジアスターゼ）という名称を与えた．この名前は今も，麦芽から抽出して製造された消化酵素製剤に使われており，薬局方に所載されている．

1836 年にシュワン（Schwann, T.）は，胃粘膜抽出液から酸性下に肉を溶かす成分を見出し，ペプシンと命名した．

一方で，18 世紀後半に入ってから，糖類の発酵現象を解明しようとする研究も始まっている．

1789 年にラヴォアジエ（Lavoisier, A. L.）は，発酵でブドウ糖から炭酸とアルコールができると結論づけた．1810 年にゲイ＝リュサック（Gay-Lussac, J. L.）は，飲食物の腐敗現象を観察して，発酵の誘起開始には酸素が絶対的に必要であるという"発酵酸素説"を唱えた．

これに対し 1837 年，シュワンは顕微鏡観察により，酵母が出芽によって増殖する植物性微生物であることを明らかにし，この酵母によって糖液がアルコールと二酸化炭素に分解されることを認め，"発酵生物説"を提唱した．

しかし，当時の大化学者リービッヒ（Liebig, J.）は，その翌年の 1838 年に生物学者達の顕微鏡的研究法について批判し，「発酵は生物の生活作用とは無関係で，酵母内に含まれている含窒素物である"発酵素（ferment）"なるものの本来の性質によって行われるものである」という反論を提起した．この考え方は，生物と酵素とをはっきりと分けて考えている点において極めて進歩的であったといえるが，リービッヒの"発酵素説"は，全くの推論から導かれた仮説であって実験的な証明はなかった．

それから 20 年後の 1857 年に，微生物学者パスツール（Pasteur, L.）は，アルコール発酵と乳酸発酵の原因が酵母と乳酸菌であることを確認した．そして，発酵には必ず微生物の成長と増殖が伴うことを証明し，「発酵とは生活細胞が物質代謝機能を営む結果，あらわれる糖類の分解作用である」という"生活機能的発酵説"を唱えて，生活細胞を伴わない唾液やジ

アスターゼによる分解作用とは異なるものであると主張した.

一方, トラウベ (Traube, M.) は 1858 年に, パスツールの"生活機能的発酵説"に対して「発酵は, 生活細胞の中に生産され, それ自身生活機能をもたない化学的物質によって営まれる分解作用で, 細胞の生活作用そのものではない」という"発酵触媒説"を提唱した. このトラウベの説も, リービッヒの説と同様に, 実験的証明のない推論にもとづく仮説であったが, 生活細胞と酵素との相違を主張している点で, それ以前の論争に一つの方向性を与えたことになる.

1878 年にキューネ (Kühne, W.) は, トラウベらのいう物質, すなわち"生活細胞中に生産され, それ自身生活機能をもたないが分解作用を営む化学的物質"に対して enzyme (酵素) という名称を与えた. これは, 酵母の中にあるという意味のギリシャ語が語源である.

パスツールとリービッヒの論争の中心点である発酵現象が, 生活細胞そのものの作用なのか, 生活細胞の中にある物質, すなわち酵素の作用であるのかという論争に終止符をうったのは, ブフナー (Büchner, E.) であった.

1897 年にブフナーは, 酵母を磨砕して無細胞抽出液をつくり, 防腐目的で砂糖を加えたところ, 発酵現象 (アルコールと二酸化炭素の生成) が起きていたことから, 発酵が生活細胞ではなく, 酵母の中にある物質"酵素"の作用によることを明らかにした. ブフナーは, この物質をチマーゼ (zymase) と命名した.

1926 年にサムナー (Sumner, J. B.) は, ナタマメから尿素をアンモニアと二酸化炭素に分解する酵素"ウレアーゼ"を抽出し, 結晶化に成功した. これが, 酵素の結晶化の最初の成功例である[12].

1.2 酵素産業の流れ[13-19]

酵素産業といえば, 酵素を生産し, 商品として販売する"酵素生産"のみを意味するのか, 広く酵素の働きを利用した"酵素利用"も含まれるのか, あまり明確な定義のないまま使われてきた.

1.2 酵素産業の流れ

　酵素を利用する場合は，動物や植物から酵素を抽出する方法，あるいは微生物を培養して酵素を生産する方法の，いずれかに頼らざるを得ない．少量の酵素しか必要としない場合は，前者が簡単であるが，資源に限りがあり，地域性，季節などによって変動する．需要が大きい酵素の場合は，微生物を培養する方法が最も適している．

　1846 年に津之国屋（現 アサヒビールモルト）が，日本で初めて製飴用麦芽（糖化酵素製剤）の製造販売を開始した．1874 年にはクリスチャン・ハンセン社（デンマーク）が，チーズ製造用酵素（レンネット）の販売を開始した．

　微生物を用いた酵素生産は，高峰譲吉による消化酵素製剤"タカジアスターゼ"の工業化が世界最初である[20]（1894 年）．1890 年に渡米した高峰譲吉は，タカミネ・ファーメント社を米国に設立し，1894 年に *Aspergillus oryzae* の酵素製剤"タカジアスターゼ"関連の米国特許が成立すると，1895 年にパーク・デイビス社から"タカジアスターゼ"の製造販売が開始された．"タカジアスターゼ"は，今日でもなお日本国内では第一三共で生産が続いており，胃腸薬として販売されている．工業用途としては，1905 年に京都の佐藤商会から"アミラゲン"という商品名で，織物加工業界へデンプン糊の糊抜剤として発売されていた．これらは，いずれも黄コウジ菌（*A. oryzae*）の麩麹式（ふすまこうじしき）固体培養法によるものであった．

　ヨーロッパでは 1908 年に，ボワダン（Boidin, A.）らが *Bacillus mesentericus* の液体静置培養法によって α-アミラーゼを製造し，同様にデンプン糊の糊抜剤として用いられるようになった．その後，フランスの Rapidase 社から"Rapidase"，ドイツの Kalle 社から"Biolase"の商標で，製造販売されていた．

　わが国でも 1939 年頃から，*Bacillus subtilis* 系の α-アミラーゼの生産が始まった（上田化学"プライマーゼ"，長瀬産業"ビオテックス"など）．

　当時の細菌 α-アミラーゼの製造方法は，液体静置培養法，あるいは麩麹式固体培養法であったが，ペニシリン生産において通気式深部培養法が成功したことをきっかけにして，*B. subtilis* の密閉タンクによる通気式深

部培養法が開発された（長瀬産業，大和化成，1949年）．この頃から，微生物を培養して酵素を生産，販売する企業が増え始めた．

Penicillium 属糸状菌のグルコースオキシダーゼ（長瀬産業，1957年），*Streptomyces* 属放線菌のプロテアーゼ（科研化学），*Aspergillus saitoi* の酸性プロテアーゼ（盛進），*Coniothyrium* 属糸状菌のペクチナーゼ（三共），*Rhizopus* 属糸状菌のリパーゼ（大阪細研），*Mucor* 属糸状菌の凝乳酵素（名糖産業），*Trichoderma* 属糸状菌，*Aspergillus niger* のセルラーゼ（明治製菓，上田化学，ヤクルト，長瀬産業，協和発酵）などである．

1959年から，*Rhizopus* 属糸状菌のグルコアミラーゼ（長瀬産業，阪急共栄，新日本化学，天野製薬）の生産が始まり，この酵素によるブドウ糖の工業的生産法が確立された（長瀬産業）．この酵素の需要は急速に増えて，欧米においても生産されるようになった．また，酵素の需要家であるデンプン糖製造業者により必要な酵素の自家生産が始まった（林原，参松工業，松谷化学，CPC - 米国，Anil Starch Products - インドほか）．

さらに，1966年頃からヨーロッパにおいて，洗剤にプロテアーゼを使用する気運が高まり，細菌のアルカリプロテアーゼの生産が始まった（長瀬産業，合同酒精，協和発酵，三楽酒造，Novozymes - デンマーク，Gist-Brocades - オランダ，Kali-Chemie - 西ドイツ，1968年〜1969年）．

また1965年に，グルコースイソメラーゼによる異性化液糖の工業生産が開始された（参松工業）．続いて1971年から，*Streptomyces* 属放線菌のグルコースイソメラーゼの生産・販売（長瀬産業，合同酒精）が始まり，1976年頃からは，この酵素が固定化されたものが市販されるようになって，海外でも，*Bacillus coagulans*，*Arthrobacter* 属細菌，*Actinoplanes missouriensis* などの生産菌が使われるようになった（Novozymes - デンマーク，R. J. Reynolds Tobacco および Miles - 米国，Miles Kali-Chemie - 西ドイツ，Gist-Brocades - オランダ）．

1993年には，タンパク質架橋化酵素（トランスグルタミナーゼ）が商品化された（味の素，天野エンザイム）．

1995年には，デンプン液化液に，高分子マルトオリゴ糖の還元末端のα-1,4 結合を α-1,1 結合に分子内転移する酵素（マルトオリゴシルトレハ

ロース生成酵素）と，生成したマルトースオリゴシルトレハロースから還元末端のトレハロースを遊離する酵素（トレハロース遊離酵素），さらに枝切り酵素（イソアミラーゼ）の3者を作用させて，非還元性のトレハロースの工業的生産が開始された．

一方で1969年に，世界で初めて固定化酵素の工業的応用として，固定化 L-アミノアシラーゼによる DL-アミノ酸の酵素的連続光学分割法が工業化された（田辺製薬）．その技術はさらに発展して，フマル酸から，L-アスパルターゼによる L-アスパラギン酸とフマラーゼによる L-リンゴ酸の製造，また L-アスパラギン酸から L-アスパラギン酸 β-デカルボキシラーゼによる L-アラニンの製造などへと発展している．さらに，半合成ペニシリンの原料である 6-アミノペニシラン酸（6-APA）の生産に，固定化ペニシリンアシラーゼが用いられるようになった．これらはほとんどの場合，酵素を利用しようとする企業において，必要な酵素を自家生産して行われている．

2003年には，5′位特異的ピロリン酸-ヌクレオシドリン酸基転移酵素を用いる酵素法により，核酸系うま味物質（5′-イノシン酸，5′-グアニル酸）の生産が開始された（味の素）．また2005年には，L-アミノ酸 α-リガーゼあるいはアミノ酸エステルアシルトランスフェラーゼを用いる酵素法により，ジペプチドを生産する方法が確立された（協和発酵，味の素）．

今後も，わが国における新規酵素と新規生産技術の開発とが相俟って，酵素産業の益々の発展が望まれている．

現在，酵素は様々な分野で使われており，酵素産業には大きく分けて産業分野（食品用酵素および工業用酵素）と，メディカル・研究分野がある（**表1.1**）．

産業分野で利用されている主要な酵素の一覧を，**表1.2** と **表1.3** に示す[18, 21-24]．

なお，生体成分や食品成分などの分析例については，それぞれの文献を参照されたい[25-32]．

8　　　　　　　　　　　　1 章　序　説

表 1.1　酵素産業の分野[17]

産業分野		メディカル・研究分野
食品用酵素	工業用酵素	医薬用酵素
		診断薬用酵素
糖質加工用	繊維用	研究用酵素
タンパク質加工用	物質生産用	
醸造用	洗剤用	
乳加工用	飼料用	
油脂加工用	製紙用	
核酸生産用	環境・エネルギー用	
その他	その他	

（注）改訂編著者が一部改変

表 1.2　産業分野で利用されている主要な酵素

酵素名（常用名）	EC 番号	用　途　ほ　か
〈糖質関連酵素〉		
α-アミラーゼ	3.2.1.1	デンプン液化，製粉，製パン，製菓，清酒・ビール醸造用，発酵工業，消化酵素製剤
β-アミラーゼ	3.2.1.2	マルトース・水あめの製造（プルラナーゼなどと併用），餅の老化防止
グルコアミラーゼ	3.2.1.3	デンプン糖化，グルコースの製造，清酒醸造用，消化酵素製剤
プルラナーゼ	3.2.1.41	マルトースの製造（β-アミラーゼと併用），アミロースの製造
イソアミラーゼ	3.2.1.68	同上
α-グルコシダーゼ	3.2.1.20	清酒醸造用
シクロデキストリングルカノトランスフェラーゼ	2.4.1.19	シクロデキストリンの製造，カップリングシュガーの製造
グルコースイソメラーゼ（キシロースイソメラーゼ）	5.3.1.5	異性化糖の製造（グルコースのフルクトースへの異性化）
β-ガラクトシダーゼ（ラクターゼ）	3.2.1.23	乳糖分解，乳製品の加工，飼料へ添加
β-フルクトフラノシダーゼ（インベルターゼ）	3.2.1.26	スクロースの転化，転化糖の製造
デキストラナーゼ	3.2.1.11	デキストランの分解，虫歯防止剤

1.2 酵素産業の流れ

酵素名（常用名）	EC 番号	用　途　ほ　か
〈タンパク質分解酵素〉		
細菌プロテアーゼ	3.4.21〜 3.4.25	（*Bacillus* 属）洗剤用，皮革工業用，タンパク質の分解・加工，製菓，製パン，醸造用 （*Serratia* 属）消炎剤，創傷面浄化 （*Streptococcus* 属）壊死組織溶解，プラスミン活性化
放線菌プロテアーゼ		（*Streptomyces* 属）食品加工，調味料製造
糸状菌プロテアーゼ		（*Aspergillus* 属，*Rhizopus* 属）消化酵素製剤，食品加工，調味料製造，清酒混濁防止 （*Rhizomucor* 属）チーズの製造（微生物レンネット）
植物プロテアーゼ 　パパイン 　ブロメライン	 3.4.22.2 3.4.22.33	 食肉軟化，調味料製造，製菓，製パン 食肉軟化，エキス製造，消炎酵素製剤
動物プロテアーゼ 　ペプシン A 　レンネット（キモシン） 　トリプシン 　キモトリプシン	 3.4.23.1 3.4.23.4 3.4.21.4 3.4.21.1	 消化酵素製剤，チーズの製造 凝乳作用，チーズの製造 タンパク質の分解，消化酵素製剤（パンクレアチン） 　同上
〈脂質分解酵素〉		
リパーゼ	3.1.1.3	油脂の加工，油脂のエステル合成・交換，消化酵素製剤（パンクレアチン），臨床診断試薬用
ホスホリパーゼ A_1 ホスホリパーゼ A_2 ホスホリパーゼ D	3.1.1.32 3.1.1.4 3.1.4.4	リゾレシチンの製造，小麦粉改良，油脂の精製 卵黄の改質，リゾレシチンの製造，製菓，製パン 研究用試薬，新規リン脂質の生成
リポプロテインリパーゼ	3.1.1.34	トリグリセリドの定量用
リポキシゲナーゼ	1.13.11.12	小麦粉製品の漂白
〈植物組織崩壊酵素〉		
セルロース分解酵素： 　セルラーゼ 　セロビオヒドロラーゼ 　β-グルコシダーゼ	 3.2.1.4 3.2.1.91 3.2.1.21	 植物細胞壁の分解，植物成分の抽出，植物エキスの製造，製粉，製パン，飼料へ添加

酵素名（常用名）	EC 番号	用　途　ほ　か
ヘミセルラーゼ： （キシラナーゼ，ガラクタ ナーゼ，マンナナーゼなど の混合物）	3.2.1.8 3.2.1.89 3.2.1.78	植物細胞壁の分解，植物成分の抽出，植物エキスの製造，製粉，製パン，飼料へ添加
ペクチン質分解酵素 （ペクチナーゼ）： ペクチンメチルエステラーゼ ポリガラクツロナーゼ ペクチンリアーゼ	 3.1.1.11 3.2.1.15 4.2.2.10	果汁の清澄化，搾汁歩留り向上，アルコール発酵醪の粘度低下，ペクチン分解
タンナーゼ	3.1.1.20	茶飲料の混濁防止，呈味改善
β-グルカナーゼ	3.2.1.6	酵母の分解，ビール醸造用，食品加工
ヘスペリジナーゼ： （α-L-ラムノシダーゼ，β- グルコシダーゼの混合物）	3.2.1.40 3.2.1.21	みかん缶詰の白濁防止
ナリンギナーゼ： （α-L-ラムノシダーゼ，β- グルコシダーゼの混合物）	3.2.1.40 3.2.1.21	柑橘類の苦味除去
〈核酸分解酵素〉		
ヌクレアーゼ P_1 （ヌクレアーゼ S_1）	3.1.30.1	調味料の製造，AMP デアミナーゼと併用して 5′-IMP，5′-GMP の製造
AMP デアミナーゼ	3.5.4.6	5′-IMP の製造
〈酸化還元酵素〉		
グルコースオキシダーゼ	1.1.3.4	グルコースの定量，脱糖，製パン，製菓
カタラーゼ	1.11.1.6	過酸化水素の分解除去
アスコルビン酸オキシダーゼ	1.10.3.3	水産練り製品の食感・物性の改良
〈アミノ酸関連酵素〉		
アスパラギナーゼ	3.5.1.1	医薬用酵素製剤（急性リンパ性白血病の治療），アクリルアミドの発生防止
グルタミナーゼ	3.5.1.2	グルタミン酸の生成
〈タンパク質関連酵素〉		
トランスグルタミナーゼ	2.3.2.13	水産練り製品・食肉加工品・麺類の食感・物性の改良，畜肉・魚介類の接着

1.2 酵素産業の流れ　　**11**

酵素名（常用名）	EC 番号	用　途　ほ　か
〈その他の酵素〉		
キチナーゼ	3.2.1.14	キチンオリゴ糖，N-アセチルグルコサミンの製造
キトサナーゼ	3.2.1.132	キトサンオリゴ糖，グルコサミンの製造
リゾチーム	3.2.1.17	食品の日持ち向上，消炎酵素製剤，溶菌
ウレアーゼ	3.5.1.5	清酒・酒質の保全剤，尿素の分解
フィターゼ	3.1.3.8	フィチン酸の分解，飼料へ添加
〈有用物質製造用酵素〉		
L-アミノアシラーゼ	3.5.1.14	DL-アミノ酸の光学分割用
L-アスパルターゼ	4.3.1.1	フマル酸 → L-アスパラギン酸
L-アスパラギン酸 β-デカルボキシラーゼ	4.1.1.12	L-アスパラギン酸 → L-アラニン
フマラーゼ	4.2.1.2	フマル酸 → L-リンゴ酸
D-酒石酸エポキシダーゼ	3.3.2.4	シスエポキシコハク酸 → D-酒石酸
ペニシリンアミダーゼ	3.5.1.11	6-アミノペニシラン酸の製造
ウリジンホスホリラーゼ	2.4.2.3	⎫ アデニンアラビノシドの製造
プリンヌクレオシドホスホリラーゼ	2.4.2.1	⎭
ニトリルヒドラターゼ	4.2.1.84	アクリルアミド，ニコチン酸アミドの製造

表 1.3　生体成分や食品成分の分析に用いられる主要な酵素

酵素名（常用名）	起　源	測　定　物　質
ヘキソキナーゼ	酵母	グルコース，フルクトース
グルコース-6-リン酸デヒドロゲナーゼ	酵母	グルコース 6-リン酸
グルコースオキシダーゼ	糸状菌	グルコース
FAD-グルコースデヒドロゲナーゼ	微生物	グルコース
ガラクトースオキシダーゼ	細菌	ガラクトース
ガラクトースデヒドロゲナーゼ	細菌	ガラクトース
ペルオキシダーゼ	西洋わさび	過酸化水素
乳酸デヒドロゲナーゼ	酵母，ウシ心筋	ピルビン酸，乳酸，GPT（ALT）

酵素名（常用名）	起源	測定物質
リンゴ酸デヒドロゲナーゼ	ブタ心臓	リンゴ酸，GOT（AST）
アルコールデヒドロゲナーゼ	酵母，ウマ肝臓	エタノール，NAD
グリセロキナーゼ	酵母	グリセリン
グリセロールデヒドロゲナーゼ	細菌	グリセリン
リポプロテインリパーゼ	微生物	トリグリセリド
リパーゼ	微生物	トリグリセリド
コレステロールエステラーゼ	微生物	コレステロールエステル
コレステロールオキシダーゼ	微生物	コレステロール
ウレアーゼ	なた豆	尿素
ウリカーゼ	酵母，細菌	尿酸
グルタミン酸デヒドロゲナーゼ	ウシ肝臓	アンモニア，グルタミン酸
グルタミン酸オキシダーゼ	微生物	グルタミン酸
クレアチニナーゼ	微生物	クレアチニン
クレアチナーゼ	微生物	クレアチニン，クレアチン
サルコシンオキシダーゼ	微生物	クレアチニン，クレアチン
スクロースホスホリラーゼ	微生物	無機リン
フルクトシルペプチドオキシダーゼ	微生物	糖化ヘモグロビン（HbA$_{1C}$）

1.3 酵素の構造と活性発現

今日まで多数の酵素が純品として得られているが，いずれもその本体はタンパク質である．したがって，酵素とは"生体内における分解や合成などの代謝反応を触媒するタンパク質である"と定義しても良い．しかし，多くの酵素のなかには，①タンパク質性の部分だけからなる単純タンパク質型酵素と，②タンパク質性の部分（アポ酵素，apoenzyme）と非タンパク質性の補因子（cofactor）（補酵素（coenzyme），必須イオン）が結合してはじめて活性を示す複合タンパク質型酵素（ホロ酵素，holoenzyme）とがある（**図 1.1**）．

一般的に，加水分解酵素には，前者のタンパク質だけである単純タンパ

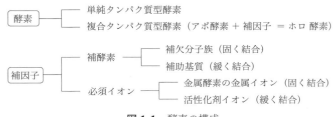

図 1.1 酵素の構成

ク質型酵素が多い．一方，酸化，還元などに関係する酵素には，後者の補因子を必要とするものが多い．補酵素のなかには，酵素タンパク質から容易に解離しないで，タンパク質の補欠分子族（prosthetic group）として酵素タンパク質と強固に結合しているものもある[33]（**図 1.1**）．

1.3.1 酵素タンパク質の構造[34-36]

タンパク質の構成単位は α-アミノ酸である．最も単純なアミノ酸であるグリシンを除いて，他のアミノ酸は光学的に D および L の両型が存在する．天然に存在するアミノ酸は，ほとんど L 型である．

通常のタンパク質を構成している 20 種類のアミノ酸を側鎖の性質により分類して，**表 1.4** に示す．

2 分子のアミノ酸が，カルボキシル基（COOH）とアミノ基（NH$_2$）の間で脱水縮合すると，ペプチド結合（-CO-NH-）が生成される．さらに数多くのアミノ酸のペプチド結合が生成されると，ポリペプチドと呼ばれる長い鎖ができる．

このポリペプチド鎖がタンパク質の基本構造であり，そのアミノ酸の配列によってそれぞれのタンパク質の特性が現われる．これをタンパク質の一次構造（primary structure）と呼んでいる．

図 1.2 に，ニワトリ卵白リゾチームの一次構造を示す．この酵素は，129 個のアミノ酸残基により構成される単純タンパク質である．

各種のアミノ酸が結合してポリペプチド鎖ができると，それぞれのアミノ酸によりポリペプチド鎖は直線ではなく，右巻きらせん構造（α ヘリッ

表 1.4 タンパク質を構成するアミノ酸

アミノ酸	3文字表記	1文字表記	アミノ酸	3文字表記	1文字表記
(1) 脂肪族アミノ酸			e. ジアミノモノカルボン酸		
a. モノアミノモノカルボン酸			アルギニン	Arg	R
グリシン	Gly	G	リシン	Lys	K
アラニン	Ala	A	f. 含硫アミノ酸		
バリン	Val	V	システイン	Cys	C
ロイシン	Leu	L	メチオニン	Met	M
イソロイシン	Ile	I	(2) 芳香族アミノ酸		
b. ヒドロキシモノアミノモノカルボン酸			フェニルアラニン	Phe	F
セリン	Ser	S	チロシン	Tyr	Y
トレオニン	Thr	T	(3) 複素環式アミノ酸		
c. モノアミノジカルボン酸			トリプトファン	Trp	W
アスパラギン酸	Asp	D	ヒスチジン	His	H
グルタミン酸	Glu	E	プロリン	Pro	P
d. モノアミノジカルボン酸アミド					
アスパラギン	Asn	N			
グルタミン	Gln	Q			

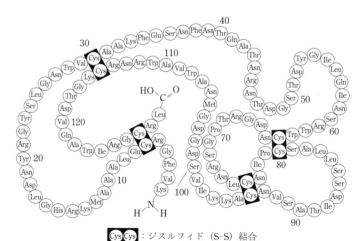

図 1.2 ニワトリ卵白リゾチームの一次構造[37]

クス）と平面構造（βシート）の2種類の規則的な構造，そしてランダム構造と呼ばれる不規則な構造をとることになる．このような構造を二次構造（secondary structure）と呼んでいる．

この二次構造の外側の疎水性アミノ酸残基が，水分子と反発してタンパク質の中に潜ろうとする力（疎水的相互作用）が働いて，さらにアミノ酸残基の側鎖間のイオン結合（静電的相互作用），水素結合，ファンデルワールス力，ジスルフィド結合（S-S結合）によって構造が安定化される．このような"立体構造"を三次構造（tertiary structure）と呼んでいる．全般的には，ほぼ"球状の構造"をしていると考えて良い．

1965年に，イギリスのブレイク（Blake, C. C. F.），フィリップス（Phillips, D. C.）らによって，ニワトリ卵白リゾチームの三次構造（高分解能データ）が初めて報告された[38]．

異なるポリペプチド鎖間の相互作用（非共有結合）によって形成されるサブユニットの会合状態のことを，四次構造（quaternary structure）という．同種サブユニットからなるもの（ホモオリゴマー）が多いが，異種サブユニットからなるもの（ヘテロオリゴマー）もある．サブユニット数は，2個（ダイマー），4個（テトラマー），6個（ヘキサマー）など偶数が多い．全てのタンパク質が四次構造をもつわけではなく，単量体（モノマー）で機能をもつ酵素タンパク質も多い．

1.3.2 活性の発現

複雑なタンパク質の三次構造の中に，酵素の触媒としての不思議な機能が隠されているのであるが，このような巨大な酵素分子の立体構造の全体が酵素の働きに関係しているのではなく，一部分だけが酵素としての働きに直接関与しているといえる．

この部分を活性部位（active site），あるいは活性中心（active center）と呼んでいる．この活性部位の中には，基質であることを認識して"基質と結合する部位"（基質結合部位，substrate-binding site）と，"触媒作用を発現する部位"（触媒部位，catalytic site）が含まれている．

単純タンパク質型酵素では，特定のアミノ酸残基により基質結合部位が

決定されている．触媒部位もまた，酵素タンパク質のある種のアミノ酸残基が関係していることが多い．補因子を必要とする複合タンパク質型酵素の場合は，補酵素や必須イオンとの結合によって触媒部位が形成される．

1.4 酵素の生産

酵素反応を利用する場合，酵素の給源は生活細胞に頼らざるをえない．工業的に大量消費される酵素の生産には，微生物を用いるのが最も適している．

微生物として，細菌，糸状菌，放線菌，酵母などの利用が一般的である．一方，動物組織や植物などから，直接的に酵素を取得する方法も利用されている．

現在，遺伝子工学技術の応用により，微生物の酵素生産量の向上，酵素化学的触媒機能の改良などが従前以上に進展しており，微生物利用の範囲はさらに広まっている．

1.4.1 酵素の給源[39-42]

酵素を生産するということは，その酵素の利用目的に合致した性質，すなわち，反応特異性，基質特異性，至適温度，至適 pH，熱および pH 安定性，生産物の収量，抗原性，その他の利用目的に最も適した性質をもつ酵素の給源を見出すことである．

使用目的に好都合な性質をもった酵素を生産する給源を見出すために，微生物や酵素を専門とする技術陣は，ニーズをよく理解したうえで，生産すべき酵素の目標を設定しなければならない．それに従って，生産菌株をスクリーニングする．

スクリーニングでは，応用目的に適した酵素の生産菌であると共に，より生産力の高い生産菌を選び出さなければならない．同じような酵素の生産菌であれば，短時間で培養できるものが好ましい．

なおスクリーニングでは，的確で簡便な，しかも自動分析機器を利用できる分析方法を開発することが重要である．効率的なスクリーニングを実

1.4 酵素の生産

施するために，目的によっては2項目以上の分析を行う場合も多い．

酵素生産性の向上は培養条件などの改良によっても可能であるが，酵素の特異性や耐熱性，耐酸性などの性質を人為的に改良することは難しいので，スクリーニングで目的の酵素生産菌を探索することが重要である．糸状菌の場合は，親株の胞子を単離して培養する単胞子分離法で，酵素生産能の高い菌株を選択する方法が取られることもある．

スクリーニングの実施にあたっては，前述したように，目的の酵素を見出すためのスクリーニング方法を組み立て，それに基づいて多くの菌株をスクリーニングする．目的の菌株が見つからないときは，スクリーニング方法が適当でないと考えて，さらに工夫し方法を改良して繰り返し実施する．

酵素の生産力を増強させるために，生産菌に人為的な変異を起こさせて改良することが可能であり，工業的には10倍以上に生産性を上げている例が多い．変異株獲得の手法として，紫外線やγ線の照射，ニトロソグアニジンのような変異原性物質などを用いて，DNAの塩基配列の変化（添加 addition，欠損 deletion，置換 substitution，重複 duplication，転座 translocation，逆位 inversion）を促す処理が行われる．

さらに，遺伝子工学的手法として，遺伝子コピー数を増加させる遺伝子重複などの手法が応用できる．また，酵素機能の改変手法として，酵素遺伝子の特定の部位に任意の変異を導入できる部位特異的変異導入法 (site-directed mutagenesis)，エラープローン PCR 法（error-prone PCR）によるランダム変異導入法，DNA シャフリング（DNA shuffling）により異なった DNA 間のキメラ遺伝子を得る方法などが活用されている[43-45]．

スクリーニング，および変異などの改良によって見出した菌株の保存も重要な技術である．酵素生産性の高い菌株は，しばしば不安定であることが多く，酵素生産性を常に維持する技術が重要である．

遺伝子工学的手法により酵素機能が改良された，洗剤用酵素，診断薬用酵素などが，世界的に普及している．また，日本の食品分野でも，GMO由来の食品用酵素の実用化が進んでいる[46-48]．

1.4.2 培養方式[49-53]

酵素生産のための微生物の培養法には，固体培養法と液体培養法があり，液体培養法には静置培養法と深部培養法とがあるが，今日ではほとんど深部培養法が利用されている．固体培養法は，培地の殺菌方法や，培養温度，湿度などの管理が難しく，労力を要するなど大量生産に適していない欠点はあるが，利点も多い．

1) 固体培養法

自然界の微生物は，枯れた植物体や食品廃棄物などの表面に付着して生活し，増殖していることが多い．このよう考えると，麬（ふすま）や穀類，豆類の粉砕物を培養基として，固体培養法で微生物を表面培養するのが最も自然な方法といえるかもしれない．しかし固体培養法の場合，培養過程において，栄養成分，水分，pH，酸素量，温度などの条件は局部的には異なるものである．したがって，個々の微生物にとっては，それぞれ異なる環境で培養されていることになる．このために，その微生物のそれぞれの酵素生産遺伝子の生産性に適した環境に相応して，各種の酵素が同時に生産される．例えば，植物組織崩壊酵素のような数種の酵素を同時に生産したいときには適している培養法である．また，*Rhizopus* 属や *Mucor* 属糸状菌などのように，菌糸が機械的衝撃に弱い菌の培養にも適している．

一般的な個体培養法は，適当な培養基に加水してからアルミ製などのトレイに薄く広げて培養室内に静置し，室内の温度，湿度，通気を調節して行う．この場合，トレイの材質は熱をよく放散するアルミが適している．室内温度の制御は，トレイ内の品温が微生物の増殖に伴って上昇するのを見込んで，早目に制御しなければならない．特に，細菌の場合，糸状菌に比べて水分要求量が大きくて生育速度が速く，発熱量も一時的に大きくなるので温度制御が難しい．温度制御のために室内の換気・通気をあまり多くすることは，培養物の乾燥を伴う．

2) 液体培養法

深部培養は，通気撹拌式の培養タンクで行われる．この方法は，固体培養に比べて培養条件が均一であるので，生産される酵素の種類が限定され

る．したがって，目的とする酵素のみを大量生産させるための培養諸条件を厳密に制御することが可能である．50〜150トンの大型培養タンクが使用できるので，大量培養に適している．しかし，培養タンクの大きさの決定は，培養物のろ過などの後処理の難易と，その装置の能力とを合わせて考えねばならない．培養タンクの機能として最も重要な因子は，通気と撹拌のシステムである．微生物，特に好気性の微生物にとっては，酸素の供給が重要であって，酸素移動効率によって生育が支配される．

1.4.3　培地組成，培養条件[49-53]

微生物による酵素生産の場合，経済的見地から次の3点を総合的に考えねばならない．

①　原料1kg当りの酵素生産量
②　培養物1kg当りの酵素量
③　酵素生産量が最大に達する培養時間（培養装置の使用頻度）

これらは，前述した生産菌の種類によって大きく支配されるが，培地組成や培養条件（pH，温度，通気量など）によっても支配される．

微生物による酵素の生産は，菌の生育と並行しているケース（growth associated production）もあるが，菌の生育よりも遅れ，菌の生育静止期に入ってから酵素の生産が始まるケース（non-growth associated production）も多い．α-アミラーゼ，プロテアーゼのような菌体外酵素では，後者の例が多い．

培地組成は，微生物が細胞物質の合成とエネルギー獲得を行うために必要な栄養成分であり，炭素源，窒素源，無機塩類，生育因子（ビタミン）などから構成される．それぞれの生産菌および目的酵素に応じて，適当な種類の培地組成を選択する必要がある．

無機塩類は，酵素の補因子の役割のほかに，生産された酵素の安定化，細胞内イオン強度の保持などに利用される．また，培地のpH調整，維持にも重要である．

このほかに，酵素生産を誘導する物質が必要な場合が多い．誘導物質としては，ラクターゼ生産に対する乳糖，グルコースイソメラーゼ生産

に対するキシロース（この酵素はグルコースのみならずキシロースも異性化する），セルラーゼ生産に対するセルロースなどのように，その酵素の基質である場合や，酵素によって分解されない基質類似物質（substrate analogue）であることが多い．

Bacillus circulans が生産する α-アミラーゼは，生デンプン分解力が強いことと，可溶性の基質に作用させたときにマルトヘキサオース（G6）を特異的に生成する特徴があるが，この α-アミラーゼ生産の炭素源として，マルトースや可溶性デンプンを用いたときはほとんど酵素が生産されないが，生のデンプン粒，特に各種 α-アミラーゼによって最も分解されにくいとされている生ジャガイモ（バレイショ）デンプンを加えたときに良く酵素が生産される．したがって，通常の培地調製時のように加熱殺菌すると生デンプン粒が糊化するので，生ジャガイモデンプンのみ別にエチレンオキサイドガスで滅菌してから，冷却された殺菌培地に添加しなければならない．

生産原価の構成上，前述した3点のうち，培養物当りの酵素力価をできるだけ高くすること，あるいは1培養槽当りの酵素量を多くすることが最も有利と考えられるケースでは，できるだけ培地成分濃度を高くする．あるいは培養経過に対応させて，殺菌した特定の培地成分を添加しながら培養する方法などを選択する．

培地の殺菌は重要な課題であるが，しばしば過剰殺菌により培地成分が化学的変化を起こし，生産菌の発育や酵素生産を阻害することがあるので，注意すべきである．

また，終末代謝産物によって酵素生産が阻害される例や，培地の特定成分濃度をできるだけ低く抑えて培養することで酵素生産が増大する例などがある．このようなときには，連続培養法などが採用される．

1.5　酵素の精製 [54-57)]

一般的な酵素の精製フローチャートを，**図1.3**に示す．まず，培養菌体から酵素液を取得し，酵素液を限外濃縮する．次に，濃縮酵素液を粗分

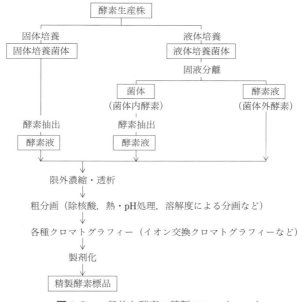

図 1.3 一般的な酵素の精製フローチャート

画（除核酸，熱・pH 処理，溶解度による分画など）した後，各種クロマトグラフィーにより精製を行い，純度の高い酵素標品を取得する．

1.5.1 酵素の抽出

酵素抽出の目的は，固形物，色，においなどの好ましくない不純物を除去し，限外濃縮，透析，安定化剤の添加などにより，取扱いが容易で安定な酵素液を取得することである．

微生物の培養により得られた菌体内酵素や，動植物細胞内酵素の場合は，酵素を細胞から抽出して酵素液とする．菌体外酵素の場合，固体培養では培養物から酵素を水や緩衝液で抽出して酵素液とする．液体培養の場合は，培養液をろ過して菌体を除き酵素液とする．

酵素液中の夾雑酵素が使用目的から考えて不都合な場合は，これを完全

に除去しなければならない．例えば，デンプンをグルコースに糖化するグルコアミラーゼ製剤では，マルトースから他のオリゴ糖に転移させる作用をもつ酵素の共存は絶対に避けなければならないので，もし培養液中に混在するときは，これを除くか，失活させなければならない．

なお菌体内酵素の場合，菌体のまま，もしくは固定化菌体を酵素標品として利用することがある．

1）　培養液のろ過

一般に糸状菌（カビ）や放線菌の培養液は，細菌の培養液に比較して，ろ過による菌体の除去が容易である．*B. subtilis* の培養では，生育静止期に入ってから酵素生産が高まり，菌体の自己消化などで培養液が粘稠になるため，ろ過が難しくなる．菌種によっては，粘質物を同時に生産するものもある．

ろ過方法として，Ca 塩を加え pH を調節することで，培養液中に残存するリン酸塩をリン酸カルシウムゲルとし，このゲルが菌体やコロイド性物質を包みこんで凝集するのを利用する．その際に，適当な方法で加熱して酵素に影響のない範囲で菌体などを熱凝固させたり，あるいは適量のアルコールを加えて凝集させてから，ろ過するなどの前処理が必要である．

殺菌消毒薬アクリノール（商品名リバノール）や，カチオン界面活性剤を加えて，これらのもつ陽荷電により，粘質物を凝集させる方法もある．適当な粒度のケイソウ土をろ過助剤として用いることも，一般的である．

2）　細胞内酵素の抽出

細胞内の酵素を抽出するためには，細胞を物理的に破壊する方法，塩濃度や pH を変えるなどにより化学的に抽出する方法，細胞壁分解酵素（卵白リゾチームなど）により溶菌する方法などがある．

細胞内酵素のなかには，細胞内の構造タンパク質，核酸，多糖類，脂質などと複合体となって存在しているものが多い．この場合には，pH やイオン強度を変化させることで酵素が容易に抽出されるようになる．また，中性付近で硫酸アンモニウムなどの中性塩を適量加えると，酵素が容易に抽出されるようになる．

凍結融解の繰り返しで，細胞内の水が氷になることで細胞破壊が起り，

酵素の抽出効果が上がる．組織や菌体懸濁液を，冷却したアセトン中に注加し急速に脱水して，アセトン乾燥粉末にすることでも酵素を容易に抽出できるようになる．グラム陽性菌の場合は，リゾチームで溶菌させて酵素を抽出できる．酵母細胞の場合は，自己消化を利用することで酵素を容易に抽出できる．

3）酵素液の濃縮

酵素液中には，高分子の酵素タンパク質と，無機塩や，培養中の代謝産物など比較的低分子の夾雑物が混在している．これら低分子物質を除きながら，酵素を濃縮，透析する手段として，限外ろ過膜の利用が最も適している．しかし，材質がセルロース系の誘導体である膜の中には，共存するセルラーゼなどの作用を受けるものもあるので，材質と膜の分画分子量（目的酵素の分子量により異なる）の両方を選択して用いなければならない．工業的に大量消費されている α-アミラーゼ，グルコアミラーゼなどが，この方法を利用し濃縮液状品として市販されている．

1.5.2　精製方法

1）除核酸

細胞内から抽出した酵素液には，多量の核酸が存在している場合がある．核酸が存在していると，酵素の精製を妨害することがあり，何らかの除核酸処理が必要となる．

例えば，水溶性の陽イオン性物質を使用して核酸を凝集沈殿させ除去する方法では，プロタミン，ストレプトマイシン，キトサン，ポリエチレンイミンなどが一般的に利用される．

2）粗分画

溶液中の酵素タンパク質を粗分画する方法として，安定性による分画（熱あるいは pH 処理）と，溶解度による分画（塩析法，有機溶媒沈殿法，および等電点沈殿法）がある．これらの分画は精製の初期段階に有効であるが，それぞれに長所と短所がある．

安定性による分画では，酵素の熱，酸，アルカリに対する安定性が，夾雑タンパク質よりも良い条件を選ぶことにより，夾雑タンパク質だけを変

性させて除去できる．この変性は，一般的に不可逆な反応である．

塩析法では，多糖類などの高分子不純物との分画が可能である．pHだけ注意すれば，塩析操作そのものによる失活は少ない．硫酸アンモニウムが最も使いやすいが，リン酸カリウム，硫酸ナトリウムなども用いられる．いずれの場合も塩析廃液中に多量の無機塩を含んでおり，廃水処理上の問題がある．

有機溶媒沈殿法では，アセトン，エタノール，イソプロピルアルコールなどが用いられるが，酵素の種類によって溶媒に対する安定性が異なること，廃液の回収，操作上の安全性などから，変性エタノールが最も好ましい．

酵素は有機溶媒中で不安定な場合が多いので（2章2.6.5項を参照），酵素液，溶媒ともに5℃近辺まで冷却し，両者を混合するときも発熱して温度が上がるので，徐々に混合するか冷却を続けながら操作する．沈殿物をろ過や遠心分離で集めた後は，できるだけ急速に乾燥することが必要である．

有機溶媒沈殿法では，塩析法と異なり，多糖類，粘質物などの高分子物質も同時に濃縮，沈殿することが多いが，実用的には問題がない．むしろ培養液のにおいなどが少なくなり，食品加工用などには適している．

3) クロマトグラフィーによる精製

粗分画された酵素液から目的とする酵素を精製する方法として，次のような各種クロマトグラフィーが利用されている．

① イオン交換クロマトグラフィー
② ゲルろ過クロマトグラフィー
③ 吸着クロマトグラフィー
④ 水素結合クロマトグラフィー
⑤ 疎水性クロマトグラフィー
⑥ アフィニティクロマトグラフィー

酵素タンパク質は，正，負の電荷を有し，pHに応じ全体として，正，ゼロ，負の電荷となる．タンパク質の総電荷が，ゼロとなるpHを等電点（pI）と呼ぶ．また，その表面は全体的には親水性であるが，一部は疎水

性の部分が存在することがある．これらの物理化学的な特性の差に基づいて，夾雑タンパク質を分離する．すなわち，分子の大きさ，溶解度，電荷，バイオアフィニティなどに着目した分離法が用いられる．

精製の原理は，個々の酵素の性質の違いを利用して分離するのであるから，異なった性質の差を利用した精製方法を組み合わせることが重要である．しかし，個々の酵素に最も適した方法は試行錯誤で決めていくことになる．

工業的なアフィニティクロマトグラフィーの例として，デンプン粒を用いて，α-アミラーゼやシクロマルトデキストリングルカノトランスフェラーゼを吸着させ分離するという方法が実施されている．この場合に，デンプン粒を湿熱処理（例えば120〜130℃で蒸熱）や，硫安溶液中で加熱処理して，デンプン粒の内部構造をスポンジ様にすることで吸着能が著しく増大する．

なお，酵素の精製例については，文献を参照されたい[58-60]．

1.5.3 製剤化

市販酵素製剤の形状には，液状，粉状，顆粒状などがある．

液状製品の場合は，安定性が問題である．そのための課題は，防腐および酵素の変性防止である．防腐剤の使用は食品衛生上の制限があるので，かなり限定される．多価アルコール，糖類などの親水性物質を適量添加することで，遊離水が封鎖されて酵素の変性が防止される．また，適量のエタノールを共存させることで防腐効果も得られる．

粉状製品の場合は，賦形剤の選択が重要である．使用目的に適したもので，かつ吸湿性のないものでなければならない．また，細菌汚染されていないものでなければならない．

プロテアーゼ製剤の場合は特別であって，労働基準法第75条第2項の規定による業務上の疾病のうち，労働基準法施行規則第35条に基づく別表第1の2の第4号「化学物質等による次に掲げる疾病」の4として「蛋白分解酵素にさらされる業務による皮膚炎，結膜炎又は鼻炎，気管支喘息等の呼吸器疾患」がある（4章4.4.1項を参照）．高力価のプロテアーゼ粉

26   1章　序　説

末が，直接皮膚に付着すると，そこで汗などで溶解されて高濃度のプロテアーゼ溶液となり，その部分が過剰にプロテアーゼ作用を受けて発赤することがある．

　したがって，プロテアーゼ製剤は塵（ちり）になって飛散しないことが要求される．発塵防止策としては，粉末に微量の油性物質や，多価アルコールを噴霧，混合することでかなり防止できる．もっと積極的には，高分子非イオン界面活性剤，その他の適当な物質と混合して顆粒状に成形する．さらに，その表面をコーティングするなどの方法がとられる．

1.6　バイオテクノロジーにおける酵素利用技術

1.6.1　バイオテクノロジー[61-65)]

　バイオテクノロジー（biotechnology，生物工学）は，「生物の機能を利用して人間に必要な製品やサービスを提供する技術」と定義される．

　具体的には，醸造，発酵の分野から，再生医学や創薬，農作物の品種改良など様々な技術を包括する用語で，農学，薬学，医学，理学，工学などと密接に関連する．

　人類が昔から行ってきた微生物の利用によるビール，ワイン，日本酒などのアルコール飲料，およびヨーグルト，味噌，醤油などの発酵食品の製造技術は「オールドバイオテクノロジー」と呼ばれ，遺伝子組換え技術，細胞融合技術，動植物細胞の大量培養技術などの「ニューバイオテクノロジー」とは区別することがある．

　一般論としてバイオテクノロジーというと，**表 1.5** に示すように，生体利用技術と生体模倣技術に大別される．

　例えば，微生物利用技術の分野では，アミノ酸，有機酸，多糖類，アルコールなどの有用物質や，抗生物質，酵素，ビタミン，ホルモンなどのような生理活性物質，そして酒類，ビール，醤油，味噌などの発酵食品を製造する産業が活況を呈している．

　遺伝子操作による育種技術の分野では，遺伝子組換え技術で育種された微生物により生産される物質の範囲が著しく広がってきたということで，

1.6 バイオテクノロジーにおける酵素利用技術

表 1.5 バイオテクノロジーの概念

バイオテクノロジー	生体利用技術	微生物利用技術	スクリーニング技術 突然変異技術
		遺伝子操作による微生物,動物, 植物の育種技術	遺伝子組換え技術 細胞融合技術
		大量培養技術	微生物培養・細胞培養技術
		酵素利用技術	精製・固定化・顆粒化技術
	生体模倣技術	システム技術	バイオリアクター バイオセンサー 人工臓器
		材料技術	人工酵素 機能性高分子

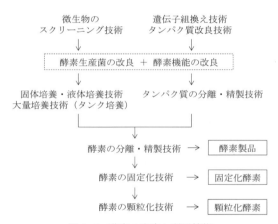

図 1.4 酵素の生産と利用技術

大きな注目を浴びている.今まで不可能とされていた新しい物質の生産にも応用が可能となり,今後の研究の発展に大きな期待が掛けられている.

酵素利用技術の分野における酵素の生産と利用技術を,**図 1.4** に示す.

酵素の生産技術は,酵素生産菌の改良＋酵素機能の改良→大量培養技術→酵素の分離・精製技術へと展開されて,酵素製品が効率よく得られるようになった.

28　　　　　　　　　　1章　序　説

　酵素の利用に関する技術として，固定化と顆粒化が挙げられる．固定化酵素が開発されたことにより，酵素を固体触媒として，安定性が高く繰り返し使用できる製造方法が生み出された．また，顆粒化酵素を作製することにより，酵素を安定化して取り扱いを容易にする利点が生まれた．

1.6.2　酵素利用技術

　バイオテクノロジーの重要な技術の1つとして酵素利用があるが，**表1.6** にその重要点を要約する．

　これらの中で，②の酵素を利用しようとする目的に最適な基質特異性を有する酵素を用いなければならないこと，また③の酵素を効率的に発現できる条件下で作用させねばならないことは容易に理解できる．

　実用上で問題になる点は，④の接触反応である．酵素作用の研究では，ほとんどが水溶性の基質を用いるために，基質溶液に酵素溶液を添加し撹拌すると，酵素と基質とはお互いに十分接触することができる．したがって，E ＋ S → ES の反応は瞬時に進行し，全体の反応速度は ES → E ＋ P の速度によって支配されるので，反応生成物 P の生成速度は酵素濃度 E によって支配される．すなわち，反応時間が一定であれば，酵素濃度が高いほど反応生成物の量や基質の分解率などが増大する．また，酵素濃度が高くなるほど目的とする反応量に達する時間が短くてすむことになる．

　しかし，工業的な酵素応用の場合には，基質が固体か，それに近い場合が多く，酵素と基質との接触，つまり ES 複合体が反応の速度を律速している場合が多い．そのため，酵素を利用しようとするときには，目的の基質と酵素を簡便に接触させる条件を見出すことが重要である．

表 1.6　酵素利用上の重要点

①　構造が高次元，複雑……変性，破壊，反応，不可逆的失活
②　基質特異性……作用型式，働き方が限定
③　作用条件が限定された範囲……温度，pH，その他
④　接触反応，水，$E + S \underset{k_{-1}}{\overset{k_{+1} \quad k_{+2}}{\rightleftarrows}} ES \rightarrow E + P$ ……　固体基質，表面積，多孔性

1.6　バイオテクノロジーにおける酵素利用技術　　**29**

　具体的な例は各論で記述するが，例えばデンプンの液化の場合，デンプン粒を膨潤させ，デンプン分子に α-アミラーゼが作用しうる条件を与えることが最も重要である．クリーニングにおけるプロテアーゼ利用時の温度の効果も，酵素の反応速度を高める以外に，基質であるタンパク質系の垢（あか）を膨潤させることで，プロテアーゼの作用を受けやすくすることにある．

　セルロース系バイオマスの加水分解の場合も，酵素反応の前に基質分子を膨潤させる前処理操作が最も重要なステップとなる．

1.6.3　固定化酵素[66-68]

　従来，酵素反応は酵素を水に溶解した状態で基質に作用させていた．すなわち，回分法（バッチ法，batch process）で反応を行い，反応終了後は，まだ反応液中で活性を残しているにもかかわらず，用いた酵素を回収して使用することは事実上不可能で，1反応ごとに使い捨てていた．酵素活性を残したまま水不溶性にすることができれば，反応終了後，回収し再使用することもできる．また，物理的形態を選んで反応塔に充填して酵素カラムとし，この中に基質溶液を通液することで連続反応が可能となる．

　酵母から抽出したインベルターゼが骨炭の粉末によく吸着され，しかも吸着された状態で活性を示すことが，1916年に既に知られていた．酵素の有効利用を目的として積極的に固定化の研究を行ったのは，グラブホッファ（Grubhofer, N.）ら（1953年）で，ポリアミノスチレンをジアゾ化して，各種酵素（ペプシンなど）を結合させ固定化している[69]．1960年代に入ってから，各国で固定化酵素の研究が始まり，1960年代後半からますます盛んになった．

　そして1971年に，アメリカで第1回酵素工学会議（Enzyme Engineering Conference）が開催され，今までの"water-insoluble enzyme"，"fixed enzyme"，"trapped enzyme"，あるいは"matric-supported enzyme"などの呼称が，"immobilized enzyme"に統一された．日本語名も対応して，"固定化酵素"に統一された．それまでは，"不溶性酵素"，"不溶化酵素"，"固体触媒化酵素"などと呼ばれていた．

固定化酵素の製法は，**表 1.7**，**図 1.5** のように分類されている．

また，酵素を固定化して用いる利点は，**表 1.8** のように考えられている．

実用化に際して，どの固定化法を採用するかは重要なことである．一般的に，担体結合法の場合は，反応液の条件によって吸着されている酵素が離脱されることもありうるので，反応条件に応じた固定化方式を選ばねばならない．

イオン結合法の特徴は，固定化酵素の活性が低くなると，担体であるイオン交換樹脂を再生して再利用できることである．その代わりに，反応条

表 1.7 酵素の固定化法

固定化酵素	担体結合法	イオン結合法 共有結合法 物理的吸着法 生化学的特異結合法
	架橋法	―
	包括法	マイクロカプセル型 格子型 リポソーム法 逆ミセル法
	複合法	架橋法と包括法の組み合わせ イオン結合法と包括法の組み合わせ 共有結合法と包括法の組み合わせ

不溁性担体　架橋剤　　　　　　　　　　　　　　　　　　逆ミセル状
1) 担体結合法　2) 架橋法　　　3) 包括法

図 1.5 酵素の固定化法[70]

1.6 バイオテクノロジーにおける酵素利用技術　　**31**

表 1.8 固定化酵素の利点

① 連続反応が可能（充填層型反応塔の使用）
② 反応時間の短縮（基質対酵素比を高めることができるため）
③ 反応装置の小型化
④ 反応条件の制御が容易
⑤ 副反応の防止
⑥ 反応生成物の純度が良く，収量大
⑦ 操作が簡便，労働力が軽減
⑧ 酵素の利用効率向上

件によって酵素が離脱することもある．一方，共有結合法では，酵素は失活しても離脱することがないので，担体の再使用はできないことが多い．

　包括法の場合は，酵素が格子あるいは膜のなかに入っており，基質がこの格子や膜を出入りして反応を受けることになるので，基質が出入りしやすい低分子の場合に有効である．

　次に，実用的な充填層型連続反応に用いる固定化酵素の条件を示す．

① 安全性，経済性が高いこと．

② 貯蔵，輸送，充填，取出しに便利なこと．

③ 長期間の使用に適した物理的性質（形状，粒度，強度，膨潤性，通液性）を有すること．

④ 安定性に優れて長期間継続使用ができること．

⑤ 単位重量または容量当りの活性が高く，反応塔当りの生産性が高いこと．

⑥ 漏出物が少なく，無害であること．

　特に重要なことは，物理的性質である．ある程度の機械的強度を有しており，充填操作中に破壊されることなく，通液性のよいものでないと実用的ではない．

　このほかにも，同じような性能，性質であれば，カラム内での空間が少ない方が，カラム内に滞留する時間が短くて好都合なことが多い．

　工業的に大量に利用されている酵素の中で，グルコース生産用の固定化グルコアミラーゼが実用化されていない理由は，次のようなものと考えら

れる（3章3.2節を参照）.

① コストメリットがない（酵素の価格が安い）.

② 予備糖化，ろ過，精製した後に，反応塔による連続糖化となり工程数が増える.

③ 難分解性オリゴ糖の分解のためには，高力価，低流速が要求されるが，この条件は同時に，逆合成によるイソマルトースなどの生成が高くなる条件でもある.

④ 熱安定性が不十分で55℃以上での連続使用ができないため，反応塔内で雑菌汚染の危険性がある.

一方，グルコースイソメラーゼを固定化して用いる利点は，次のようなものであり，大規模に実用化されている（3章3.2節を参照）.

① 熱安定性がよく，実用的に55℃以上で連続使用が可能である.

② 基質の分子量が小さく，固定化による活性の低下が少ない.

③ 酵素が菌体内で安定であり，培養液から菌体を集めて，そのまま固定化が可能である.

④ 生菌体による回分式の異性化は長時間を要し，着色，pHの低下，フルクトースの分解，好ましくない糖の誘導体が副生するなどの欠点が多い.

固定化方法として，水溶性の酵素を用いて行う方法のほかに，グルコースイソメラーゼ，L-アスパルターゼ，フマラーゼ，L-アスパラギン酸β-デカルボキシラーゼなどのような菌体内酵素は，菌体のまま固定化することができる.さらに，生きた微生物を包括法で固定化し，そのなかで増殖させることもできる.この方法で酵母を固定化して，反応塔に充填し，アルコール発酵をさせる方法が開発されている.この場合，固定化ゲル内で増殖した酵母菌体数は，通常の発酵法の場合よりむしろ多くなる結果を示している.今後，この固定化増殖微生物は各種の発酵生産に応用できるし，さらに組織培養にも固定化増殖微生物の技術が応用されるであろう.

なお，微生物や酵素を固定化する工程は，化学的手法（カルシウム塩などの造塩反応も含めて）によるとの解釈から，食品添加物の対象物となるが，食品添加物として認定されていない.したがって，固定化酵素を食品

加工に用いるときは，反応液中に添加，混合することは許されていない．しかし，充填層型反応塔に固定化酵素を充填して用いる場合は，充填された固定化酵素は反応塔の一部（容器の一部）と見なされるので，規制は受けない．

1.6.4　バイオリアクター[71]

表1.5に示したように，バイオリアクター（bioreactor）は生体模倣技術（biomimetics）で，動植物細胞・微生物などの生体触媒（様々な化学反応を担う酵素，またはそれを含んだ細胞・組織・器官など）を利用して，物質の合成や分解を行う手段，またはそれを行う反応器を指す．

したがって，広義に解釈すると，生化学反応を利用して物質を生産，加工する反応装置，例えば発酵槽，固定化酵素による連続異性化装置，さらには活性汚泥法による廃水処理装置も含まれる．

バイオリアクターは，グルコースイソメラーゼを利用するような単一酵素反応系から，補酵素が関与した酵素反応系，さらに複数の酵素反応系，あるいは有機化学反応と酵素反応を組み合わせた反応系などにまで発展している．

充填層型反応装置が多く用いられるが，プラグフロー型反応装置（plug flow reactor）と完全混合型反応装置（continuous stirred reactor）が考えられる．充填層では粒子間隙を流体が流れるが，流体が粒子に当たると流れが分岐し乱れが生じる．また，層内には流体が流れやすい部分と，そうでない部分がある．

液体が整然とピストンのように流れている場合を，プラグフロー（栓流）という．流体はほとんど混合することなく，層状に粒子間隙を流れるため，固定化酵素粒子は常に新しい基質に接することになり，反応生成物が滞留することなく，酵素反応が効率的に行われる．特に，反応をできるだけ進めたい場合，すなわち最高分解率を求めるときに重要である．

充填層型反応装置でプラグフローを保つためには，①固定化酵素の粒子の形態，大きさ，物理的強度，②固定化酵素の充填条件，③流体の注入方式，④装置内の粒子層と層上部の空間比，⑤反応温度と外気との温度差，

34　　　　　　　　　　　　　　1章　序　説

などの因子が関係する．絶対に避けねばならないことは，層内に空気やガスを持込まないことである．気泡が粒子に付着して層内に入ると，時間と共に気泡が集合し大きくなる．気泡の部分には流体が通らないために，反応生成物が滞留した状態となり，pHの変化などが伴うケースでは，酵素の失活の原因となることもある．さらに，ショートパスの通路となることもある．ガスの包含は，酵素の固定化方法の選択によってもかなりの差が生じる．反応の種類によっては，反応の進行に伴いガスが生成するケースもある．

　千畑らによって開発されたL-アラニンの製造方法では，L-アスパラギン酸をL-アスパラギン酸β-デカルボキシラーゼで脱炭酸して，L-アラニンとする．この場合，本酵素を含む*Pseudomonas dacunhae*の菌体を固定化して用いるが，反応中に二酸化炭素が生成するので，反応塔を加圧型とし，加圧下で反応させることで生成した二酸化炭素を反応液中に溶解させる方法がとられている．

　高反応率を求めない場合や，流体の挙動によって，プラグフロー型反応装置を適用しない場合には，完全混合型反応装置を用いることができる．

　複数の酵素反応系の場合，それぞれの酵素の至適pHや至適温度などの作用条件が一致しているときは，一つの反応塔にこれらの固定化酵素を混合して充填することもできる．作用条件の異なる場合は，複数の反応塔を用いて，それぞれの反応塔の入口で基質溶液のpHや温度を調節した後に，反応塔に導くことが好ましい．

　バイオリアクターを活用しようとする場合，エネルギー供与体であるATPの再生利用や，酸化還元反応の水素供与体であるNADHなどの再生利用のシステムの開発が経済的に重要である．ATPの再生系に関しては，酵母細胞の固定化や，ADP → ATPに触媒作用をもつ酵素を固定化することが考えられる．

　日本における固定化生体触媒を用いたバイオリアクターの工業化例を，**表1.9**に示す．

1.6 バイオテクノロジーにおける酵素利用技術　**35**

表 1.9　日本における固定化生体触媒を用いたバイオリアクターの工業化例[72)]

製造物	固定化生体触媒*	工業化開始時期 (年)	工業化の企業
L-アミノ酸（DL-アミノ酸の光学分割）	アミノアシラーゼ（*Aspergillus oryzae*）	1969	田辺製薬
L-アスパラギン酸	*Escherichia coli*（アスパルターゼ）	1973	田辺製薬
6-アミノペニシラン酸	ペニシリンアミダーゼ（*Bacillus megaterium*）	1973	旭化成
L-リンゴ酸	*Brevibacterium ammoniagenes*（フマラーゼ）	1974	田辺製薬
低乳糖乳	ラクターゼ（*Aspergillus oryzae*）	1977	雪印乳業
7-アミノセファロスポリン酸	セファロスポリン C アミダーゼ（*Pseudomonas* sp.）	1980	旭化成
L-アラニン	*Pseudomonas dacunhae*（L-アスパラギン酸 β-脱炭酸酵素）	1982	田辺製薬
果糖高含有シロップ（異性化糖液）	*Streptomyces phaechromogenes*（グルコースイソメラーゼ）	1985	長瀬産業 他
パラチノース	*Protaminobacter rubrum*（α-グルコシルトランスフェラーゼ）	1985	三井製糖
フラクトオリゴサッカライド	*Aspergillus niger*（β-フルクトフラノシダーゼ）	1985	明治製菓
アクリルアミド	*Rhodococcus rhodochrous*（ニトリルヒドラターゼ）	1985	日東化学
カカオバター様油脂	リパーゼ（*Candida cylindracea*）	1988	不二製油
D-アスパラギン酸	*Pseudomonas dacunhae*（L-アスパラギン酸 β-脱炭酸酵素）	1989	田辺製薬
日本酒	*Saccharomyces cerevisiae*（アルコール発酵系酵素-固定化増殖微生物）	1990	大関
ビール	*Saccharomyces cerevisiae*（アルコール発酵系酵素-固定化増殖微生物）	1992	キリンビール
ジルチアゼム中間体（(-)-MPGM）	リパーゼ（*Serratia marcescens*）	1993	田辺製薬
D-フェニルグリシン	ヒダントイナーゼ（*Escherichia coli* 組換体），脱カルボミラーゼ（*Escherichia coli* 組換体）	1995	鐘淵化学
D-*p*-ヒドロキシフェニルグリシン	ヒダントイナーゼ（*Escherichia coli* 組換体），脱カルボミラーゼ（*Escherichia coli* 組換体）	1995	鐘淵化学
脱アセチル 7-アミノセファロスポリン酸	セファロスポリン C アセチルヒドラターゼ（*Escherichia coli* 組換体）	1997	塩野義製薬
ニコチンアミド	*Rhodococcus rhodochrous*（ニトリルヒドラターゼ）	1998	ロンザ（京大発酵生理学研究室と日東化学）
D-パントテン酸（パントラクトンの光学分割）	*Fusarium oxysporum*（ラクトナーゼ）	1999	富士薬品

*酵素名が先で微生物名が括弧に入っている場合は固定化酵素
微生物名が先で酵素名が括弧に入っている場合は固定化微生物

1.6.5　バイオセンサー[73-75)]

　化学反応を利用する分野では，迅速かつ精確に化学物質を計量することが重要である．特に生体関連物質を測定しようとする場合には，低分子化合物からタンパク質のような高分子化合物まで，多種類の分子を特異的に識別する必要がある．

　バイオセンサーは，酵素，抗体，核酸（DNA, RNA），微生物，動植物細胞などの生体分子識別材料（検知素子）と，生体反応を電気信号に変換する物理化学デバイスを組み合わせて構成される．代表的なバイオセンサーとして，酵素センサー，免疫センサー，微生物センサーなどが挙げられる．

　酵素は，特定の化学反応を特異的に触媒する．すなわち，酵素は優れた分子識別機能を有している．そこで，酵素の分子識別機能を利用するセンサーが考案されるに至った．

　グルコースオキシダーゼ固定化膜と酸素電極より構成された酵素センサーが，アップダイク（Updike, S. J.）らにより発表されたのは，1967年である[76)]．また，グルコースが酸化されると，過酸化水素（H_2O_2）が生成するので，前記の酸素電極の代りに過酸化水素電極を用いた測定法も開発された．

　表 1.10 に，糖センサー，アルコールセンサー，アミノ酸センサーなどの酵素センサーの特性を示す．

　さらに，電極をトランスデューサとする酵素センサーに代わり，電子移動媒体として，メディエーター（例えば，フェリシアン化物／フェロシアン化物イオン）を活用した酵素センサーが考案され，実用化されている．

　後者の酵素センサーが最も活用されている分野は，臨床検査における糖尿病検査の分野である．特に，グルコース検査は，高血糖の疾患である糖尿病の有無，その治療や管理のマーカーとして欠かせないことから，患者用の SMBG（self-monitoring of blood glucose，血糖自己測定）機器，およびベッドサイド検査用の POCT(Point of Care Testing) 機器が開発されている[29)]．

　これらの機器に用いられている代表的な酵素は，グルコースオキシダー

ゼ,あるいは FAD 依存性グルコースデヒドロゲナーゼである(**図 1.6**).

表 1.10 酵素センサーの特性[77]

選定方法	基　質	酵　　素	電極(被検知物質)
アンペロメトリー	グルコース	グルコースオキシダーゼ	白金電極 (H_2O_2)
	〃	〃	酸素電極 (O_2)
	尿酸	ウリカーゼ	〃
	L-アミノ酸	アミノ酸オキシダーゼ	白金電極 (H_2O_2)
	〃	〃	酸素電極 (O_2)
	アルコール	アルコールオキシダーゼ	白金電極 (H_2O_2)
	乳酸	乳酸デヒドロゲナーゼ	燃料電池 ($NADH_2$)
	スクロース	インベルターゼ,ムタロターゼ,グルコースオキシダーゼ	酸素電極 (O_2)
	過酸化水素	カタラーゼ	〃
	コレステロール	コレステロールオキシダーゼ	〃
	リン酸イオン	フォスファターゼ,グルコースオキシダーゼ	〃
	ヒポキサンチン	キサンチンオキシダーゼ (XO)	〃
	イノシン	ヌクレオシドフォスフォリラーゼ (NP)	〃
ポテンショメトリー	尿素	ウレアーゼ	アンモニア電極(NH_4^+)
	〃	〃	アンモニアガス電極(NH_3)
	L-グルタミン	グルタミナーゼ	アンモニア電極(NH_4^+)
	L-アスパラギン	アスパラギナーゼ	〃
	L-チロシン	チロシンデカルボキシラーゼ	二酸化炭素電極 (CO_2)
	L-ペニシリン	ペニシリナーゼ	ガラス電極 (H^+)
	アミグダリン	β-グルコシダーゼ	シアン電極 (CN^-)
	中性脂肪	リパーゼ	ガラス電極 (H^+)
	クレアチニン	クレアチニナーゼ	〃

(注)改訂編著者が一部改変

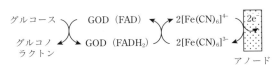

図 1.6 グルコースオキシダーゼを用いたグルコースセンサーの反応系[78]

1.7　第9版食品添加物公定書[79-81)]

　食品添加物等の規格基準の一部を改正した第9版食品添加物公定書が，2017年11月30日に官報告示（平成29年厚生労働省告示第345号）された．2007年の第8版公定書の告示以来，10年ぶりの改正となる．

　2018年2月1日に，第9版食品添加物公定書が公表されて，厚生労働省のホームページに掲載されている．

　表1.11に示すように，68品目の既存添加物酵素のうち，67品目が公定書に収載されている．

表1.11　食品添加物公定書収載（酵素）[82)]

```
                    既存添加物酵素（68品目）
        ┌──────────────┴──────────────┐
 第4版既存添加物自主規格        第8版食品添加物公定書（5品目）
     （62品目）            （トリプシン，パパイン，ブロメライン，ペプシン，リゾチーム）
 ほとんどが微生物由来
        └───── 指定添加物（新規）：アスパラギナーゼ ─────┐
 第9版食品添加物公定書                        第10版食品添加物公定書
 （62品目＋5品目＋1品目）                         （1品目）
                                      イソマルトデキストラナーゼ
```

第4版既存添加物自主規格収載62品目

アガラーゼ，アクチニジン，アシラーゼ，アスコルビン酸オキシダーゼ，α-アセトラクタートデカルボキシラーゼ，アミノペプチダーゼ，α-アミラーゼ，β-アミラーゼ，アルギン酸リアーゼ，アントシアナーゼ，イソアミラーゼ，イヌリナーゼ，インベルターゼ，ウレアーゼ，エキソマルトテトラオヒドロラーゼ，エステラーゼ，カタラーゼ，α-ガラクトシダーゼ，β-ガラクトシダーゼ，カルボキシペプチダーゼ，キシラナーゼ，キチナーゼ，キトサナーゼ，グルカナーゼ，グルコアミラーゼ，α-グルコシダーゼ，β-グルコシダーゼ，α-グルコシルトランスフェラーゼ，グルコースイソメラーゼ，グルコースオキシダーゼ，グルタミナーゼ，酸性ホスファターゼ，シクロデキストリングルカノトランスフェラーゼ，セルラーゼ，タンナーゼ，5'-デアミナーゼ，デキストラナーゼ，トランスグルコシダーゼ，トランスグルタミナーゼ，トレハロースホスホリラーゼ，ナリンジナーゼ，パーオキシダーゼ，パンクレアチン，フィシン，フィターゼ，フルクトシルトランスフェラーゼ，プルラナーゼ，プロテアーゼ，ペクチナーゼ，ヘスペリジナーゼ，ペプチダーゼ，ヘミセルラーゼ，ホスホジエステラーゼ，ホスホリパーゼ，ポリフェノールオキシダーゼ，マルトースホスホリラーゼ，マルトトリオヒドロラーゼ，ムラミダーゼ，ラクトパーオキシダーゼ，リパーゼ，リポキシゲナーゼ，レンネット

（注）改訂編著者が一部改変

参考文献

1) ExplorEnz - The Enzyme Database (http://www.enzyme-database.org/).
2) 小巻利章（1969）油脂，**22**(10), 122-127.
3) Florkin, M. & Stotz, E. H. (Eds.) (1972-1979) *"Comprehensive Biochemistry : A History of Biochemistry"*, Vol. **30-33B**, Elsevier Science Publishers, Amsterdam.
4) ジョセフ・S・フルートン（水上茂樹(訳)）（1978）『生化学史－分子と生命』，共立出版，東京.
5) Fruton, J. S. (1999) *"Proteins, Enzymes, Genes: The Interplay of Chemistry and Biology"*, 1st edn., Yale University Press, New Haven, USA.
6) 柳田友道（1987）『バイオの源流－人と微生物の係わり』，学会出版センター，東京.
7) (a) 丸山工作（1972）『生命現象を探る－生化学の創始者たち』，中央公論社，東京（改題『生化学の建設者たち』）；(b) 丸山工作（1993）『生化学の夜明け－醗酵の謎を追って』，中央公論社，東京；(c) 丸山工作（2001）『生化学をつくった人々』，裳華房，東京.
8) (a) G. R. テイラー（矢部一郎，江上生子，大和靖子(訳)）（1977）『生物学の歴史2』，みすず書房，東京；(b) 中村禎里（2013）『生物学の歴史』，筑摩書房，東京；(c) アイザック・アシモフ（太田次郎 (訳)）（2014）『生物学の歴史』，講談社，東京.
9) (a) ポール・ド・クライフ（秋元寿恵夫(訳)）（1980）『微生物の狩人（上・下）』，岩波書店，東京；(b) Brock, T. D.（藤野恒三郎 (監訳)）（1985）『微生物学の一里塚』，新装版，近代出版，東京；(c) レイモンド W. ベック（嶋田甚五郎，中島秀喜(監訳)）（2004）『微生物学の歴史（I・II）』，朝倉書店，東京.
10) 井上國世(企画立案・監修)（2016）『初めての酵素化学』，シーエムシー出版，東京.
11) 白兼孝雄（2016）食品の包装，**48**(1), 26-32.
12) Sumner, J. B. (1926) *J. Biol. Chem.*, **69**(2), 435-441.
13) 福本壽一郎（1943）日本農芸化学会誌，**19**(7), 487-503.
14) Summer, J. B. & Myrbäck, K. (Eds) (1950) *"The Enzymes"*, 1st edn., Vol. **1**, part 1, pp. 1-27, pp. 653-724, Academic Press, New York and London.
15) 小巻利章（1970）油脂，**23**(10), 101-110.
16) 太田隆久(監修)，バイオインダストリー協会バイオテクノロジーの流れ編集委員会(編)（2002）『バイオテクノロジーの流れ－過去から未来へ』，改訂第2版，化学工業日報社，東京.
17) 日本酵素協会「日本酵素産業小史」ワーキンググループ(編)（2009）『日本酵素産業小史(非売品)』，日本酵素協会，千葉.
18) 中森 茂（2009）『技術の系統化調査報告第14集，酵素の生産と利用技術の系統化3』，独立行政法人国立科学博物館産業技術史資料情報センター，つくば.
19) 白兼孝雄（2016）JAS情報，**51**(5), 1-8.
20) (a) 真鍋繁樹（1999）『堂々たる夢－世界に日本人を認めさせた化学者・高峰譲吉の生涯』，講談社，東京；(b) 飯沼和正，菅野富夫（2000）『高峰譲吉の生涯－ア

ドレナリン発見の真実』，朝日新聞社，東京；(c) 山嶋哲盛（2001）『日本科学の先駆者 高峰譲吉―アドレナリン発見物語』，岩波書店，東京.

21) 清水 昌（監修）（2013）『食品用酵素データ集―取り扱い手法と実践―』，シーエムシー出版，東京.

22) 井上國世（監修）（2015）『酵素応用の技術と市場2015』，シーエムシー出版，東京.

23) 白兼孝雄（2015）JAS情報，**50**(1), 3-9.

24) 月刊フードケミカル編集部（2018）食品加工用酵素製品一覧，月刊フードケミカル，**34**(9), 95-108.

25) Shirokane, Y., Nakajima, M. & Mizusawa, K. (1991) *Clin. Chim. Acta*, **202**(3), 227-236.

26) 今井泰彦，古川圭介，白兼孝雄（1997）バイオサイエンスとインダストリー，**55**(4), 285-287.

27) Shirokane, Y., Ichikawa, K. & Suzuki, M. (2000) *Carbohydr. Res.*, **329**(3), 699-702.

28) 白兼孝雄（2014）技術士，2014-4（通巻568号），16-19.

29) 白兼孝雄（2014）技術士，2014-10（通巻574号），8-11.

30) 生物化学的測定研究会（編）（2014）『免疫測定法―基礎から先端まで』，講談社，東京.

31) 金井正光（監修），奥村伸生，戸塚 実，矢冨 裕（編）（2015）『臨床検査法提要』，改訂第34版，金原出版，東京.

32) 白兼孝雄（2017）技術士，2017-09（通巻609号），16-19.

33) Moran, L. A., Scrimgeour, K. G., Perry, H. D. & Horton, H. R.（鈴木紘一，宗川惇子，笠井献一，宗川吉汪，榎森康文，川崎博史（訳））（2013）『ホートン生化学』，第5版，pp. 164-188，東京化学同人，東京.

34) 後藤祐児，谷澤克行，桑島邦博（編）（2005）『タンパク質科学―構造・物性・機能』，化学同人，京都.

35) Branden, C. & Tooze, J.（勝部幸輝，福山恵一，竹中章郎，松原 央（訳））（2000）『タンパク質の構造入門』，第2版，ニュートンプレス，東京.

36) チャールズ・タンフォード，ジャクリーン・レイノルズ（浜窪隆雄（監訳））（2018）『NATURE'S ROBOTS―それはタンパク質研究の壮大な歴史』，エヌ・ティー・エス，東京.

37) Canfield, R. E. & Liu, A. K. (1965) *J. Biol. Chem.*, **240**(5), 1997-2002.

38) Blake, C. C. F., Koenig, D. F., Mair, G. A., North, A. C. T., Phillips, D. C. & Sarma, V. R. (1965) *Nature*, **206**(4986), 757-761.

39) 相阪和夫（1999）『酵素サイエンス』，幸書房，東京.

40) 相阪和夫（2004）化学と生物，**42**(12), 792-801.

41) 山口庄太郎（2015）化学と生物，**54**(1), 61-64.

42) (a) 加藤晃代（2018）化学と生物，**56**(6), 402-407；(b) 松井知子（2019）化学と生物，**57**(3), 153-160.

43) R. W. オールド，S. B. プリムローズ（関口睦夫，服部和枝，中別府雄作，作見邦彦，穴井元昭（訳））（2000）『遺伝子操作の原理』，原書第5版，培風館，東京.

44) (a) 村松正實（編）（2003）『新・ラボマニュアル遺伝子工学』，丸善出版，東京；

（b）村松正實，岡崎康司，山本 雅（編）（2010）『新遺伝子工学ハンドブック』，改訂第5版，羊土社，東京.

45）幸田明生，橋本義輝，他（2017）生物工学会誌，**95**(11), 640-661.

46）厚生労働省ホームページ：安全性審査の手続を経た旨の公表がなされた遺伝子組換え食品及び添加物一覧（厚生労働省医薬・生活衛生局食品基準審査課，令和元年5月17日現在）.

47）厚生労働省ホームページ：安全性審査の結果，組換えDNA技術応用食品及び添加物の安全性審査の手続第3条第5項の規定を適用した品目一覧（セルフクローニング，ナチュラルオカレンス，高度精製品）（厚生労働省医薬・生活衛生局食品基準審査課，平成30年12月25日時点）.

48）食品と開発編集部（2019）食品と開発，**54**(2), 66-73.

49）日本生化学会（編）（1992）『新生化学実験講座17，微生物実験法』，東京化学同人，東京.

50）杉山純多，渡辺 信，大和田紘一，黒岩常祥，高橋秀夫，徳田 元（編）（1999）『微生物学実験法』，新版，講談社，東京.

51）今中忠行（監修）（2002）『微生物利用の大展開』，エヌ・ティー・エス，東京.

52）横田 篤，大西康夫，小川 順（編）（2016）『応用微生物学』，第3版，文永堂出版，東京.

53）片倉啓雄，松村吉信，長沼孝文，小野比佐好（監修）（2018）『実践有用微生物培養のイロハ～試験管から工業スケールまで～』，改訂増補版，エヌ・ティー・エス，東京.

54）日本生化学会（編）（1975）『生化学実験講座5，酵素研究法（上・下）』，東京化学同人，東京.

55）日本生化学会（編）（1991）『新生化学実験講座1，タンパク質5，酵素・その他の機能タンパク質』，東京化学同人，東京.

56）堀尾武一（編）（1994）『蛋白質・酵素の基礎実験法』，改訂第2版，南江堂，東京.

57）ロバート K. スコープス（塚田欣司（訳））（2012）『新・タンパク質精製法―理論と実際』，原著第3版，丸善出版，東京.

58）Shirokane, Y., Nakajima, M. & Mizusawa, K. (1991) *Agric. Biol. Chem.*, **55**(9), 2235-2242.

59）Shirokane, Y., Arai, A. & Uchida, R. (1994) *Biochim. Biophys. Acta*, **1207**(2), 143-151.

60）Shirokane, Y. & Suzuki, M. (1995) *FEBS Lett.*, **367**(2), 177-179.

61）日本生化学会（編）（1993）『新生化学実験講座13，バイオテクノロジー』，東京化学同人，東京.

62）日本能率協会総合研究所（編）（2005）『バイオテクノロジー総覧』，通産資料出版会，東京.

63）久保 幹，新川英典，竹口昌之，蓮実文彦（2013）『バイオテクノロジー：基礎原理から工業生産の実際まで』，第2版，大学教育出版，岡山.

64）高木正道（監修），平井輝生（編）（2014）『もう少し深く理解したい人のためのバイオテクノロジー第2版：基礎から応用展開まで』，地人書館，東京.

65) ラインハート・レンネバーグ（小林達彦（監修），田中暉夫，西山広子，奥原正國（訳））（2014）『カラー図解 EURO 版 バイオテクノロジーの教科書（上・下）』，講談社，東京.

66) 千畑一郎（編）（1975）『固定化酵素』，講談社，東京.

67) 千畑一郎（編）（1986）『固定化生体触媒』，講談社，東京.

68) 田中渥夫，松野隆一（1995）『酵素工学概論』，コロナ社，東京.

69) 功刀 滋（1985）繊維学会誌，**41**(7), 205-214.

70) 松本一嗣（2003）『生体触媒化学』，pp. 149-152, 幸書房，東京.

71) 田中渥夫，土佐哲也，松野隆一（1992）『生物化学実験法 28，バイオリアクター実験入門』，学会出版センター，東京.

72) 土佐哲也（2000）『生物工学会誌・ミレニアム特別号「発酵工業・20 世紀のあゆみ」―バイオテクノロジーの源流を辿る―』，第 5 章 酵素工学，pp. 70-81, 日本生物工学会，大阪.

73) 軽部征夫（監修）（2002）『バイオセンサー』，普及版，シーエムシー出版，東京.

74) 軽部征夫（監修）（2007）『バイオセンサ・ケミカルセンサ事典』，テクノシステム，東京.

75) 軽部征夫（2012）『バイオセンサーのはなし』，日刊工業新聞社，東京.

76) Updike, S. J. & Hicks, G. P. (1967) *Nature*, **214**(5092), 986-988.

77) 軽部征夫，民谷栄一（編著）（1994）『バイオエレクトロニクス―バイオセンサー・バイオチップ』，pp. 1-15, 朝倉書店，東京.

78) 松岡英明（2015）*Electrochemistry*, **83**(11), 1021-1031.

79) 厚生労働省ホームページ：第 9 版食品添加物公定書（2018）.

80) 日本食品添加物協会（編）（2018）『第 9 版食品添加物公定書』，日本食品添加物協会，東京.

81) 食品化学新聞社編集部（2018）『食品添加物総覧 2015-2018』，食品化学新聞社，東京.

82) 卯津羅健作（2017）月刊フードケミカル，**33**(10), 65-68.

2章　酵素の特性

2.1　酵素の働き

　生体内の代謝はすべて化学反応であり，酵素はその反応を促進するための極めて重要な生体触媒である．

　その酵素は，高次構造を有する球状のタンパク質であり，タンパク質としての特性と触媒作用の両方を合わせもっている．

　酵素の働きは，化学反応を速やかに促進する作用であって，化学平衡をずらすものではない．酵素そのものは，反応の前後で化学量論的な変化はない．このことは，一般の化学反応で用いられる触媒と共通である．

　化学工業においては，担体に固体触媒を担持させて広く利用されているが，酵素の場合も固定化技術が開発されて，一種の固体触媒として管型や塔型の反応器に充填して，幅広い化学反応に利用できるようになった．

　一般の固体触媒と大きく異なる点として，酵素は生体内でつくられるタンパク質であるため，本章で述べるように，変性により活性を失うことがある．したがって，一般的な酵素は，それ自体が変性しないような温和な条件（常温，常圧，中性付近）でなければ触媒作用を発揮できない．

　しかし，食品工業・化学工業・製薬工業などにおける酵素利用の条件は，高温・高圧・高塩濃度・酸性・アルカリ性・油中など様々であり，多様な機能をもつ酵素の開発が今後も要望されている．

　酵素の作用温度を例にとると，多くの場合は 40〜60℃である．最も高温での使用例として，細菌の耐熱性 α-アミラーゼを 30〜35％の高濃度デンプンの液化に用いるときに，105〜110℃で作用させる例がある．作用 pH は 3.0〜11.0 の範囲で，中性付近に至適 pH を有する酵素が多い．

　酵素は，微量で触媒作用を現わすことも特徴の一つである．細菌 α-アミラーゼによるデンプン液化の例では，反応液のデンプン濃度は 30〜35％で，使用する酵素タンパク質濃度は 10〜15 mg/L（0.2〜0.5 µM）で

ある．

2.1.1 酵素反応と活性化エネルギー

酵素の働きをエネルギー論的に考えると，**図 2.1** のようになる．

基質が化学反応によって生成物に変換される際に，反応系は必ず遷移状態というエネルギー障壁（活性化エネルギー）を超える必要がある（**図 2.1 (A)**）．一方，酵素反応では反応の途中で存在するエネルギーの谷は，酵素-基質複合体の形成を示しており，これが反応を速やかに進行させるポイントとなる．酵素が機能して，化学反応を進めるのに必要な活性化エネルギーを下げ，反応を容易にしているからにほかならない（**図 2.1 (B)**）．

すなわち，酵素の働きは，反応系の平衡を変化させるのではなく，つまり化学平衡をどちらかにずらすことではなく，活性化エネルギーを引下げて反応速度を高めるものであるといえる．

2.1.2 酵素反応速度論[2-5]

酵素の触媒作用の大きな特徴は，それぞれの酵素と，その酵素によっ

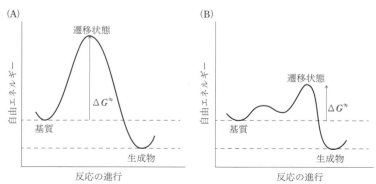

(A) 通常の化学反応の場合．
(B) 酵素によって活性化エネルギー（$\Delta G^{\neq}$）が低下させられた場合．

図 2.1 酵素反応の活性化エネルギー[1]

2.1 酵素の働き **45**

て促進される化学反応との間に一定の触媒特性（基質特異性，substrate specificity）が成立することである．この酵素と基質との関係は，"鍵と鍵穴説"あるいは"誘導適合説"で説明されている．

酵素は基質と結合することによって，不安定な化合物，すなわち酵素-基質複合体をつくる．このものは活性化エネルギーが低下しており，容易に酵素反応が進み，再び酵素が遊離して反応生成物を生ずる．

この酵素反応を，式で説明すると次のようになる．

$$E + S \underset{k_{-1}}{\overset{k_{+1}}{\rightleftharpoons}} ES \overset{k_{+2}}{\longrightarrow} E + P \qquad (2.1)$$

ここで，E は酵素（enzyme），S は基質（substrate），ES は酵素-基質複合体（ES 複合体，ES complex），P は生成物（product）である．k_{+1}，k_{-1}，k_{+2} は，それぞれの反応の速度定数である．

一般に酵素反応の速度は，酵素濃度および基質濃度を，それぞれ変えて測定すると次のようになる．ただし，反応速度の指標として，反応開始直後の速度，すなわち初速度（initial velocity）を用いるのが常である．

① 一定の基質濃度において，反応速度は酵素濃度に比例する．しかし，高濃度の酵素を用いた場合には，酵素濃度に比例しなくなる（**図 2.2**）．

② 一定の酵素濃度において，基質濃度を次第に増していくと，反応速度はいわゆる双曲線型となるのが一般的である（**図 2.3**）．

すなわち，基質濃度が低い領域では，反応速度は基質濃度に比例している．基質濃度に対して，1 次反応である．さらに基質濃度が高くなるにつれて，反応速度はそれほど増加しなくなるが，基質濃度がきわめて高くなると，反応速度はある一定の値に達するのが一般的である．基質濃度に対しては，0 次反応となる．

ES 複合体から生成物（P）を生成する反応速度（v）は，当然ながら ES 量に比例する．基質（S）を大過剰としたときの最大反応速度（V_{max}）は定数であり，V_{max} の 1/2 の反応速度を示す基質濃度をミカエリス

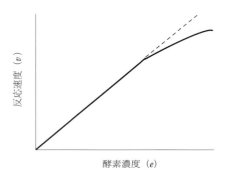

図 2.2 基質濃度が一定の場合の酵素濃度と反応速度の関係

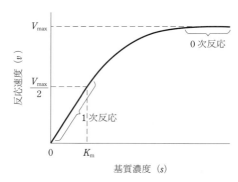

図 2.3 酵素濃度が一定の場合の基質濃度と反応速度の関係

(Michaelis) 定数と呼び,K_m で表わす.

2つの定数 V_{max} と K_m は,酵素の性質を記述するために,酵素科学の分野において極めて重要な定数である.

ここで E と S から ES 複合体の形成が迅速に平衡状態に達し,ES 複合体の E＋S への解離平衡が ES の P への分解速度に比べて十分速いという反応,すなわち速度定数が $k_{+2} \ll k_{-1}$ の場合のみ,ES 複合体の解離定数 $K_s(k_{-1}/k_{+1})$ は,(2.1) 式から求まるミカエリス定数 $K_m((k_{-1}+k_{+2})/k_{+1})$ とほぼ一致するので,反応速度 v と V_{max},基質 [S] およびミカエリス定数

K_m との間には,次の一般式(Michaelis-Menten の式)が成り立つ.

$$v = \frac{V_\mathrm{max}[\mathrm{S}]}{K_\mathrm{m}+[\mathrm{S}]} \tag{2.2}$$

反応速度論的な解析方法(Lineweaver-Burk のプロットなど)は,成書が多く出ているのでここでは省略する.

実用的な面からは,基質が完全な水溶液ではなく,固形であることが多く,酵素と基質との接触が全体の反応速度を律速することが多い.デンプンの酵素液化や,タンパク質原料,セルロース含有原料の分解などがその例であり,どのような前処理や反応温度などを選んで,基質側を酵素反応受容性に変化させるかが重要な因子となる.

2.2 酵素の特異性

酵素は,生体内での代謝経路のそれぞれの化学反応を担当するために,一般の化学反応で用いられる触媒とは異なる特異性(反応特異性(reaction specificity)および基質特異性(substrate specificity))をもつ(**図 2.4**).酵素は,反応特異性により 7 クラスに大別される(本章 2.8 節を参照).

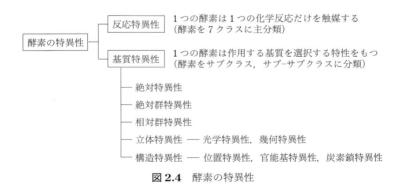

図 2.4 酵素の特異性

48　　　　　　　　　　　2 章　酵素の特性

　酵素の中には，基質特異性が非常に厳密なもの（絶対特異性，absolute specificity）や，例えばプロテアーゼのように，ペプチド結合の加水分解だけでなく，エステル結合やアミド結合などの類似した結合を加水分解するもの（相対群特異性（relative group specificity））もある．そのほかに，光学特異性（optical specificity）をもつ酵素，例えば α-1,4-グルコシド結合のみに作用する α-アミラーゼ，L-アミノ酸のみに働く L-アミノ酸オキシダーゼなどもある．

　プロテアーゼは，タンパク質分子中の特定のペプチド結合を加水分解する基質特異性をもつ．したがって，タンパク質に多く含まれているアミノ酸のペプチド結合を効率的に分解するプロテアーゼは，各種タンパク質を可溶化する能力が強い特徴をもっていることを意味する．一方，非常に限られたアミノ酸のペプチド結合のみを加水分解するプロテアーゼは，基質特異性が高く，生体内のある特定の代謝過程に関与していることが多い．

　表 2.1 に，5 種類のプロテアーゼの基質特異性を示す．

　この表から明らかなように，例えばトリプシン（ヒトのプロテアーゼ）は，20 種類に及ぶ構成アミノ酸のうち，アルギニンやリシンのような塩基性アミノ酸（ジアミノモノカルボン酸）のカルボキシル側のペプチド結合のみを加水分解する極めて基質特異性の高いプロテアーゼである．これ

表 2.1　プロテアーゼの基質特異性[6)]

酵　素	作用箇所（↓）
セリンプロテアーゼ 　トリプシン	–Arg(Lys)↓–
キモトリプシン	–Trp(Tyr, Phe, Leu)↓–
システインプロテアーゼ 　パパイン	–Phe(Val, Leu)–X↓
アスパラギン酸プロテアーゼ 　ペプシン	–Phe(Tyr, Leu)↓Trp(Phe, Tyr)–
金属プロテアーゼ 　サーモライシン	–X↓Leu(Phe)–

X：諸種アミノ酸残基

（注）改訂編著者が一部改変

は逆に考えると，ポリペプチド鎖の中にこのようなアミノ酸が含まれていない部分があれば，その部分は加水分解されずに長い鎖のまま残存することになる．

　一方，*Bacillus subtilis* から得られるセリンプロテアーゼ（ズブチリシン，subtilisin）は，一般のタンパク質に広く含まれているアミノ酸のペプチド結合を切断することが報告されており，トリプシンに比較して特異性が低く，各種タンパク質の可溶化に向いているといえる．

　セリンプロテアーゼであるトリプシン，キモトリプシン，およびズブチリシンの活性は，阻害剤の DFP（diisopropyl fluorophosphate）で完全に阻害される．このことから，触媒部位は共通か，あるいはよく似た構造であっても基質特異性が異なるのは，基質結合部位の構造が異なるためと考えられる．

　プロテアーゼ，アミラーゼ，セルラーゼなどのような加水分解酵素には，高分子の基質に作用するときに，分子内部の結合をランダムに切断するタイプ（エンド型，endo type）と，分子鎖のどちらかの末端から逐次切断するタイプ（エキソ型，exo type）とがある．

　例えば，デンプンに作用するアミラーゼには，① α–1,4–グルコシド結合のみを切断するエンド型とエキソ型の酵素，② α–1,6–グルコシド結合のみに作用する酵素，③ 両方の結合に作用する酵素，④ α–1,6–グルコシド結合の切断もその周辺の α–1,4–グルコシド結合の形によって作用性が異なる酵素，などがある．これらは各論で詳述する．

　酵素を応用する立場からは，その酵素の特異性をよく理解しなければならない．応用しようとする目的に対して最も適した特異性（さらには至適作用条件）をもった酵素を選択する必要がある．

2.3　酵素の補因子[7-9]

　1章の図 1.1 に示したように，酵素には，単純タンパク質型酵素と複合タンパク質型酵素があり，複合タンパク質型酵素はタンパク質性の部分とそれに付随している非タンパク質性の補因子（cofactor）とから成り立っ

ている.

酵素の活性発現に不可欠で，酵素反応の前後で変化しない補因子には，低分子有機化合物の補酵素（補欠分子族）と，必須イオン（金属イオン）が含まれる.

補酵素と補欠分子族の区別は，酵素との親和性の強弱にある．すなわち，補酵素と酵素の結合は比較的弱く，通常，補酵素は酵素と離れて存在する（補助基質という）．一方，補欠分子族と酵素の結合はかなり強く，通常，補欠分子族は酵素に固く結合して存在する.

補酵素（補欠分子族）は，酵素反応の中で基質の一部の原子または原子団のキャリアーとして働く．主な代謝機能から，補酵素（補欠分子族）は**表2.2**に示すように分類できる.

例えば，NAD^+，$NADP^+$の関与する酸化還元酵素は，大部分が脱水素酵素（デヒドロゲナーゼ）である．フラビン酵素（FAD，FMN を補欠分子族とする酵素）には，酸化酵素（オキシダーゼ）などがある.

転移酵素に関与する補酵素（補欠分子族）の種類は多い．例えば，アミノトランスフェラーゼ（PLP），アミノ酸デカルボキシラーゼ（PLP），ホルミルトランスフェラーゼ（THFA），メチルトランスフェラーゼ（SAM），カルボキシラーゼ（ビオチン），アシル CoA シンテターゼ（CoA），カル

表2.2　補酵素（補欠分子族）の分類[1]

主な代謝機能	主な作用	補酵素（補欠分子族）
酸化還元反応	水素の授受	NAD^+，$HADP^+$，FAD，FMN，ピロロキノリンキノン（PQQ），ユビキノン（補酵素 Q），シトクロム，リポ酸
転移反応	アミノ基の転移 C_1 基の転移	ピリドキサールリン酸（PLP），α-ケトグルタル酸 テトラヒドロ葉酸（THFA），コバミド， S-アデノシルメチオニン（SAM），ビオチン
	C_2 基の転移	補酵素 A（CoA），チアミンピロリン酸（TPP），リポ酸
	リン酸基の転移	ATP，グルコース-1,6-ビスリン酸，2,3-ジホスホグリセリン酸
	硫酸基の転移	3-ホスホアデノシン-5-ホスホ硫酸（PAPS）

（注）改訂編著者が一部改変

ボキシラーゼ（TPP），キナーゼ類（ATP），スルホトランスフェラーゼ（PAPS），などがある．

一方，現在知られている酵素の約3分の1が，何らかの形で金属イオンを必要としている．典型金属イオン（Na^+，K^+，Mg^{2+}，Ca^{2+}）を要求する酵素と，遷移金属イオン（Fe^{2+}，Cu^{2+}，Mn^{2+}，Zn^{2+}，Co^{2+}，Mo^{2+}，Ni^{2+}など）を単独または複数で，あるいは補酵素との組み合わせで構成される酵素がある．

酵素と金属イオンとの結合には，補酵素と同様に強弱があり，酵素を精製していく過程で容易に遊離するものとしないものとがある．酵素の活性部位に金属イオンが強固に結合していて容易に解離しないものは，金属酵素（metalloenzyme）と呼ばれる．また，酵素と金属イオンの結合が弱く容易に解離するもので，酵素の活性発現に金属イオンを必要とするものを，金属活性化酵素（metal-activated enzyme）という．

金属イオンの役割としては，次の3つが考えられる．

① 基質-金属複合体（ATP-Mg など）として基質の一部となる．

② 特定のアミノ酸残基と一緒になって活性中心を形成し，触媒活性の中心的役割を果たす．

③ 酵素タンパク質の立体構造の安定性維持に働く．

金属イオンをもつ酵素として，カタラーゼ（Fe^{2+}，プロトヘム），アルコールデヒドロゲナーゼ（Zn^{2+}），スーパーオキシドディスムターゼ（Mn^{2+}），ホスホリパーゼA_1（Ca^{2+}），α-ガラクトシダーゼ（Mg^{2+}），ウレアーゼ（Ni^{2+}），チロシナーゼ（Cu^{2+}），グリシルグリシンジペプチダーゼ（Co^{2+}），などが知られている．

酵素の金属イオン依存性を明らかにする一つの方法として，金属キレート剤（EDTA，o-フェナントロリン，2,2′-ジピリジルなど）による酵素活性の阻害試験がある．

2.4　酵素反応の至適条件

酵素反応は触媒作用であり，その反応速度は，温度や pH，阻害剤，活

性化剤などの影響を受ける.また,酵素は高次構造をもったタンパク質であり,酵素反応条件や周囲の環境によって,その立体構造が破壊されて不可逆的な変性を伴うことも考えねばならない.

2.4.1 温度の影響と至適温度

一般の化学反応では,反応温度が10℃上昇すると,反応速度が2倍になることが知られているが,酵素反応の場合も同様である.しかし,酵素は高温になるにつれて熱変性を受けやすくなり,活性が低下する.したがって,反応速度の上昇と,熱変性による活性低下が相互作用して,最も効率よく酵素反応が進む温度領域が決まってくる.この温度を,至適(最適)温度(optimum temperature)と呼んでいる.

図 2.5 に,一般的な活性−温度曲線(反応速度に対する温度の影響)を示す.例えば,*Bacillus subtilis* の α-アミラーゼの至適温度は 70℃である.

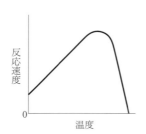

図 2.5 反応速度に対する温度の影響[10]

至適温度は,酵素タンパク質の温度安定性のほかに,反応 pH や時間,基質や夾雑物の種類などによって異なってくる.これらの要因が,酵素の反応速度と安定性に関連しているといえる.

一般に,酵素が安定な pH 領域で,高基質濃度,短時間反応の場合は,至適温度が高くなり,これらの条件が逆の場合には至適温度が低くなる.至適温度を求めるときは,安定 pH 領域で,初速度を測定することが多い.

2.4.2 pH の影響と至適 pH

酵素タンパク質は多くのアミノ酸残基の解離基をもつため,水溶液中では両性イオンとして存在する.pH の変化によって,それらの解離状態が変化するため,それぞれの酵素は固有の等電点をもつ.一方,強い酸性やアルカリ性の条件下では,酵素タンパク質の変性が起こり,急激に活性が

低下する.

これらのことから, 酵素は一定の pH 領域においてのみ活性を示し, この中で最大活性を示す pH を, 至適（最適）pH（optimum pH）という.

図 2.6 に, 一般的な活性-pH 曲線（酵素の pH 活性曲線）を示す. 例えば, B. subtilis の α-アミラーゼの至適 pH は 5.8～6.0 である.

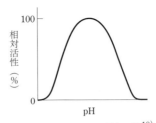

図 2.6 酵素の pH 活性曲線[10]

2.5 酵素の活性化, 安定化, 阻害

2.5.1 酵素の活性化, 安定化

微生物によって生産される酵素の多くは, そのままで活性があるが, 動物の臓器や組織のプロテアーゼ類の多くは不活性型で生合成され, それが他の酵素の作用で活性化される場合がある. この不活性な酵素前駆体を, チモーゲン（zymogen）と呼ぶ.

なお, タンパク質の分解によって活性化されるのは, プロテアーゼだけではない. そのほかの場合には, 前駆体はチモーゲンとは呼ばれず, 一般的にはプロタンパク質（proprotein）, あるいはプロ酵素（proenzyme）と呼ばれる.

表 2.3 に, 消化酵素の酵素前駆体から活性型酵素の生成の例を示す.

このほかにも, 血液の凝固に関わるトロンビンや, 凝固した血栓を溶解するプラスミンも前駆体の形で存在し, それぞれの活性化酵素による限定分解を受けて生成される.

植物起源のパパイン, フィシン, ブロメラインなどのシステインプロテアーゼは, SH 阻害剤（p-クロロメルクリ安息香酸（pCMB）, モノヨード酢酸（MIA）など）や酸化によって活性を失い, 還元剤（ジチオトレイトール（DTT）, グルタチオンなど）によって活性化される. したがって, この種の酵素標品は使用に先立って活性化する必要がある場合が多い.

一般的に酵素の安定性は, 共存する塩類の種類と濃度によって影響され

表 2.3 酵素前駆体から活性型酵素の生成[11)]

部位	チモーゲン	活性化因子	活性型酵素
胃	ペプシノーゲン	H^+ またはペプシン	ペプシン
膵 臓	トリプシノーゲン	エンテロペプチダーゼ またはトリプシン	トリプシン
	キモトリプシノーゲン A	トリプシン＋キモトリプシン	α-キモトリプシン
	プロカルボキシペプチダーゼ A	トリプシン	カルボキシペプチダーゼ A

（注）改訂編著者が改変

る．ある種の金属イオンは，ある種の酵素に対して阻害剤であり，他の酵素に対しては活性化剤，あるいは安定化剤であることもある．

典型金属イオン（Na^+, K^+, Mg^{2+}, Ca^{2+}）や遷移金属イオン（Fe^{2+}, Cu^{2+}, Mn^{2+}, Zn^{2+}, Co^{2+}, Mo^{2+}, Ni^{2+} など）は，1種またはそれ以上で酵素の活性化剤として知られている．

一方，細菌の α-アミラーゼやプロテアーゼの中には，Ca^{2+} や Na^+ の存在下で，耐熱性や耐酸性が著しく向上するものがある．これは活性化とは全く異なる現象で，変性による失活を防止する役割である．実用的な酵素利用の場合，目的によっては酵素の安定な範囲をはずれた条件で使用しなければならないことが多い．このような場合，適当な塩類の添加により，その使用条件での酵素活性の低下を防止することができる．

液状酵素は，粉末酵素に比較して貯蔵安定性が良くない．水の存在下では，酵素タンパク質の変性による活性低下が大きくなるためである．液状酵素を長期に保存する目的で，溶液中の水分子と結合して，水分子の運動を抑制するような水酸基をもつ化合物，すなわちグリセロール，ポリエチレングリコール，ソルビトール，スクロース，マルトース，デンプン加水分解物（水あめ）などを，必要量添加する手段が講じられている[12-14)]．

現在，一般的な液状酵素製剤として，酵素液を限外濃縮してタンパク質濃度を高め，上記の安定化剤を添加したものが市販されている．

2.5.2 酵素の阻害[2-5]

　酵素反応系に，ある種の物質を添加することによって，反応速度が減少する現象を阻害（inhibition）と呼び，これを起こさせる物質を阻害剤（inhibitor）という．ここでいう阻害は，阻害剤を除去すれば，また元の活性に戻るので可逆的阻害を指すものとする．

　代表的な阻害型式のうち，拮抗型阻害（競争的阻害，competitive inhibition）は，基質（S）と阻害剤（I）とが酵素（E）の活性部位を奪い合う型である．この型式の阻害では，基質と阻害剤の相対的な濃度比によって酵素阻害の程度が決まる．この型式の阻害剤には，基質アナログや，基質の分解物などがある．

　拮抗型阻害に対して，酵素に対する阻害が阻害剤の濃度のみによって決まる場合を，非拮抗型阻害（非競争的阻害，noncompetitive inhibition）と呼んでいる．この型式では，阻害剤は酵素が基質と結合する活性部位以外の部位で酵素と結合する．

　これらのことから，拮抗型阻害では，酵素と阻害剤とが結合して酵素-阻害剤（EI）複合体ができるために，酵素-基質（ES）複合体の生成が妨げられる．一方，非拮抗型阻害では，阻害剤がEI複合体をつくるとともに，ES複合体にも同じ強さで結合してESI三重複合体をつくることによって，ES複合体から生成物（P）の生成が妨げられる．

　このほかにも，非拮抗型阻害の一変形である混合型阻害（mixed-type inhibition）や，阻害剤がES複合体と結合するが，遊離の酵素とは結合しない不拮抗型阻害（uncompetitive inhibition）がある．

2.6　酵素の変性と失活[15]

　酵素の本体はタンパク質であり，その表面に活性部位（基質結合部位と触媒部位）をもつ．基質結合部位で基質の構造を認識して基質と結合し，さらに触媒部位で化学反応を触媒する．

　酵素タンパク質の三次構造の形成（フォールディング）は，疎水性アミノ酸残基が水と反発してタンパク質の中に潜ろうとする力によって進み，

非共有結合（水素結合，疎水結合，イオン結合など），共有結合（ジスルフィド結合）などによって構造が安定化される．

したがって，何らかの要因（熱，pH，溶媒，他の酵素による作用など）により，これらの結合が破壊されると，二次構造や三次構造が不可逆的に大きく変わり，酵素本来の活性を失う（失活，inactivation）．

タンパク質の二次構造が破壊される現象を，タンパク質の変性（denaturation）と呼んでいる．したがって，変性というのはタンパク質の側から見た場合であって，酵素作用という点から見れば失活ということになる．いずれも構造上の変化を意味し，酵素の失活は必ずしもタンパク質の変性によるときばかりではないが，変性の多くは酵素の失活に直接関係することが多いので，酵素を取扱う上では，タンパク質の変性に対する配慮は極めて重要なものである．

酵素タンパク質の変性を引起す要因は多数あり，しかも，これらの要因は単独で作用しているのではなく，ほとんどの場合，様々な要因が互いに影響しあって変性を引き起こしていると考えなければならない．一般的に，未変性の球状タンパク質はプロテアーゼ作用を受けにくいが，変性によってプロテアーゼ作用を受けやすくなる．

変性を引起す物理的な要因として，熱，機械的な圧力，輻射線，表面活性などがあり，化学的要因としては，水素イオン濃度（pH），有機溶媒，界面活性剤，無機化合物などがある．

2.6.1 熱変性

酵素活性は温度に依存している（図2.5）が，熱は酵素タンパク質の変性に極めて大きく影響することが知られている．酵素水溶液を加熱した場合，ある温度を超えると極めて容易に失活し，しかもそれは不可逆的である．

図2.7に，一般的な酵素の温度安定性のパターンを示す．例えば，大豆 β-

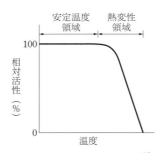

図 2.7 酵素の温度安定性[10]

アミラーゼは 55℃ まで安定である.

　一般的に，粉末酵素製品は保存安定性が良いが，液状酵素製品は不安定であるといえる．これらの酵素製品の熱変性を避けるためには，冷蔵もしくは冷凍条件下での保存が望ましい．さらに，酵素製品に安定化剤（多価アルコール，糖類，多糖類など）を添加することにより，保存安定性の向上が期待される.

　熱は，他の変性要因（pH など）と相乗的に酵素タンパク質に影響することが多いので，留意が必要である.

　タンパク質が変性を起す温度は，それぞれのタンパク質の性質によって異なる．一般的によく知られていることとして，鶏卵の加熱加工において，卵黄の熱凝固開始温度が 65〜66℃ であり，卵白のそれが 70℃ である.

　不安定な酵素を精製する場合は，熱変性を避けるために低温（5℃ 付近）で操作を行う必要がある.

2.6.2　表面変性

　タンパク質の水溶液を激しく撹拌，振盪すると，タンパク質が変性する．これは表面張力によるもので，一般的にタンパク質は表面活性を示す物質である．タンパク質が水溶液に溶けるとき，水の表面張力を下げるため，タンパク質の高次構造の変化が起ると考えられる.

　この現象は，タンパク質によってかなり差異はあるが，酵素液を激しく撹拌したり，起泡させたりすると活性が失われる例が多い．水の表面張力は高いので，表面張力を下げる界面活性剤を添加することで，酵素活性の低下を防止できる.

2.6.3　圧力による変性 [16-18]

　3,000 気圧以上の圧力を与えると，室温においてもタンパク質は変性を起し，酵素活性の低下が認められる．α-アミラーゼ水溶液（pH 5.8）を 20℃ で加圧した場合，6,000 気圧位から活性低下が始まり，圧力の増加とともに活性低下は進み，10,000 気圧ではほとんど完全に失活する．そして，除圧後も活性は回復しないという例が報告されている.

実用上の例として，粉末酵素の顆粒化，打錠の際の加圧，およびそれに伴う発熱によって活性低下を伴うことがよく知られている．市販酵素製剤を，ピストン式油圧機により毎秒 300 kg/cm^2 の加圧速度で加圧打錠することで酵素活性が低下することが報告されている．毎秒 500 kg/cm^2 程度から活性低下が始まり，高圧になるにつれて活性低下が大きくなる．毎秒 3,000 kg/cm^2 以上になると，それ以上の活性低下はなくなり，完全に失活することはない．

2.6.4　pH による変性

酵素活性は pH に依存している（図 2.6）が，すべてのタンパク質，特に酵素タンパク質は pH に対して敏感であり，それぞれの酵素には安定な pH 領域がある．酵素を調製するときには，この pH 安定性の領域を把握しておくことが重要である．

図 2.8 に，一般的な酵素の pH 安定性のパターンを示す．例えば，大豆 β-アミラーゼの安定 pH 領域は 4～8 である．

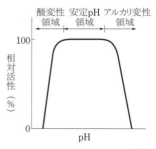

図 2.8　酵素の pH 安定性[10]

タンパク質表面のアミノ酸残基のアミノ基やカルボキシル基などは，分子内でイオン結合や水素結合に関与して，タンパク質の高次構造の安定化に寄与している．ところが，極端な酸性やアルカリ性の条件下では，これらの結合が開裂して酵素タンパク質の立体構造は変化して変性する．

pH による変性は，熱変性と同様に，微生物から酵素を抽出する場合や，酵素を精製する場合に，酵素の回収率に大きく影響を与えるので，安定 pH 領域で操作をする必要がある．

2.6.5　有機溶媒による変性

アルコール類やアセトンなどの水に可溶性の有機溶媒は，酵素の沈澱剤

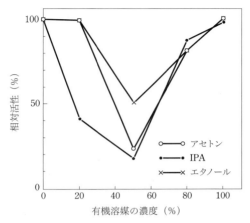

図 2.9 有機溶媒を含む湿潤状態でのリゾチームの安定性[15]

として用いられているが，これらによって酵素タンパク質の変性が起きてしまう．その変性は，低温に保つことによって防止できるので，酵素液から酵素を沈殿させるときは，酵素液と有機溶媒の両方を0℃近くまで冷却し，混合時の発熱を防止するために冷却下で徐々に混合することが重要である．有機溶媒による活性低下は，有機溶媒と水との混合比，有機溶媒の種類によってかなりの差異がある．

一般的に，有機溶媒（エタノール，イソプロパノール，アセトンなど）が50％濃度のときに，活性低下が最も大きくなる．

また，酵素と有機溶媒の組合せにも配慮が必要であり，例えば，糸状菌グルコアミラーゼはエタノールに対しては安定であるが，メタノールには極めて不安定である．

図 2.9 は，卵白リゾチーム1 gに，0.8 mLの濃度の異なるアセトン，エタノール，イソプロピルアルコール（IPA）を加えて，50℃で2時間処理した後の相対活性を示したものである．

2.6.6 プロテアーゼの影響

一般的に，未変性のタンパク質はプロテアーゼの作用を受けにくいが，一度変性を受けたタンパク質はプロテアーゼの作用を容易に受けるようになる．このことから，醤油製造技術の研究で，原料大豆の利用率を向上させるために蒸煮条件を比較検討した際に，枯草菌プロテアーゼによる消化性が検討された．

また，α-アミラーゼ中のカルシウムの役割を調べた研究で，金属キレート剤（EDTA）を用いることで，不可逆的に失活する現象が認められた．これは，夾雑していた微量のプロテアーゼによって，脱カルシウムされたα-アミラーゼが分解作用を受けたためで，プロテアーゼをプロテアーゼ阻害剤（セリンプロテアーゼの場合はジイソプロピルフルオロリン酸（DFP））などで完全に失活させておくと，脱カルシウムα-アミラーゼは分解されることなく，再びカルシウムを加えると活性が回復する．

2.7 酵素の単位[4, 5, 19, 20]

酵素の濃度は，物質としての酵素の量（amount）ではなく，酵素活性（触媒活性）を単位（ユニット（unit，記号はU），あるいはカタール（katal，記号はkat））で表わす．その酵素が，特定の条件下で一定時間内にどれだけの働きをするかという，一定条件下での反応速度を，酵素の単位として用いている．したがって，酵素の総量は，酵素標品の重量または容量に，単位を乗じたもので表わされる．

酵素の単位は，各酵素に対して任意に定められ，同じ酵素でも研究者ごとに，測定条件や反応速度を測定する方法，およびその定義を決めており，全く統一されたものがないまま慣習的に使われてきた．

しかし，1961年以降、国際生化学連合（IUB）（現在の国際生化学分子生物学連合（IUBMB））の酵素委員会が，酵素の分類，酵素の命名法，酵素の単位について統一性をはかってきた．

酵素単位（unit）は，酵素委員会で1961年に定義，勧告され，1964年に採択された．一方，酵素単位（katal）は，国際単位系 (SI) の使用が要

請されるようになって，同様に 1972 年に定義，勧告され，1999 年に制定された．

2.7.1　酵素単位の定義

酵素単位（unit）は，「一定の条件下で，1 分間に 1 マイクロモル（μmol）の基質の変化を触媒する酵素量を 1 単位（U）とする」と定義されている．これを国際単位（international unit, IU）と呼ぶ．

基質がタンパク質，多糖類などの高分子の場合，基質 1 分子内にエンド型酵素の作用を受ける結合が複数存在するため，1 分間に酵素が作用する結合の 1 μmol 当量を 1 単位（U）とする．加水分解される基質分子の μmol 数ではない．グルコアミラーゼのように，デンプン分子鎖の非還元末端から逐次グルコースを遊離する酵素では，加水分解で生成されるグルコースの μmol 数で単位を表わす．

また反応温度を付記する必要があり，実施可能な場合は，30℃（標準測定温度）とする．反応 pH，基質濃度などの条件は，実施可能な場合は，その酵素の最適条件とする．

酵素単位（katal）は，「一定の条件下で，1 秒間（s）に 1 モル（mol）の基質を変化させる酵素量を 1 カタール（kat）とする」と定義されている．

カタール（kat）と前記した単位（U）とは，次の関係になる．

$$1 \text{ kat} = 1 \text{ mol/s} = 60 \text{ mol/min} = 60 \times 10^6 \, \mu\text{mol/min} = 6 \times 10^7 \text{ U}$$

$$1 \text{ U} = 1 \, \mu\text{mol/min} = 1/60 \, \mu\text{mol/s} = 1/60 \, \mu\text{kat} = 16.67 \text{ nkat}$$

すなわち，kat は U の 6,000 万倍である．実用的には大きすぎる単位であるので，実際には μkat や，nkat を用いる．しかし，一般的には余り使われていないようである．

2.7.2 比活性

比活性（specific activity, U/mg）は，タンパク質1mg当りの酵素単位（U）と定義する．この値は，酵素の純度と直接関係がある．純粋な酵素の比活性は酵素1mg当りの単位となるから，ある酵素標品の比活性を，純粋な酵素について求めた比活性で割れば，全タンパク質に含まれる酵素の割合，すなわち純度が求められる．

分子活性（molecular activity, 記号は k_{cat}）は，「一定の条件下で，酵素1分子が1秒間に触媒しうる基質分子の数」と定義される．すなわち，k_{cat}＝基質分子濃度（M）/（酵素分子濃度（M）×秒（s））のような式で表される．ここで右辺は分子と分母に濃度の単位をもつので，これを約すと k_{cat} は s^{-1} という単位で表される．分子活性はモル活性（molar activity）などとも呼ばれ，多くの酵素の分子活性は $10^2 \sim 10^5 s^{-1}$ である．

なお，酵素の触媒能力は，触媒効率（catalytic efficiency）k_{cat}/K_m（$M^{-1}s^{-1}$）で通常表される．

2.7.3 測定条件

酵素活性の測定条件を要約すると，できるだけ初速度（v）を測定し，基質濃度は酵素を飽和するのに十分な濃度（K_m 値の5倍～10倍の濃度）にして，0次反応に近づけておく．もしも最適な基質濃度以下で測らなければならないときは，できればミカエリス定数（K_m）を求めて，基質飽和濃度で活性測定した場合の活性値に換算するようにする．

図2.3に示したように，基質濃度が極めて低いときは，酵素反応の初速度は基質濃度と比例する．酵素量に対する基質濃度が増加すると，初速度も大きくなるが，さらに基質濃度を高くしていくと，やがて初速度は一定になり，それ以上いくら基質濃度を高めても初速度は変化しなくなる．すなわち，酵素の活性部位が基質で飽和されて，酵素は最大活性（V_{max}）を発現していることになる．

反応温度はできるだけ30℃とする．30℃は活性を測定するには十分に高く，酵素の変性を避けるには十分に低い．それ以外の温度を用いなければならないときも，実施温度を記載する．反応pH，基質濃度などの条件

は可能な限り，最適条件を設定する．

2.8 酵素の分類[19, 21-28)]

2.8.1 酵素の命名法

　古くから知られている加水分解酵素には，語尾に"in"のついたものが多い．ペプシン（pepsin），トリプシン（trypsin），キモトリプシン（chymotrypsin），カテプシン（cathepsin），パパイン（papain），ブロメライン（bromelain），フィシン（ficin），プチアリン（ptyalin），レンニン（rennin）などである．

　1898年にデュクロー（Duclaux, É）は，酵素の命名法として，酵素が作用する物質（基質）を示す語根に"ase"（アーゼ）を付け足すことを提案した．デンプンは，ラテン語で"amylum"という．その語根は"amyl"で，これに"ase"を付け足して，"amylase"（アミラーゼ）がデンプンに作用する酵素の名称である．例外はあるが，基質名に直接"ase"を付ければ加水分解酵素を表わす．

　同様に，タンパク質（protein）に作用する酵素をプロテアーゼ（protease），繊維素（cellulose）に作用する酵素をセルラーゼ（cellulase），ペクチン（pectin）に作用する酵素をペクチナーゼ（pectinase）などという．

　このほかに，酵素の作用を表わす術語の後に"ase"を付け足して使われるようになった酵素の名称も多い．

　酸化反応を触媒する酵素は，酸化（oxidation）酵素でオキシダーゼ（oxidase）と名づける．グルコースを酸化する酵素を，グルコースオキシダーゼと名づける．同様に，転移（transfer）酵素はトランスフェラーゼ（transferase），異性化（isomerization）酵素はイソメラーゼ（isomerase）などの例がある．

　これらの慣習的な命名法に対して，国際生化学連合（IUB）（現在の国際生化学分子生物学連合（IUBMB））の酵素委員会では，酵素の命名法について討議した結果，最も合理的な方法として，酵素の分類は，触媒作用

の反応型式（反応特異性と基質特異性）をもとにして行い，その型式と，基質となる物質の名称を個々の酵素命名の根拠とし，酵素の識別の手段として，酵素番号（Enzyme Commission Number，EC 番号）を定めた．

2.8.2　酵素分類法と酵素番号

　酵素番号（EC 番号）は，第 1 から第 4 まで四つの区分からなり，EC に続くピリオドで区切った 4 組の番号（例えば，α-アミラーゼは EC 3.2.1.1）で表記され，次のような法則で階層的に分類される．

　① 酵素は，まず反応特異性により 7 クラス（class）に主分類され，酵素番号の第 1 区分の数字は 1 から 7 までで，それぞれの酵素が 7 クラスのいずれに属するかを示す．

EC 1　オキシドレダクターゼ（Oxidoreductases，酸化還元酵素）

EC 2　トランスフェラーゼ（Transferases，転移酵素）

EC 3　ヒドロラーゼ（Hydrolases，加水分解酵素）

EC 4　リアーゼ（Lyases，脱離酵素）

EC 5　イソメラーゼ（Isomerases，異性化酵素）

EC 6　リガーゼ（Ligases，連結酵素，合成酵素）

EC 7　トランスロカーゼ（Translocases，転位酵素）

　（注釈）酵素委員会は 2018 年 8 月に，新しいクラス（EC 7）を追加して，酵素を 7 つのクラスに再編した．

　② 酵素番号の第 2 区分の数字は，基質特異性により副分類されたサブクラス（subclass）で，酵素が作用する結合のタイプなどの反応様式を示す．
　　 例として，EC 3 に副分類された加水分解酵素（EC 3.1〜EC 3.13）を示す．

2.8 酵素の分類 **65**

EC 3.1 エステル結合に作用する酵素

EC 3.2 グリコシル結合に作用する酵素

EC 3.3 エーテル結合に作用する酵素

EC 3.4 ペプチド結合に作用する酵素

EC 3.5 ペプチド結合以外の C–N 結合に作用する酵素

EC 3.6 酸無水物に作用する酵素

（以下省略）

---

③ 酵素番号の第3区分の数字は，基質特異性により副々分類されたサブ-サブクラス（sub-subclass）で，作用する基質の種類や必要な補酵素などの反応様式を示す．

例として，EC 3.1 に副々分類されたエステル結合に作用する加水分解酵素（EC 3.1.1～EC 3.1.31）を示す．

EC 3.1.1 カルボン酸エステル加水分解酵素

EC 3.1.2 チオールエステル加水分解酵素

EC 3.1.3 リン酸モノエステル加水分解酵素

EC 3.1.4 リン酸ジエステル加水分解酵素

EC 3.1.5 三リン酸モノエステル加水分解酵素

EC 3.1.6 硫酸エステル加水分解酵素

（以下省略）

---

④ 酵素番号の第4区分の数字は，第3区分内における通し番号（serial number）で，酵素がリストに加えられた順番である．

2.8.3 酵素の名称

酵素の名称として，系統名（systematic name），常用名（accepted name）および別名（other name）が用いられている．

① 系統名は一定の法則によってつくられ，その酵素を正確に識別し，酵素の作用をできるだけ正確に示すようになっている．すなわち，

系統名は二つの部分からなり，初めの部分は基質分子の名称（複数の場合はコロン（:）でつないで併記）と，第二の部分は反応の名称を連結して命名される．系統名における反応の名称には規制があり，反応を表わす名称は，次の9種類である．oxidoreductase, racemase, isomerase, epimerase, lyase, ligase, hydrolase, transferase, mutase.

② 常用名は，系統名と同じ規則で命名されるが，基質の一部を省略して短縮されたりしている．また，命名規則に従わない酵素も多い．これまで用いられてきた名称を，そのまま用いている酵素も多い．ペプシン，トリプシン，キモトリプシン，カタラーゼなど．

　　常用名の場合は，系統名で用いられている反応の名称のほかに，EC 1（dehydrogenase, reductase, oxidase, peroxidase），EC 2（phosphorylase, kinase），EC 3（esterase, phosphatase, glucosidase），EC 4（decarboxylase, dehydratase, aldolase, synthase），EC 5（tautomerase），EC 6（carboxylase, synthetase），EC7（transporter）などを名称として用いている．

　　なお常用名は，慣用名（common name）あるいは推奨名（recommended name）ともいわれる．

③ 古くから発見され命名された酵素や，研究者が独自に命名した酵素は，当時の名称が別名として残され分類されている．酵素業界では，系統名や常用名ではなく，この別名が慣習的に用いられている例がある．

産業用酵素として最もよく利用されているアミラーゼ類は，加水分解酵素（EC 3）のうちのグリコシル結合に作用する酵素（EC 3.2）で，O-グリコシル結合を加水分解する酵素（EC 3.2.1）に属する．EC 3.2.1.1 は，常用名を α-アミラーゼ，系統名は 4-α-D-glucan glucanohydrolase という．別名として，endoamylase, Taka-amylase A などと呼ばれている．

　β-アミラーゼ（常用名）（EC 3.2.1.2）の場合，基質は α-アミラーゼと同じ 1,4-α-D-glucan であるが，グルコース分子鎖の非還元末端からマルトースを順次遊離するので，系統名は 4-α-D-glucan maltohydrolase とい

う.

グルコアミラーゼ（別名）（EC 3.2.1.3）の場合は，同様にグルコースを遊離するので，系統名は 4-α-D-glucan glucohydrolase，常用名は glucan 1,4-α-glucosidase という．酵素業界では，グルコアミラーゼ（もしくはアミログルコシダーゼ）の名称が用いられている．

参考文献

1) 相阪和夫（1999）『酵素サイエンス』，幸書房，東京.
2) 小野宗三郎（編著）（1975）『入門酵素反応速度論』，共立出版，東京.
3) 中村隆雄（1977）『酵素―反応速度論と機構』，学会出版センター，東京.
4) 大西正健（1987）『生物化学実験法 21，酵素反応速度論実験入門』，学会出版センター，東京.
5) 井上國世（監修）（2016）『初めての酵素化学』，シーエムシー出版，東京.
6) 森原和之（一島英治（編著））（1983）『プロテアーゼ』，pp. 237-266，学会出版センター，東京.
7) 日本生化学会（編）（1975）『生化学実験講座 13，ビタミンと補酵素（上・下）』，東京化学同人，東京.
8) 日本ビタミン学会（編）（2010）『ビタミン総合事典』，朝倉書店，東京.
9) Bugg, T. D. H.（井上國世（訳））（2012）『入門 酵素と補酵素の化学』，丸善出版，東京.
10) 一島英治（2001）『酵素―ライフサイエンスとバイオテクノロジーの基礎』，p. 57-61，東海大学出版会，神奈川.
11) Fersht, A.（今堀和友，川島誠一（訳））（1983）『酵素―構造と反応機構』，pp. 294-295, 303, 307，東京化学同人，東京.
12) 鈴木哲夫（2010）日本食品工学会誌，**11**(3)，117-123.
13) Sekiguchi, S., Hashida, Y., Yasukawa, K. & Inoue, K. (2012) *Biosci. Biotechnol. Biochem.*, **76**(1), 95-100.
14) 兒島憲二，滝田禎亮，保川 清（2018）生物工学会誌，**96**(11)，650-653.
15) 小巻利章（1969）油脂，**22**(11)，122-131.
16) 鈴木智恵子，鈴木啓三（1966）蛋白質核酸酵素，**11**(13)，1246-1256.
17) 葛西敬夫，内田常夫（1966）薬剤学，**25**(4)，279-282.
18) 巻本彰一，和田 彩，谷口吉弘（1996）材料，**45**(3)，274-279.
19) 国際生化学連合酵素委員会（田宮信雄（訳））（1963）『酵素名・酵素反応記号一覧―国際生化学連合酵素委員会報告』，共立出版，東京.
20) （独）産業技術総合研究所・計量標準総合センター翻訳／監修（2006）国際文書第 8 版（日本語版），付録 1，第 21 回 CGPM（1999 年）「酵素活性の表現のための SI 組立単位，モル毎秒の固有の名称，カタール」，p. 80.
21) 能勢善嗣（1965）ビタミン，**32**(5)，409-423.

22) 八木達彦（1981）日本農芸化学会誌，**55**(6)，67-72.
23) 八木達彦，一島英治，鏡山博行，福井俊郎，虎谷哲夫（編）（2008）『酵素ハンドブック』，第3版，朝倉書店，東京.
24) 白兼孝雄（2017）JAS情報，**52**(10)，8-13.
25) Enzyme nomenclature (https://www.qmul.ac.uk/sbcs/iubmb/enzyme/).
26) ExplorEnz - The Enzyme Database (http://www.enzyme-database.org/).
27) Enzyme Database - BRENDA (http://www.brenda-enzymes.info/).
28) ExPASy - ENZYME (https://enzyme.expasy.org/).

3章　糖質関連酵素とその応用

3.1　糖質関連酵素[1-6)]

　1章1.1節で述べたように，酵素の研究は麦芽，唾液，膵臓などのアミラーゼの発見に始まっており，酵素の利用もまた，ビール，清酒の製造におけるデンプンの糖化，消化酵素製剤（タカジアスターゼ），さらに繊維加工業におけるデンプン糊の糊抜きなど，アミラーゼの利用が最も古い歴史を有し，そして今日まで続いている．

　今日の糖質関連酵素の利用で最も大きな分野は，デンプンの加工業であり，デンプンが酵素で加工されて，水あめ，グルコース（ブドウ糖），異性化糖などの生産に用いられている．

　デンプンは，高等植物の貯蔵のためのホモ多糖で，アミロースとアミロペクチンからなる（**図3.1**）．アミロースは，グルコースが α-1,4 結合で連なった直鎖状の分子で，分子量が比較的小さい．アミロペクチンは，直

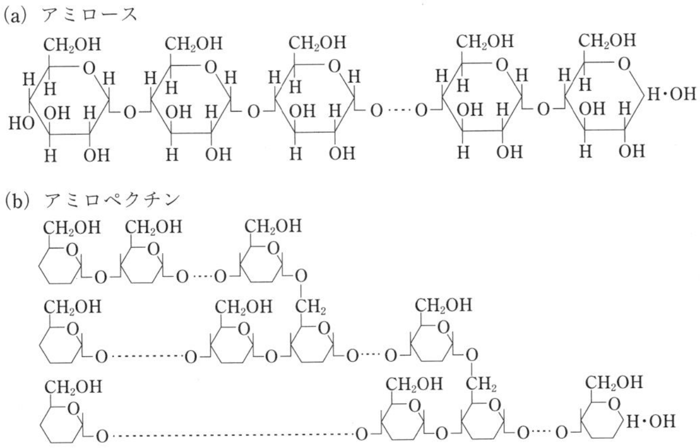

(a) アミロース

(b) アミロペクチン

図3.1　アミロースとアミロペクチンの一般的な構造

鎖部分にグルコースが α-1,6 結合で分岐構造をもつ分子で，分子量が比較的大きい．

3.1.1 アミラーゼの多様性[1,6]

アミラーゼは古くから研究されてきた酵素であるが，次々と新しい性質をもった酵素が発見されている．

アミラーゼはデンプンやグリコーゲンに作用して，α-1,4-グルコシド結合や，α-1,6-グルコシド結合の加水分解に関与する酵素であるといえる．

アミラーゼが α-1,4-グルコシド結合を加水分解するとき，C^1-O-C^4 結合のうち C^1 と O の間で切断することが $H_2^{18}O$ を用いた研究で明らかにされている．この切断されたグルコシル残基を水に転移した場合が，加水分解である．水の代りに ROH（糖またはアルコール）に転移した場合は，グルコシドが生成され，これを転移と呼ぶ．したがって，加水分解酵素もその条件によって同時に転移を起すことがある．

加リン酸分解に関与するホスホリラーゼ（転移酵素）は，反応が可逆的に進行し，アミラーゼの場合はほとんど不可逆的といわれていた．しかし，グルコアミラーゼはデンプンを加水分解してグルコースとするが，グルコース濃度が高くなると逆反応が起り，グルコースが縮合して，マルトース，イソマルトース，さらには三糖類を生成することが知られている．

アミラーゼに属する酵素は，次のように分類できる．

① 基質分子の鎖長による分類
   ○ 主に長鎖を加水分解：α-アミラーゼ．
   ○ 主に短鎖を加水分解：α-グルコシダーゼ．
② グルコシド結合の種類による分類
   ○ α-1,4 結合のみ加水分解：β-アミラーゼ，ほとんどの α-アミラーゼ．
   ○ α-1,6 結合のみ加水分解：枝切り酵素（プルラナーゼ，イソアミラーゼ）．
   ○ α-1,4 結合と α-1,6 結合の両方を加水分解：グルコアミラーゼ．

なお，α-1,4-および α-1,6-グルコシド結合への作用機作や，加水分解および糖転移反応などに基づき，α-アミラーゼとその関連酵素について「α-アミラーゼファミリー」という独自の概念が提唱されている[7-9]．

③　エンド型あるいはエキソ型による分類
　　○　エンド型（endo type）：α-アミラーゼはデンプン分子内部の α-1,4 結合をランダム（random）に加水分解する．
　　○　エキソ型（exo type）：β-アミラーゼ，グルコアミラーゼは糖鎖の非還元末端から逐次に加水分解する．
　　○　また，multi-chain 機構，single-chain 機構，あるいは両方の作用様式をもつ multiple attack に分類することもある．

④　分解生成物の大きさで分類
　　○　糊精化（液化）型（dextrinogenic type）：α-アミラーゼ．
　　○　糖化型（saccharogenic type）：β-アミラーゼ，グルコアミラーゼ．

⑤　生成糖のアノマー型（anomer type）による分類
　　○　α-アノマー（加水分解に際してその構造が保持される，retaining mechanism）：アノマー保持型酵素（α-アミラーゼ，α-グルコシダーゼ）．
　　○　β-アノマー（加水分解に際して Walden 反転が起こる，inverting mechanism）：アノマー反転型酵素（β-アミラーゼ，グルコアミラーゼ）．

⑥　糖質関連酵素について，アミノ酸配列の類似性を主な基準とした分類が行われている．
　　　　例えば，糖質加水分解酵素（Glycoside Hydrolase, GH）のうち，GH13 には α-アミラーゼに代表されるアノマー保持型酵素，GH14 には β-アミラーゼ，および GH15 にはグルコアミラーゼに代表されるアノマー反転型酵素が分類されている[10]．

表 3.1 に糖質加工に関連する酵素の一覧を示す．代表的な糖質関連酵素は，デンプンなどのグルコシド結合を加水分解するグリコシダーゼ（glycosidase，EC 3.2.1）と，転移をつかさどるヘキソシルトランスフェ

表 3.1 糖質加工に関連する酵素

EC 番号	酵素名	別名	基質と主な反応生成物
3.2.1.1	α-アミラーゼ	液化型、エンドアミラーゼ	デンプン → α-限界デキストリン、マルトペンタオース、マルトトリオース、マルトース
3.2.1.2	β-アミラーゼ	糖化型	デンプン → β-限界デキストリン、マルトース
3.2.1.3	グルカン 1,4-α-グルコシダーゼ	グルコアミラーゼ、1,4-α-D-グルカングルコヒドロラーゼ	デンプン → グルコース
3.2.1.7	イヌリナーゼ	エンド-イヌリナーゼ	イヌリン → イヌロオリゴ糖
3.2.1.10	オリゴ-1,6-グルコシダーゼ	イソマルターゼ	イソマルトース、パノース、イソマルトトリオースの α-1,6 結合分解
3.2.1.11	デキストラナーゼ	エンド-デキストラナーゼ	デキストラン → イソマルトオリゴ糖
3.2.1.20	α-グルコシダーゼ	マルターゼ、トランスグルコシダーゼ	マルトース → グルコース、およびイソマルトース、パノース（転移）
3.2.1.22	α-ガラクトシダーゼ	メリビアーゼ	メリビオース、ラフィノース → ガラクトース
3.2.1.23	β-ガラクトシダーゼ	ラクターゼ	ラクトース → ガラクトース＋グルコース、およびガラクトオリゴ糖（転移）
3.2.1.26	β-フルクトフラノシダーゼ	インベルターゼ、β-フルクトシダーゼ	スクロース → グルコース＋フルクトース、およびフルクトオリゴ糖（転移）
3.2.1.33	アミロ-1,6-グルコシダーゼ	デキストリン-1,6-グルコシダーゼ、R 酵素	グルコース分岐オリゴ糖 → グルコース＋マルトオリゴ糖
3.2.1.41	プルラナーゼ	枝切り酵素、R 酵素	プルラン → マルトトリオース、アミロペクチン → マルトオリゴ糖
3.2.1.57	イソプルラナーゼ		プルラン → イソパノース
3.2.1.60	グルカン 1,4-α-マルトテトラヒドロラーゼ	エキソ-マルトテトラヒドロラーゼ、G4 生成酵素	デンプン → マルトテトラオース
3.2.1.68	イソアミラーゼ	枝切り酵素	アミロペクチン → マルトオリゴ糖
3.2.1.70	グルカン 1,6-α-グルコシダーゼ		デキストラン、イソマルトオリゴ糖 → グルコース
3.2.1.94	グルカン 1,6-α-イソマルトシダーゼ	エキソ-イソマルトヒドロラーゼ	デキストラン → イソマルトース
3.2.1.95	デキストラン 1,6-α-イソマルトトリオシダーゼ	エキソ-イソマルトトリオヒドロラーゼ	デキストラン → イソマルトトリオース
3.2.1.98	グルカン 1,4-α-マルトヘキサオシダーゼ	エキソ-マルトヘキサオヒドロラーゼ、G6 生成酵素	デンプン → マルトヘキサオース
3.2.1.116	グルカン 1,4-α-マルトトリオヒドロラーゼ	エキソ-マルトトリオヒドロラーゼ、G3 生成酵素	デンプン → マルトトリオース
3.2.1.141	マルトオリゴシルトレハローストレハロヒドロラーゼ		マルトオリゴシルトレハロース → トレハロース
2.4.1.2	デキストリンデキストラナーゼ	デキストリン 6-グルコシルトランスフェラーゼ	$(1,4\text{-}\alpha\text{-}D\text{-}グルコシル)_n + (1,6\text{-}\alpha\text{-}D\text{-}グルコシル)_m \rightarrow (1,4\text{-}\alpha\text{-}D\text{-}グルコシル)_{n-1} + (1,6\text{-}\alpha\text{-}D\text{-}グルコシル)_{m+1}$
2.4.1.5	デキストランスクラーゼ	スクロース 6-グルコシルトランスフェラーゼ	スクロース＋$(1,6\text{-}\alpha\text{-}D\text{-}グルコシル)_n \rightarrow$ フルクトース＋$(1,6\text{-}\alpha\text{-}D\text{-}グルコシル)_{n+1}$
2.4.1.9	イヌロスクラーゼ	スクロース 1-フルクトシルトランスフェラーゼ	スクロース → イヌリン
2.4.1.18	1,4-α-グルカンブランチングエンザイム	ブランチングエンザイム、枝作り酵素、Q 酵素	アミロース → アミロペクチン（グリコーゲン、デンプン）
2.4.1.19	シクロマルトデキストリングルカノトランスフェラーゼ	CGTase、シクロデキストリン生成酵素	デンプン → シクロデキストリン（分子内転移）
2.4.1.24	1,4-α-グルカン 6-α-グルコシルトランスフェラーゼ	T-酵素、トランスグルコシダーゼ	マルトース → イソマルトース、パノース、イソマルトトリオース
2.4.1.25	4-α-グルカノトランスフェラーゼ	D-酵素、アミロマルターゼ	マルトトリオース → マルトヘキサオース（不均化）
1.1.3.4	グルコースオキシダーゼ	GOD	グルコース＋$O_2 \rightarrow$ グルコン酸＋H_2O_2
5.3.1.5	キシロースイソメラーゼ	グルコースイソメラーゼ	グルコース⇄フルクトース、キシロース⇄キシルロース
5.4.99.11	イソマルツロースシンターゼ	スクロース α-グルコシルトランスフェラーゼ	スクロース → イソマルツロース（パラチノース）、トレハルロース
5.4.99.15	マルトオリゴシルトレハロースシンターゼ		マルトオリゴ糖 → マルトオリゴシルトレハロース

ラーゼ（hexosyltransferase, EC 2.4.1）である.

〔注釈〕本書では, fructose, fructo-oligosaccharide, β-fructofuranosidase, sucrose 1-fructosyltransferase などの和名は, フルクトース, フルクトオリゴ糖, β-フルクトフラノシダーゼ, スクロース 1-フルクトシルトランスフェラーゼなどと表記した. フラクトース, フラクトオリゴ糖, β-フラクトフラノシダーゼ, スクロース 1-フラクトシルトランスフェラーゼなどの表記も一般的である.

3.1.2 α-アミラーゼ

1) 一般的性質

α-アミラーゼ（4-α-D-glucan glucanohydrolase, EC 3.2.1.1）[11-13] は, デンプン, グリコーゲンなどの α-1,4 結合をランダムに切断するエンド型の酵素で, デンプン糊に作用させると, 最初は高粘度であったデンプン糊の粘度が急激に低下して水のようになる. 米飯粒を α-アミラーゼ溶液中に加えると, 飯粒の形がなくなる. この現象をデンプンが液化（liquefaction）されたという. このことから, α-アミラーゼをデンプン液化酵素ともいう.

デンプン糊にヨウ素溶液を加えると, きれいな青藍色を示す. このヨウ素反応は, デンプンの存在を知る手段として古くから知られている.

デンプン糊に α-アミラーゼを作用させると, 粘度が急速に低下するが, デンプン分子鎖内部の α-1,4-グルコシド結合を大まかに切断する作用により, 高分子のデンプンが急速に低分子化したためである.

このとき, ヨウ素反応の色調が, 青藍色から紫青色, 紫色, 紫赤色, 赤褐色, 赤色と連続的に変化する. そして, デンプンの直鎖部分がグルコース分子 7 個以下になると, ヨウ素反応の発色がなくなる. この現象を糊精化（dextrinization）と呼び, α-アミラーゼは糊精化酵素ともいわれている.

α-アミラーゼは, 動物, 植物, 微生物に広く分布しているが, 工業的には麦芽, 細菌（*Bacillus subtilis*（枯草菌）, *B. amyloliquefaciens*, *B. licheniformis*）, 糸状菌（*Aspergillus oryzae*）などの培養によって製造され

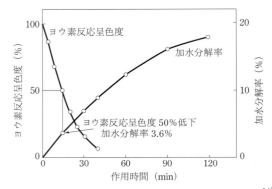

図 3.2 デンプンの加水分解とヨウ素反応呈色度の低下[14]
基質液： 1%ジャガイモデンプン溶液
酵素液： *B. subtilis* α-アミラーゼ
反応条件： pH 6.0, 40℃

ている。とりわけ，細菌のα-アミラーゼは古くから大量生産されている。

デンプンの分解様式や作用条件は，起源によってかなり異なる。代表的な作用としては，**図 3.2** に示すように，ヨウ素反応呈色度の低下（粘度の低下）と，加水分解率（還元力）の増加が直線的に進む。この時期にはグルコースの生成はなく，マルトースがわずかに認められる。ヨウ素反応が赤色を示すようになってからは，還元力の増加がゆるやかになる。

ヨウ素反応の呈色が消失した時点での加水分解率は，細菌起源α-アミラーゼでは13%，ヒト起源では14%，糸状菌起源では16%程度である。分解限界は一般的に低く，細菌では35%，ヒトでは約40%，糸状菌では48%といわれている。生成糖類は，ヒトや糸状菌のα-アミラーゼではマルトースが主体であるが，細菌の場合はマルトース以外に少量のグルコースとマルトトリオースが多くなる。また，*B. licheniformis* ではマルトペンタオース（G5）が主体である。

従来は，エンド型で反応してα-アノマーの生成物をつくる酵素がα-アミラーゼとされてきたが，エキソ型で反応してα-アノマーの生成物をつくるアミラーゼが発見されている。そのなかには，主としてマルトトリオース（G3）を生成するアミラーゼ（*Streptomyces griseus* 起源）[15]，主

3.1 糖質関連酵素　　**75**

表 **3.2**　分岐点付近への種々のアミラーゼの作用

	α–アミラーゼ源	生成される最小のオリゴ糖	各種結合への作用					
			a	b	c	d	e	f
（図）	唾　　　液 細菌糖化型 ライムギ麦芽	（図）	+	+	−	−	+	+
	B. subtilis	（図）	+	−	−	+	+	−
	大　麦　麦　芽	（図）	+	+	−	+	+	±

（参考文献 1 p.96 より引用）

としてマルトテトラオース（G4）を生成するアミラーゼ（*Pseudomonas stutzeri* 起源）[16]，主としてマルトヘキサオース（G6）を生成するアミラーゼ（*Aerobacter aerogenes* 起源）[17] などがある．

デンプン分子中のアミロペクチンには，α-1,4-グルコシド結合の直鎖部から α-1,6-グルコシド結合が分岐している．この分岐点付近のグルコシド結合に対する作用が，**表 3.2** に示すように α–アミラーゼによって異なる．

一般的に，α–アミラーゼは分子内に Ca^{2+} を保持しているものが多い．この Ca^{2+} は，α–アミラーゼの活性発現と安定性の保持に重要な役割を果たしている．Ca^{2+} を全く含まない系では活性を失い，かつ極めて不安定になり，例えば，プロテアーゼが微量でも共存していると，それによって不可逆的に失活することがある．

α–アミラーゼを利用するときは，適量の Ca^{2+} と NaCl を添加して安定性を図っている．逆に，α–アミラーゼを使用した後，直ちに失活させたい場合は，Ca^{2+} と結合する金属キレート剤，例えばシュウ酸，EDTA などで反応を停止させたりする．

多くの α–アミラーゼの分子量は 45,000〜55,000 である．枯草菌（*B. subtilis*）の α–アミラーゼは，Zn^{2+} を介して 2 分子がダイマー（分子量約 100,000）になっており，金属キレート剤（EDTA など）で Zn^{2+} を除くと

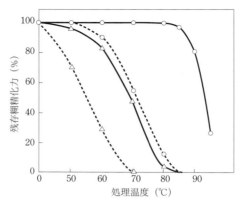

○：*B. subtilis* MN-385 耐熱性 α-アミラーゼ
△：従来の *B. subtilis* α-アミラーゼ
実線：3 mM Ca^{2+} 存在下，点線：Ca^{2+} 非存在下
処理条件：各温度で pH 8.0，30 分間処理

図 3.3 α-アミラーゼの温度安定性[18]

モノマーになる．

α-アミラーゼの至適 pH や pH 安定性は，酵素の起源によって著しく差異がある．一般的に至適 pH は 5〜6 であり，pH 5.5〜8.0 の範囲で安定である．糸状菌 α-アミラーゼの中には pH 2.0 の酸性で作用するもの，細菌では pH 9.2〜10.5 に至適 pH を有するアルカリ性 α-アミラーゼなども見出されている．

一方，*B. subtilis* の α-アミラーゼは，糸状菌の酵素に比較して耐熱性があるとされていたが，*B. licheniformis* の α-アミラーゼはさらに耐熱性が高く，105〜110℃でデンプン液化の目的に用いられている．基質であるデンプンの存在下で著しく耐熱性が高められる．

1975 年頃から工業生産の始まった耐熱性 α-アミラーゼ（*B. licheniformis* および *B. subtilis* MN-385）は，従来の *B. subtilis* のアミラーゼよりはるかに耐熱性が高い．**図 3.3** は，両者の α-アミラーゼについて，Ca^{2+} の存在下あるいは非存在下での熱安定性を比較したものである．*B. subtilis* MN-385 の耐熱性 α-アミラーゼは，はるかに安定で，デンプンの存在下で

は 90℃，30 分間の加熱でもほとんど失活しない.

2) 細菌の α-アミラーゼ

枯草菌（*B. subtilis*）の α-アミラーゼは，ボワダン（Boidin, A.）とエフロン（Effront, G.）が特許（1908 年，1915 年，1917 年）[19] を取得し，フランスの Rapidase 社が "Rapidase"，ドイツの Kalle 社が "Biolase"（1923 年）の商標名で製造販売し，紡績工場におけるデンプン糊の糊抜剤として使用されるようになった[14].

わが国でも 1939 年から，上田化学（プライマーゼ），長瀬産業（ビオテックス，スパターゼ）などで，工業生産が始まった. 特に，福本グループ（大阪市工研，大阪市立大学）の研究（*B. amyloliquefaciens*）によって多数の研究が積み重ねられ，酵素の工業生産の最も代表的な例となった[20-22].

枯草菌および類縁菌が生産する α-アミラーゼは，それらの性質によって，糖化型 α-アミラーゼ（bacterial saccharifying α-amylase, BSA）と液化型 α-アミラーゼ（bacterial liquefying α-amylase, BLA）に分けることができる. **表 3.3** に，両酵素の一般的性質を示す. 各種細菌の生産する α-アミラーゼが多数報告されているが，いずれも BSA か BLA のいずれかのタイプに分類される.

細菌の生産する α-アミラーゼは多数報告されているが，*B. licheniformis*，*B. subtilis* MN-385 などの生産する耐熱性の酵素，そして *B. subtilis*，

表 3.3 細菌糖化型および液化型 α-アミラーゼの一般的性質

	細菌糖化型アミラーゼ	液化型アミラーゼ
分子量	47.3 kDa	48.9 kDa
至適 pH	5.3	5.9
至適温度	60℃	
pH 安定性	4.5〜9.2（40℃，2 時間）	5.1〜10.4（40℃，2 時間）
熱安定性	55℃	80℃
Ca^{2+} による安定化	−	＋
EDTA による失活	−	＋
生澱粉吸着	−	＋

（参考文献 6 p.247 より引用）

78　　　　　　　　3 章　糖質関連酵素とその応用

表 3.4　各種 α-アミラーゼの酵素化学的性質

起　源	分子量	至適 pH	至適温度	pH 安定性	熱安定性
B. stearothermophilus	48 kDa	5.0〜6.0	65〜73℃	5.0〜11.0 (26℃, 30 分)	60℃ (pH 7.9, 3 時間)
B. licheniformis 584	22.5 kDa	5.0〜8.0	76℃	6.0〜11.0 (25℃, 24 時間)	60℃ (pH 8.0, 15 分間)
B. licheniformis Y5	―	―	―	―	90℃ (pH 6.0, 1 時間)
B. subtilis MN-385	―	6.0〜8.0	95〜98℃	5.0〜11.0 (50℃, 1 時間)	85℃ (pH 8.0, 30分間, +Ca²⁺)
B. subtilis X-23	65 kDa	6.0〜7.0	60℃	5.0〜11.0 (30℃, 10 分間)	40℃ (30 分間)
B. amyloliquefaciens	48.9 kDa	5.4〜6.0	―	5.4〜6.0 (30℃, 24 時間)	65〜80℃ (15 分間)
A. oryzae	53 kDa	4.9〜5.2	―	4.7〜9.5 (30℃, 24 時間)	55〜70℃ (15 分間)

(参考文献 6 pp. 243, 248, 249 より引用)

B. amyloliquefaciens などの生産する通常の酵素が工業的に利用されている．糸状菌（カビ）では，*Aspergillus oryzae* の生産する酵素が一般的に利用されている．**表 3.4** に，各種 α-アミラーゼの酵素化学的性質を示す．

　小巻らは 1952 年に，*B. subtilis* の工業培養液から精製 α-アミラーゼ（針状結晶や六角十二面体結晶）を調製し，酵素化学的性質（pH や温度の影響，温度安定性，Ca²⁺，Na⁺の効果など）を次のように検討した[14]．

① 本酵素の至適 pH は，低基質濃度（1％ジャガイモデンプン）では 5.8 で，それの 50％の活性を示す pH は 4.85 および 7.2 であり，その pH 以下および以上では急速に活性が低下する．一方，安定 pH 領域は 6.0〜8.0 で，特に 7.0〜7.5 で安定である．アルカリ側の領域が比較的安定で，酸性になると 5.5 以下で急激に不安定になる．

② また作用温度も短時間の反応では，70℃位までほぼ直線的に反応速度が大きくなる．さらに高温になると，熱による失活が大きくなり結果的に反応速度も小さくなる．しかし，高基質濃度（30〜40％ジャガイモデンプン）では酵素が保護されて，耐熱性が著しく向上する．その結果，75〜85℃の高温になっても反応速度がほとんど変

らず維持されている.

　一般的に酵素の応用に際しては，酵素本来の至適温度やpH以外
に，応用目的に対応した作用温度やpHを選ぶ必要があるので，前
述したようなpHや温度は一応の目安と考えるべきである.

③　本酵素は，5 mM〜10 mM Ca^{2+}や20 mM〜50 mM Na^+を共存させ
ると著しく安定化する.一方，水道水の殺菌に用いられている活
性塩素に対して極めて敏感であり，サラシ粉（次亜塩素酸カルシ
ウム）を含む水溶液を用いた実験では，0.5 ppmの有効塩素量で影
響が認められ，5 ppmでは短時間で酵素活性が消失する.有効塩
素量1 ppm含有水道水の場合，5 ppmのチオ硫酸ナトリウムを添
加すれば酵素の失活を防止できる.

3) 作用機構

デンプン分解機構の特徴は，①還元力の増加を伴いながら，急激にデン
プン糊の粘度を下げ，ヨウ素反応が青色から赤色，無色に変化する段階
と，②還元力の増加はゆるやかになるが継続し，デンプン分子がさらに低
分子になる段階，に分けられる（図3.2参照）.

　ロビット（Robyt, J. F.）らは，α-アミラーゼを用いてアミロースおよび
アミロペクチンの反応生成物を調べた（**表3.5**）.アミロースからは，マ
ルトトリオース（G3）およびマルトヘキサオース（G6）が最も良く生成
されたが，アミロペクチンの場合にも同様の結果が得られた.このα-ア

表3.5　アミロースおよびアミロペクチンに対するα-アミラーゼの作用[23]

加水分解 生産物	アミロース（%）		アミロペクチン（%）	
	60分	180分	60分	180分
G1	2.3	5.3	1.4	3.3
G2	10.1	12.3	5.5	8.3
G3	12.8	22.0	8.2	10.8
G4	6.0	10.5	0.9	2.5
G5	10.2	14.8	4.9	6.7
G6	20.6	30.1	14.0	26.8
G7	14.7	5.1	9.8	9.2
高分子糖	23.3	0.0	55.3	32.4

表 3.6 もち米アミロペクチンの β–限界デキストリンを細菌糖化型 α–アミラーゼで限度まで分解したときの分岐オリゴ糖の構造と収量

構造（生成物）	モル比	結合型*	構造（生成物）	モル比	結合型*
A	73.5		G	0.4	SとH
B	3.8	H	H	0.9	S
C	10.3	S	I	0.7	HとS
D	7.3	H	J	1.0	SとH
E	0.5	HとS	K	0.8	SとH
F	0.4	SとH	L	0.4	H

(a) H型　　　　　(b) S型

Haworth（H）型と Staudinger（S）型の結合様式

（参考文献 6 pp. 30, 32 より引用）

ミラーゼの作用機作（dual product specificity）として，基質結合部位は，グルコース残基 9 個の重合体と結合する型をしており，触媒部位はこの鎖長の 3 番目と 6 番目の間の α–1,4–グルコシド結合を切断するものであろうと推定した[23]．

　梅木らは，もち米アミロペクチンの β–限界デキストリン（β–limit dextrin）を細菌糖化型 α–アミラーゼで限度まで分解し，**表 3.6** に示す分岐オリゴ糖を得た．α–アミラーゼは，α–1,6–グルコシド結合の分岐点のグルコースから 3 番目のグルコシド結合を切断する特性があった．また，α–1,6–グルコシド結合は隣り合って存在しないこと，そして隣り合う α–1,6 結合の大部分のスパン間隔は 3 またはそれ以上であることを示唆していた[24]．

3.1.3 β-アミラーゼ

β-アミラーゼ（4-α-D-glucan maltohydrolase, EC 3.2.1.2）[2, 25, 26] は，デンプン，グリコーゲンなどの α-1,4-グルコシド結合を非還元末端からマルトース単位で逐次分解するエキソ型の酵素である．生成したマルトースは β-アノマーである．クーン（Kuhn, R., 1924年）とオールソン（Ohlsson, E., 1930年）によって命名され，α-アミラーゼとともに古くから研究されてきた．この β-という接頭語は，多糖類の β-1,4-グルコシド結合を加水分解することを意味するのではなく，反応生成物のアノマー型を表わす接頭語である．

β-アミラーゼは植物に多く含まれ，特に大豆，大麦，小麦などの穀類やサツマイモに豊富に含まれている．1948年にボールス（Balls, A. K.）らがサツマイモの搾汁から，β-アミラーゼとして初めて結晶を取出すことに成功した[27]．その後，大麦，モロコシ，大豆，小麦などの β-アミラーゼが結晶化されて，その性質が詳しく比較研究されている．

1974年に，植物の β-アミラーゼと同じような作用様式を示すアミラーゼを生産する細菌（*Bacillus megaterium*）が見出された．それ以降，*Bacillus* 属，*Pseudomonas* 属，*Streptomyces* 属の β-アミラーゼ生産菌が相次いで報告された[28]．なかには枝切り酵素（プルラナーゼ）を同時に生産する細菌も見出されている．

1） β-アミラーゼの作用機構とアミロペクチンの分岐構造

β-アミラーゼは，デンプン分子鎖を非還元末端からマルトース単位で逐次分解するので，α-1,4-グルコシド結合のみからなる直鎖分子のアミロースは，ほぼ100％マルトースに分解することができる．分岐構造をもつアミロペクチンの場合は，分岐結合である α-1,6 結合の直前で，グルコース残基 1〜3 個を残して分解反応が止まる．したがって，分岐点から外側の鎖のなくなった巨大な分子が残る．これを，β-限界デキストリンと呼ぶ．

この β-限界デキストリンに細菌糖化型 α-アミラーゼを作用させると，分岐結合内部の α-1,4 結合が切断されて，表3.6 に示したような分岐オリゴ糖が残る．

このことからアミロペクチンは，必ずしも一定の距離をおいて分岐して

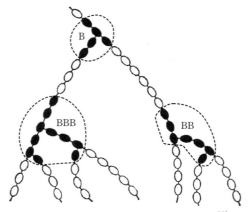

図 3.4 アミロペクチンの分岐点の模式図[29]

いるのではなくて，かなり接近した点でも枝分れしていると考えられている．それを模式的に示したのが，**図 3.4** である．貝沼らの研究によれば，アミロペクチン中の分岐点の比率は，B が約 65％，BB が約 20％，BBB が約 15％であろうと推定されている．

2) 一般的性質

図 3.5 は，1％のジャガイモデンプン溶液に大豆の β-アミラーゼを作用させて，加水分解率の伸びとヨウ素反応呈色度の低下を調べた結果である．図 3.2 の α-アミラーゼの結果と比較すると，ヨウ素反応が 50％に低下したときの加水分解率が，α-アミラーゼでは約 3.6％であったのが，β-アミラーゼでは約 27.5％と大きく異なる．

これは前述したように，β-アミラーゼはデンプン分子鎖を非還元末端から逐次マルトース単位に分解していくので，かなり分解が進まないと，糖鎖長がヨウ素反応の呈色に変化を与えるほど短くならないことになる．加水分解率 27.5％は，デンプン分子の約 50％がマルトースに分解されたことを意味している．

入手容易な β-アミラーゼの起源として，大豆と小麦ふすまがある．この 2 種類の β-アミラーゼは作用としてはほとんど差がないが，熱安定性

3.1 糖質関連酵素

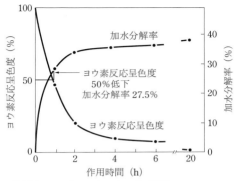

基質液：1％ジャガイモデンプン溶液
酵素液：大豆β-アミラーゼ
反応条件：pH 6.0, 40℃

図3.5 デンプンの加水分解とヨウ素反応呈色度の低下[30]

と至適温度においてかなりの差が認められている[30].

小麦のβ-アミラーゼに比較して，大豆のβ-アミラーゼの方が熱処理時の安定性で優れている．至適温度と酵素活性の関係でも，小麦のβ-アミラーゼでは50〜55℃で最大活性を示し，それ以上では活性が低下する．それに比べて，大豆のβ-アミラーゼは60〜65℃で最大活性を示す．このことは工業的な糖化条件では，55℃以下では雑菌汚染の危険性が伴い，糖化反応中にpHが低下する．このことから，大豆のβ-アミラーゼは60℃付近で使用できるので，雑菌汚染の危険性がほとんどなく，実用的であるといえる．

一方，微生物起源のβ-アミラーゼのうち，*Bacillus cereus* のβ-アミラーゼの至適作用条件は，pH 6.5, 50℃，*Pseudomonas* sp. ではpH 7.0, 50℃，*Streptomyces* sp. ではpH 6.5, 40℃，*B. megaterium* ではpH 6.0, 60℃で，植物起源のβ-アミラーゼよりもやや中性付近に至適pHがあり，安定pH領域もやや中性側に傾いている[28].

3.1.4 グルコアミラーゼ

1913年頃から，喜多，北野，徳岡らの研究で，デンプンから直接グルコースを生成するアミラーゼがあり，麦芽の糖化型アミラーゼ（β-アミラーゼ）とはまったく異なることが指摘されていた[31, 32]．北原は，*Aspergillus usamii* の糖化型アミラーゼを "γ-アミラーゼ" と名づけた[33]（1949年）．岡崎は，多数の糸状菌酵素のデンプン糖化曲線を比較し，*A. oryzae* の糖化型アミラーゼを精製し，"タカアミラーゼB" と名づけ，このアミラーゼがデンプンを80％分解し，同時にマルトースをも加水分解することを見出した[34]（1950〜58年）．

一方，フィリップス（Phillips, L. L.）とコールドウェル（Caldwell, M. L.）が，*Rhizopus delemar* の糖化型アミラーゼを "gluc amylase" と名付け[35]，カー（Kerr. R. W.）とクリーブランド（Cleveland, W. J.）らが *Aspergillus niger* NRRL 300#-1 の糖化型アミラーゼを単離して "amyloglucosidase" の名で報告した[36]（1951年）．上田は，黒コウジ菌のアミラーゼについて研究し，糖化型区分が，もち米デンプンを100％分解することから，アミロペクチン分子中の分岐結合（α-1,6結合）にも作用することを明らかにしている[37]（1956年）．福本，辻阪は，*R. delemar* と *A. niger* の糖化型アミラーゼをそれぞれ結晶化し，両者の性質を比較してデンプン分解機構を明らかにした[38]（1954年）．

今日，わが国では一般的に糖化型アミラーゼをグルコアミラーゼ（glucoamylase，系統名 4-α-D-glucan glucohydrolase, EC 3.2.1.3）と呼んでいるが，以上のような経過から，*A. niger* により生産された酵素をアミログルコシダーゼ（amyloglucosidase）と呼んでいる国もある．

1） グルコアミラーゼの作用機作

a） α-1,4-グルコシド結合の分解

グルコアミラーゼは，デンプンなどの α-1,4-グルコシド結合を非還元末端からグルコース単位にエキソ型で切断し，さらに分岐点の α-1,6-グルコシド結合も切断して，デンプンをほとんど完全に β-アノマーのグルコースに分解することができる酵素である．したがって，β-アミラーゼの作用で生じるような β-限界デキストリンは残さない．

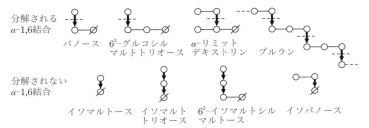

図 3.6 グルコアミラーゼの α-1,6 結合に対する作用性[39]

b) α-1,6-グルコシド結合の分解

グルコアミラーゼは，デンプン分子中の α-1,6-グルコシド結合を切断しうるが，イソマルトースの α-1,6-グルコシド結合は切断できない．イソマルトトリオース，イソマルトテトラオース，イソマルトペンタオースなどの分解力も極めて弱い．パノースはマルトースの 75% 位の速度で分解されるが，イソパノースは分解できない．この分解では，C6 位で結合しているグルコースの還元末端が，他のグルコースと結合していることが必須である（図 3.6）．また図 3.4 で，BBB，BB と示した分岐点と分岐点の間が接近している部分は，B の部分より分解速度が遅いと推測されている．

c) リン酸エステルの影響 [40, 46]

ジャガイモデンプンのようにリン含量の多いデンプン分子（リンが 40～80 mg/100g−デンプン）では，リンはリン酸として，大部分がアミロペクチンのグルコース C6 位の OH 基にエステル結合している．その割合は，グルコース 200～300 分子に対してリン酸 1 分子である．

グルコアミラーゼは，リン酸がエステル結合したグルコースが非還元末端にあるときは作用できないために，このデンプンを 100% 分解することができない．このような場合には，微量でも α-アミラーゼとホスファターゼが共存していると，特に α-アミラーゼはリン酸が結合したデンプン分子内部の α-1,4 結合を切断して，リン酸フリーのグルコースを含む非還元

末端が生じるため，グルコアミラーゼの作用点が増加して反応が促進される．一方，ホスファターゼは，高分子のリン酸エステルを加水分解する作用はなく，補助的な作用は考えがたい．

d) 生デンプンの分解能[41-44]

一般に生デンプンは水に溶けず，糊化デンプンに比較してアミラーゼなどによって分解されにくい．しかし実用面から，生デンプンを直接分解する酵素への関心が高まる中で，生デンプン分解作用が非常に強い α-アミラーゼとグルコアミラーゼが見出されてきた．

α-アミラーゼでは，ブタ膵臓 α-アミラーゼと比べて，強いデンプン粒分解力をもつ *Streptococcus bovis* や *Bacillus circulans* が生産する α-アミラーゼが知られている．

一方，グルコアミラーゼもまた，生デンプン消化力が強いことが特徴である．*Aspergillus niger* や *Rhizopus* 属糸状菌のグルコアミラーゼの生デンプン消化力は，糊化デンプンに対する活性の 3〜10％の活性を示す．このときに α-アミラーゼやイソアミラーゼが共存すると，生デンプン分解が促進される．

サゴヤシの幹から分離した *Chalara* 属糸状菌のグルコアミラーゼは，糊化トウモロコシデンプンに対する活性の 26％の生デンプン消化力をもっており，穀類，タピオカなどの生デンプンをほとんど完全に分解する．生サツマイモデンプンでも，40％近くまで分解する．

土壌から分離したカビの新種，*Aspergillus* sp. K-27 が，極めて強力な生デンプン分解能を有するグルコアミラーゼを生産すること，生ジャガイモデンプンにも良く作用することが報告されている．

e) グルコアミラーゼの作用の可逆性

グルコース濃度の高いときには，逆合成反応を起して，グルコースからマルトース，イソマルトース，その他のオリゴ糖を縮合反応により生成する．このことは，酵素糖化法によるグルコース製造時の重要な問題である．

2) 生産起源[41-44]

工業的なグルコアミラーゼの生産は，わが国では *Rhizopus* 属糸状菌の麸（ふすま）麹式固体培養法に始まり，続いて *Endomyces* 属酵母の通気

式深部培養法, さらに *Aspergillus niger* の通気式深部培養法による生産へと変遷してきて, 現在では濃縮液状酵素が市販されている.

Rhizopus 属糸状菌の場合は, α-アミラーゼとグルコアミラーゼを生産し, グルコアミラーゼはデンプンを完全に分解する完全型のみを生産し, 転移作用を有する酵素は全く生産しない点が特徴であるが, 高濃度基質の場合でも至適温度は53〜55℃で, 糖化中に雑菌汚染の危険性が大きい. また, 通気式深部培養法による生産が難しいので大量生産的でないなどの欠点がある.

黒コウジ菌 (*A. niger* など) 系統は通気式深部培養に適しており, 大量生産向きであり, また耐熱・耐酸性が *Rhizopus* 属糸状菌のグルコアミラーゼよりも優れているので濃縮液状製品を調製することが容易で, デンプン糖化やアルコール発酵時の糖化剤としての使用が便利であることなどが特徴である. しかし黒コウジ菌のなかには, デンプンを完全に分解できない限界型のグルコアミラーゼを生産するものと, 完全分解型のグルコアミラーゼを生産するものとがあり, その多様性の原因については次項で紹介する.

工業的には, 完全分解型のグルコアミラーゼ生産菌を選択して用いなければならない. さらに黒コウジ菌に属する菌株は, α-アミラーゼ, グルコアミラーゼのほかに, α-グルコシダーゼや転移活性を有する酵素を同時に生産するものが多いので, 糖化反応中にマルトースからイソマルトース, パノース, その他のオリゴ糖を転移反応で生成し, グルコース純度が低くなることが最大の欠点である. したがって, これらの好ましくない転移酵素を生産しない菌株や培養条件を選ぶか, pH処理や活性白土吸着など, これらの酵素を除去する工程を加える必要がある.

3) グルコアミラーゼの多様性 [45, 46)]

古くから九州地方で焼酎製造用に用いられてきた黒コウジ菌 (*Aspergillus awamori* var. *kawachi*) が, 通常の培養で性質の異なる幾つかのグルコアミラーゼを生産することが報告されている. もとになるグルコアミラーゼ (GAO, MW 250,000) は糖鎖をもっており, GAOがプロテアーゼとグリコシダーゼの作用を受けてGAI (MW 90,000) となり, さらにプロテ

アーゼの作用を受けて2個所のペプチド結合が切れて，グリコペプチド（Gp-I, MW 7,000）を遊離生成し GAI′（MW 83,000）となる．GAO, GAIはグリコーゲンを100％分解し，糊化ジャガイモデンプンに対する分解限度は90％で，生デンプンを分解する機能がある（タイプ A）．GAI′に変ると，この生デンプン分解能力および生デンプンへの吸着能が失われ，グリコーゲンの分解限度が80％に低下する（タイプ B）．さらに GAI′はグリコシダーゼの作用を受けて糖鎖の一部が切除されると，新たなプロテアーゼによって分解が進み GAⅡ（MW 57,000）になる．GAⅡの基質分解限度は低くなり，グリコーゲンでは40％，糊化ジャガイモデンプンでは60％となる（タイプ C）．

　上記反応のなかで糖鎖が切除されることで，pH，熱安定性が低下する．したがって，効率よく GAO を生産するためには，プロテアーゼ，グリコシダーゼの生産能が低い変異株を選択して，液体深部培養で生産する必要がある．

　Rhizopus 属糸状菌のグルコアミラーゼも同様に，プロテアーゼ，グリコシダーゼの限定分解作用を受けて，分子量が78,000（GⅢ）→ 70,000（GⅡ）→ 61,000（GI）と変化する．GⅢは GI，GⅡよりも生デンプン消化力が強く，また生デンプンに吸着されやすく，GI，GⅡが50％程度しか吸着されないのに対して，ほとんど100％吸着されること，GⅢは GⅡと比較して，オリゴ糖に対する動力学的挙動は変りないが，高分子基質に対しては，極めて高い親和力を示すことが見出されている．

3.1.5　枝切り酵素：プルラナーゼおよびイソアミラーゼ

　アミロペクチンやグリコーゲンなどの α-1,6-グルコシド結合を加水分解する酵素を総称して，枝切り酵素（debrancing enzyme）と呼ぶ．プルラナーゼ，イソアミラーゼが実用化されている[47, 48]．

1）　プルラナーゼ

　プルランは，糸状不完全菌 *Aureobasidium pullulans*（黒色酵母様菌）により生成される粘質多糖類で，マルトトリオース（G3）が α-1,6-グルコシド結合で重合を繰り返したものである（図3.6参照）．

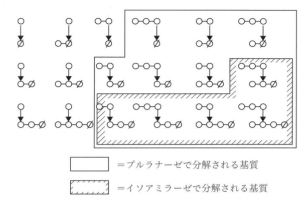

図 3.7 *Pseudomonas* 属細菌イソアミラーゼと *Klebsiella* 属細菌プルラナーゼの基質となるオリゴ糖[50]
(注) 改訂編著者が一部改変

プルラナーゼ(pulluan 6-α-glucanohydrolase, EC 3.2.1.41) は, プルランの α-1,6 結合を切断してマルトトリオースを生成する. このプルラナーゼが, アミロペクチン, グリコーゲン, およびこれらの α- と β-限界デキストリンの α-1,6 結合も切断できることが明らかになったので, デンプンの加水分解に利用されるようになった.

プルラナーゼの給源として, *Bacillus* 属 (*Bacillus licheniformis* など), *Klebsiella* 属 (旧名 *Aerobacter* 属) 細菌などが挙げられる[49,50].

β-アミラーゼによるアミロペクチンの分解率は, 非還元末端からエキソ型に作用して, α-1,6 結合の手前で反応が停止するので約 52% であるが, プルラナーゼを共存させると, ほとんど 100% 分解できる.

α-1,6 結合を含んだオリゴ糖に対する作用は, **図 3.7** に示すように, 分岐鎖は少なくともグルコース 2 分子 (マルトース) 以上が必要である. したがって, マルトースを製造する目的でデンプンを糖化する時には, 最初から β-アミラーゼと共に枝切り酵素を作用させるのが好ましい.

分岐鎖がグルコース 1 分子だけのオリゴ糖を切断する酵素は, イソマルターゼ (oligo-1,6-glucosidase, EC 3.2.1.10) と呼ばれる.

2) イソアミラーゼ

イソアミラーゼ（glycogen α-1,6-glucanohydrolase, EC 3.2.1.68）は，アミロペクチン，グリコーゲン，およびこれらのβ-限界デキストリンのα-1,6 結合を切断する酵素で，特にグリコーゲンに良く作用するが，プルランには作用しないのが特徴である．

この酵素はビール酵母中に存在することが，西村（1930～31 年）によって認められ，アミロペクチンに作用させると，ヨウ素反応呈色が当初の赤紫色から，反応が進むにつれて青色に変化するので，発見の当時はデンプン合成酵素（アミロシンテアーゼ）と考えられた[51]．アミロペクチンの場合，ヨウ素と反応して呈色するのは分岐点の外部鎖のみである．この外部鎖長は，グルコース残基が 20 数個と考えられているので赤紫色にしか呈色しないが，イソアミラーゼが作用して分岐点が切れると外部鎖（A鎖）が遊離し，A 鎖の還元末端で α-1,6 結合していた内部鎖（B 鎖）の直鎖区分が長くなり，その結果，ヨウ素呈色は青色に変わるためである．そ

表 3.7 *Pseudomonas* 属細菌イソアミラーゼと
Aerobacter 属細菌プルラナーゼの比較[53]

基　　　質	β-アミラーゼ単独	β-アミラーゼと枝切り酵素の協同作用			
		逐　次　反　応		同　時　反　応	
		イソアミラーゼ	プルラナーゼ	イソアミラーゼ	プルラナーゼ
モチトウモロコシ　アミロペクチン	50	99	95	95	103
モチトウモロコシ　アミロペクチンの　β-限界デキストリン	0	80	97	72	97
ジャガイモ　アミロペクチン	47	96	98	97	103
カキグリコーゲン	38	102	46	100	99
カキグリコーゲンの　β-限界デキストリン	0	79	31	76	99
ウサギ肝臓　グリコーゲン	42	100	51	99	98

（注）数値はマルトースとしての分解率%

の後，この酵素の作用は合成ではなく加水分解であることから，イソアミラーゼと名づけられた[52]（丸尾ら，1951 年）．

この酵素の活性測定は，アミロペクチンあるいはもち米デンプンを用いて，ヨウ素呈色の増加を測定する方法であるが，α-アミラーゼが存在すると全く測定できない．

その後，イソアミラーゼは，*Pseudomonas* sp. SB-15（原田ら，1968 年），原生動物 *Cytophaga* や高等植物中に見出されている．*Pseudomonas* 属細菌のイソアミラーゼは菌体外に分泌される酵素で，至適 pH 3～4，至適温度 50～55℃で，工業的にも生産されている[53, 54]．

表 3.7 に，β-アミラーゼと枝切り酵素を作用させたときの各基質の分解率の比較を示す．逐次反応では，枝切り酵素の反応後に β-アミラーゼを反応させている．

イソアミラーゼは，グリコーゲンやアミロペクチンが基質のときは効率良く分解するが，β-限界デキストリンには作用しにくい．これは分岐点を切断するためには，分岐鎖の長さが少なくともグルコース 3 個以上であることが好ましいことを意味している．マルトースの製造目的には，いずれの枝切り酵素の場合でも，β-アミラーゼと同時に用いて糖化するのが好ましい．

3.1.6　α-グルコシダーゼ

α-グルコシダーゼ（α-D-glucoside glucohydrolase, EC 3.2.1.20）[3, 55] は，マルトースやオリゴ糖の非還元末端の α-1,4-グルコシド結合を，エキソ型に切断して α-グルコースを生成する．多糖類に対する作用は弱いか全くない．この酵素の特徴として，加水分解と同時に転移反応を行ってオリゴ糖を生成するため，以前はトランスグルコシダーゼとも呼ばれた．また，マルトースに良く作用するのでマルターゼともいわれた．

マルトースの α-1,4 結合を切断し，水が受容体の場合は，加水分解になりグルコース 2 分子が生成され，水の代りにグルコース残基が受容体となると，イソマルトース（G^1—^6G）が生成され転移反応となる．マルトースが受容体となると，パノース（G^1—$^6G^1$—^4G）が生成される．

α-グルコシダーゼは, *Aspergillus oryzae, A. niger, Mucor javanicus* など
の糸状菌や, 酵母, 細菌, 動物, 高等植物に広く分布している.

A. oryzae の米麹で製造される清酒のなかに非発酵性の糖が含まれてお
り, 清酒の"コク"と深い関係がある. その主体はイソマルトースであ
り, 次いでニゲロース (G^1—^3G), コージビオース (G^1—^2G), イソマル
ットトリオース (G^1—$^6G^1$—^6G) であるが, これらは α-グルコシダーゼによ
る糖転移産物であると考えられる.

この酵素の測定には, メチル-α-D-グルコシドを基質として用いること
が多い. これはマルトースと比べて, α-グルコシダーゼの作用力ははるか
に低いが, グルコアミラーゼなどが共存している場合に, α-グルコシダー
ゼ活性のみを測定するのに都合が良いからである.

3.1.7 D-グルコシルトランスフェラーゼ

D-グルコシルトランスフェラーゼ (1,4-α-glucan 6-α-glucosyltransferase,
EC 2.4.1.24) は, *Aspergillus* 属などの多くの糸状菌がつくる酵素で, α-グ
ルコシダーゼとの区別が難しく同一の可能性が高い.

この酵素は, マルトースを加水分解 (水が受容体) もするが, マルトー
スとグルコースからイソマルトースやニゲロースを生成する. さらに, マ
ルトース, イソマルトース, パノース (G^1 — $^6G^1$ — ^4G) が受容体となる
と, それぞれパノース, イソマルトトリオース, 4-α-イソマルトトリオ
シルグルコースを生成する. すなわち, マルトースのグリコシル基を, グ
ルコースまたはグルコースからなるオリゴ糖の C6 位または C3 位の OH
基に転移させる作用がある[56].

α-グルコシダーゼと共に, 非発酵性のオリゴ糖の生成の原因となって
いる酵素である. したがって, 酵素糖化法によるグルコースの製造では,
グルコアミラーゼ中に転移活性を有する酵素が共存すると, グルコースの
収量が減少し好ましくない.

小巻は, 液化デンプン液を麦芽酵素で糖化して得た糖化液に, *A. niger*
や *A. usamii* を麩 (ふすま) 麹培養して得られた転移活性の強い酵素標品を
作用させて, マルトースからの転移反応生成物を多く含んだシラップ状デ

ンプン糖の製造法を開発した[57]．

3.1.8 シクロマルトデキストリングルカノトランスフェラーゼ

シクロマルトデキストリングルカノトランスフェラーゼ（cyclomaltodextrin glucanotransferase, EC 2.4.1.19）は，*Bacillus macerans* の生産する特異な性質をもつ酵素ということで，長い間 *B. macerans* のアミラーゼと呼ばれていた[58]．この酵素（CGTase）は，デンプンに作用して環状のデキストリン（シクロデキストリン，CD）を合成する酵素として知られているが（図 3.8 (A)），次に述べるような三つの作用がある[6, 59-61]．

① α-1,4-グルカン鎖の一部を同一分子内のグルコシル基の C4 位に転移させ，重合度 6 以上の環状デキストリン（Schardinger デキストリン）をつくる（分子内転移，環化（cyclization）反応）．
② 受容体の存在下で環状デキストリンを開環し，グリコシル基を α-1,4 結合で転移させる（分子間転移，カップリング（coupling）反応，連結反応）．

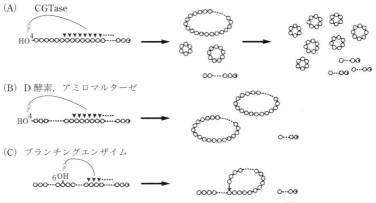

図 3.8 アミロースからの環状グルカン合成[59]
○：グルコース，◉：還元末端グルコース，▼：酵素が切断する位置，実践および破線：α-1,4 グルコシド結合，縦矢印：α-1,6 グルコシド結合，酵素がグルカン鎖を転移する先の OH 基を特に強調して表示した．

③ 直鎖デキストリンの分子間糖転移作用により，初発基質の鎖長が不均一になる（分子間転移，不均化（disproportionation）反応）．

この酵素の生産菌はその後多数発見され，工業的にも利用されているが，菌種によって，（1）グルコース6分子のα-CD を主に合成する酵素を生産する群（*B. macerans*，*B. stearothermophilus*，*Klebsiella oxytoca* など）と，（2）グルコース7分子のβ-CD を主に合成する酵素を生産する群（*B. megaterium*，*B. circulans*，alkalophilic *Bacillus* sp. など）がある．β-CD を主に合成する酵素の生産菌は土壌細菌中に多いが，（3）グルコース8分子のγ-CD を多量につくる酵素生産菌はまだ知られていない．

しかし，酵素反応条件で CD の種類は異なり，反応の進行とともに3種の CD 合成比は変化する．

①の環化反応では，α-，β-，およびγ-CD の製造法が数多く報告されている（本章 3.3 節を参照）．

②のカップリング反応では，グルコース，マルトース，ショ糖（スクロース），さらにキシロース，ソルボースなどの適当なグリコシル転移の受容体が存在すると，CGTase がシクロデキストリンを開裂して，その分解物を，受容体である糖の C4 位の OH 基に転移させて α-1,4 結合を形成する．その例として，マルトオリゴシルスクロース（カップリングシュガーと呼ばれている）の製造法が知られている（本章 3.3 節を参照）．

その他の用途として，柑橘類ポリフェノールの一種である不溶性のヘスペリジンに，CGTase でグルコースを転移させることにより，水にもアルコールにも高い溶解性を示す糖転移ヘスペリジン（モノグリコシルヘスペリジン）を製造できる[62, 63]．食品への加工適正と体内への吸収性が飛躍的に改善されている．

また，一般にビタミン C（L-アスコルビン酸）は，分解されやすく着色しやすい欠点を有している．CGTase で L-アスコルビン酸の C2 位の OH 基にグルコースを転移させることにより，安定性に優れた L-アスコルビン酸 2-グルコシドを製造できる[64]．食品への加工適性と体内への吸収性が飛躍的に改善されている．

ステビアの葉に含まれている甘味成分ステビオシド（ジテルペン配糖体

の一つ）に，CGTase を利用してグルコースを結合させて，味質や溶解性を改良することもできる[60, 65]．

③の不均化反応の例としては，マルトデキストリンに作用して，それを分解すると共に，分解物を他のマルトデキストリン分子の非還元末端の C4 位の OH 基に転移させて，高分子化することができる（Gn + Gm → Gn+x + Gm-x）．

3.1.9 グルコースイソメラーゼ

アルドースであるグルコースが，ケトースであるフルクトースに互変異性化されると甘味度が著しく増す．このことから，酵素糖化法によるグルコースの製造が開始された 1959 年当時より，グルコースからフルクトースへの工業的異性化が当業界関連技術陣の重点目標であった．

1957 年に，マーシャル（Marshall, R. O.）とクーイ（Kooi, E. R.）は，D-キシロースイソメラーゼ生産菌（*Pseudomonas hydrophila*）をキシロース含有培地で培養すると，グルコースをフルクトースに異性化することを見出した[66]．

その後，*Aerobactor cloacae*（津村，佐藤ら，1960 年），*Bacillus megaterium*（高崎，田辺ら，1963 年），*Lactobacillus brevis*（山中，1963 年），*A. aerogenes, Escherichia intermedia, B. coagulans*（名武，吉村，1963 年），さらに *Streptomyces phaeochromogenes*（津村，1963 年），*Streptomyces* sp.（高崎，1965 年），*Pullularia* 属糸状菌（上田，1965 年）などがグルコースを異性化する酵素（グルコースイソメラーゼ（xylose isomerase, EC 5.3.1.5））を生産することが，次々と見出された[6, 48, 67]．

IUBMB 酵素委員会で，1972 年の改訂により，グルコースイソメラーゼには EC 5.3.1.18 という新しい EC 番号が与えられたが，キシロースイソメラーゼとの差が認められず，同一酵素として扱われることになり，1978 年の改訂でこの EC 番号は削除された．

これらのグルコースを異性化する酵素の中には，反応時に賦活剤としてヒ素が関与する酵素（生産菌：*Pseudomonas hydrophila, Aerobacter cloacae, A. aerogenes, E. intermedia, Pullularia* 属糸状菌）があり，これは食品製

造目的には好ましくない。また，耐熱性が弱くて実用上好ましくない酵素もあり，実用的に用いられている生産菌は，*Streptomyces* 属放線菌，*B. coagulans*, *Arthrobacter* 属細菌，*Actinoplanes missouriensis* である。このほかに，*Lactobacillus brevis* も，その酵素的性質から実用的に有望な酵素を生産する。いずれも菌体内酵素である。

わが国では，放線菌（*Streptomyces* sp.）のグルコースイソメラーゼが実用的に用いられるようになり，1971 年 8 月から酵素製剤として市販されるようになった[48]。

1) グルコースイソメラーゼの生産[68-70]

放線菌（*Streptomyces* sp.）グルコースイソメラーゼの生産は通気式タンク培養法で行われるが，その特徴の一つとして，培地中に D-キシロースを必要とすることである。実用的には，キシロース製造時の結晶分離糖蜜，あるいは小麦ふすま，コーンハスク，オートハスクなどのキシランを含んだものを，あらかじめ酸加水分解して用いる。ほとんどの放線菌はキシラナーゼを生産するので，キシラン含有物をそのまま用いても，キシラナーゼで分解されて酵素生産を誘導する。

グルコースイソメラーゼは菌体内酵素であるから，培養終了後，ろ過または遠心分離で菌体を集めて酵素を回収するが，そのときに麩（ふすま）やハスクなどのように不溶性成分が多いと，これらが菌体の中に混合されるので好ましくない。通常，ほとんど水溶性成分のみの培養原料が用いられる。

培養菌体は，30～50℃に放置すると，菌体の自己消化によって酵素が菌体外へ溶出する。微量のカチオン界面活性剤やリゾチームで処理すると，酵素が溶出されやすくなるが，溶出した酵素は不安定である。実用的には培養終了後，pH 処理と温度処理（60℃，10 分）により自己消化に関連した酵素を失活させることで，グルコースイソメラーゼは安定な状態で菌体内に固定化される。

異性化反応を工業的に応用した当初は，この熱処理生菌体を凍結したものが，酵素製剤として市販された。この凍結生菌体は，適当な条件下で異性化反応を行うと，反応終了後も 50～70％の活性が残存しており，回収

して再使用が可能である.

Streptomyces sp. のグルコースイソメラーゼは,分子量 157,000 で,酵素 1 分子中に 4.1 原子の Co^{2+} と 33 原子の Mg^{2+} を含んでいる.Mg^{2+} は活性発現に,Co^{2+} は耐熱性,耐酸性などの安定性増強に効果があると見られている.

この酵素の至適 pH は 8〜8.5 で,耐熱性は他の酵素に比較して強く,10 分間の作用では 80℃に至適温度があり,実用的にも 60〜65℃で使用が可能である.

この酵素は,グルコース以外に,キシロースに作用してキシルロースに異性化する.グルコースに対する K_m 値は 160 mM で,キシロースに対しては 32 mM である.糖のアノマー構造では α-アノマー,アルドースの環状構造ではピラノース型に対して親和性をもつ.

2) グルコースイソメラーゼの固定化[71,72]

酵素を固定化して用いることができると数々の利点が期待できる(1 章 1.6 節を参照).特に,グルコースイソメラーゼを回分式(バッチ法)で用いた場合には,①異性化工程の pH が高く糖液の褐変が著しい,②反応液中に副生物ができる,③反応中に pH が低下するので常時 pH の調整が必要である,④反応後の糖液の精製にコストが掛かる,という欠点があった.

これらの欠点を解決する手段としては,固定化酵素を用いて反応時間を短くし,反応終了後は直ちに pH を下げるか,温度を下げることで,フルクトースの分解を防げば良い.

グルコースイソメラーゼは耐熱性が優れていること,また反応液の基質濃度が高いことから,長時間連続反応時において,微生物汚染の危険性のない温度条件で操作が可能である.したがって,酵素を固定化して連続反応を行う条件が揃っており,しかも利点が数多くあることから,固定化酵素を用いるのに最も適した例といえる.

実用化されている固定化方法を大別すると,次のようになる.

① 酵素を菌体から抽出し,必要によっては濃縮した酵素液を,結合法または包括法で固定化する.

② 菌体を適当な条件で熱処理して安定化した後,菌体ごと包括法,架

橋法，それらの組合せ法で固定化する．

結合法の場合は，イオン交換性の担体を用いる場合と，多孔性セラミックや金属に吸着させる場合とがある．この方法は一般的に，異性化糖製造工場で酵素液と担体とを固定化して用いる場合に使われている．

酵素液を包括法で固定化する方法としては，ゼラチンや多糖類のゲルを用いる．ゼラチンで固定化し，グルタルアルデヒドで架橋することで物理的強度を増強させる．

菌体のまま固定化する場合は，培養菌体を適当な条件で熱処理して酵素を菌体内で安定化させ，凝集剤で凝集させたり，ろ過して培養液中の色やにおいなどの不純物を洗い流した後，包括法とグルタルアルデヒドで架橋させる方法を組合せて固定化する．

グルコースイソメラーゼの異性化反応の場合，Ca^{2+}が多いと反応が阻害されるので，ゲル化剤としてCa^{2+}を用いるのは好ましくない．

菌体のまま固定化したものは，球状または短桿状に整粒し，グルタルアルデヒドで架橋して強度を増強した後，乾燥して貯蔵性のある固定化酵素標品とする．この標品の粒径は0.5～2 mmで，微粒子や微粉末のものが含まれていると，カラムに充填したときに圧損失の大きな原因になるので，慎重にふるい分けしてこれらを十分除いておく必要がある．

固定化方法によっては乾燥の難しいことがある．その場合は，プロピレングリコール溶液に懸濁したものが商品化されている．

3.1.10　その他の糖質関連酵素
1)　マルトオリゴ糖生成アミラーゼ

1970年以降，デンプン基質に作用して，マルトース（G2），マルトトリオース（G3），マルトテトラオース（G4），マルトペンタオース（G5），マルトヘキサオース（G6）を，特異的にまたは顕著に生成するアミラーゼが相次いで見出されている[2,4,6]．

従前から，エキソ型の反応をするβ-アミラーゼ，グルコアミラーゼの生成物はβ-アノマーであり，エンド型で反応してα-アノマーの生成物をつくるのがα-アミラーゼと考えられてきた．

3.1 糖質関連酵素　　**99**

　しかし，マルトオリゴ糖（G2～G6）生成アミラーゼでは，①糖鎖の内部をランダムに切断してα型のオリゴ糖を生成するエンド型のα-アミラーゼと，②糖鎖の非還元末端からα型のマルトオリゴ糖を生成するエキソ型のα-アミラーゼが報告されている．

　②のエキソ型α-アミラーゼは，①のエンド型α-アミラーゼ（EC 3.2.1.1）とは異なる新規酵素として，以下のように酵素番号が付与されている．

　　a)　G2生成アミラーゼ（glucan 1,4-α-maltohydrolase, EC 3.2.1.133）

　　b)　G3生成アミラーゼ（glucan 1,4-α-maltotriohydrolase, EC 3.2.1.116）

　　c)　G4生成アミラーゼ（glucan 1,4-α-maltotetraohydrolase, EC 3.2.1.60）

　　d)　G6生成アミラーゼ（glucan 1,4-α-maltohexaosidase, EC 3.2.1.98）

　マルトオリゴ糖のうち，例えばG3は，まろやかで上品な甘味を有し，保湿性が高く，デンプン食品の老化抑制効果があるなどの機能的な性質が，食品加工に有用である．

　G3生成アミラーゼ生産菌として，*Streptomyces griseus* NA-468（エキソ型，若生ら，1979年），*Bacillus subtilis*（エンド型，Takasaki，1985年），*Microbacterium imperiale*（エンド型，Takasakiら，1991年）などが挙げられる[73-75]．*M. imperiale* が生産するG3生成アミラーゼが市販されている．

　マルトース生成アミラーゼは，製パンの品質・工程改良などを目的として，柔らかい食感と優れた老化防止効果を製品に付与することから，広く製パン業界に受け入れられている[76,77]．

2)　4-α-グルカノトランスフェラーゼ

　4-α-グルカノトランスフェラーゼ（4-α-glucanotransferase, EC 2.4.1.25）の別名は，不均化酵素（disproportionating enzyme），デキストリングリコシルトランスフェラーゼ，D-酵素，アミロマルターゼなどという[59,78]．

　本酵素には，次の2つの作用がある．

　　①　直鎖デキストリンの分子間糖転移作用により，初発基質の鎖長が不均一になる（分子間転移，不均化（disproportionation）反応）．

　　②　α-1,4-グルカン（アミロース）鎖の一部を同一分子内のグルコシル基のC4位に転移させ，重合度17以上の環状グルカン（シクロア

ミロース）をつくる（分子内転移，環化（cyclization）反応）．

バレイショ由来の D-酵素や好熱菌 *Thermus aquaticus* 由来のアミロマルターゼは，それぞれ重合度 17 以上，および 22 以上の環状グルカン（シクロアミロース）を生成する（**図 3.8 (B)**）．

3) 枝作り酵素

枝作り酵素（ブランチングエンザイム）[79, 80] は，1,4-α-グルカン鎖の非還元末端から，ある一定のグルコース残基単位を別の糖鎖のグルコース残基の C6 位の OH 基に転移させ，α-1,6-グルコシド結合を生成する酵素である．本酵素は，デンプンの α-1,6-グルコシド結合を生成する唯一の酵素であり，非還元末端の数を増やす機能をもつ．

a) 1,4-α-グルカンブランチングエンザイム

1,4-α-グルカンブランチングエンザイム（1,4-α-glucan branching enzyme, EC 2.4.1.18）の別名は，ブランチングエンザイム（BE），Q-酵素という[81-84]．

Bacillus stearothermophilus が生産する BE は，アミロースに作用（環状化反応，分子内転移反応）して，環状グルカン（重合度 18 以上）を生成する（**図 3.8 (C)**）．

また，アミロペクチンのクラスター構造の継ぎ目部分に作用し，これを環状化する反応を触媒する．実用化例として，高度分岐環状デキストリン（Highly Branched Cyclic Dextrin, HBCD）（江崎グリコ，商品名：クラスターデキストリン）の開発がある（**図 3.9**）．

クラスターデキストリンは，ほぼアミロペクチンからなるトウモロコシデンプンを BE により加工して得られる，食品用デキストリンである．通常のデキストリンと比較して，①分子量分布が狭い，②水への溶解性が高くその溶液の安定性が良い，③デンプンに由来する雑味や粉臭が少なく，オリゴ糖に由来する甘みも少ない，④浸透圧が低い，という機能を有している．スポーツドリンクの成分，粉末化基剤，味質改良剤などとして市販されている．

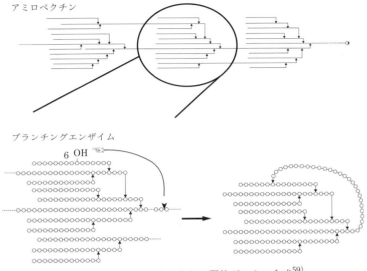

図 3.9 アミロペクチンからの環状グルカン合成[59]

b) 多分岐グルカン生成に関与する α-グルコシダーゼおよび α-アミラーゼ

Paenibacillus sp. PP710 が菌体外に産生する 2 種類の酵素（α-グルコシダーゼ（AGL）および α-アミラーゼ（AMY））を利用して，デンプン（マルトデキストリン）から 100％の生成率で得られる新規の多分岐グルカン（Highly Branched α-Glucan, HBG）（林原，商品名：イソマルトデキストリン）が開発されている[85-87]．

AGL は，マルトデキストリンの非還元末端グルコース残基に，もう 1 つのマルトデキストリンのグルコース残基をグルコシル転移させ，α-1,6-，α-1,4-，および α-1,3-グルコシド結合を形成させる α-グルコシル転移酵素である．AMY は，マルトデキストリン内部の α-1,4-グルコシド結合を分解し，生じたマルトオリゴ糖を CGTase のように分子間転移により，α-1,4- あるいは α-1,6-グルコシド結合糖鎖の非還元末端残基（あるいは α-1,6-グルコシド結合糖鎖の残基）の C3 位あるいは C4 位の OH 基に，α-

1,4-グルコシル糖鎖を転移させる酵素である．AMYは，その基質特異性から新規酵素とみなされる．

イソマルトデキストリンは，α結合のグルコースのみから構成され，原料であるデンプンに比べて枝分かれが多い．重量平均分子量は約5,000，数平均分子量は約2,500である．結合の種類は，非還元末端が約17％，α-1,3結合が約3％，α-1,4結合が約19％，α-1,6結合が約49％，α-1,3,6結合が約7％，α-1,4,6結合が約5％である．酵素-HPLC法による分析では，食物繊維を固形分当り80％以上含有することが確認されている．

イソマルトデキストリンは，水に溶けやすく食物繊維が豊富で，さらに色や味，においに与える影響がわずかで，粘度も低いため，様々な食品に配合される．

4) イソプルラナーゼ

イソプルラナーゼ（isopullulanase, EC 3.2.1.57）は，坂野ら（1971年）によって *Aspergillus niger* から見出された[88, 89]．系統名は，pullulan 4-glucanohydrolase（isopanose-forming）である．

プルラナーゼはプルランに作用し，α-1,6-グルコシド結合を切断してマルトトリオースを生成するが，イソプルラナーゼはα-1,4-グルコシド結合を切断してイソパノース（$G^1-{}^4G^1-{}^6G$）を生成する．なお，ネオプルラナーゼ（EC 3.2.1.135）は，プルランからパノース（$G^1-{}^6G^1-{}^4G$）を生成する酵素である．

イソプルラナーゼは，デンプンの部分構造である$G^1-{}^6G^1-{}^4G$という構造をもつオリゴ糖のα-1,4結合を分解するが，デンプンそのものには作用しない．パノースは，イソマルトースとグルコースに分解される．

5) β-フルクトフラノシダーゼ

スクロース（ショ糖）を加水分解する酵素には，スクロース（$G^1-{}^2F$）分子の分解の仕方によって2種類に区別される．

①フルクトース側から分解するβ-フルクトフラノシダーゼ（β-D-fructofuranoside fructohydrolase，別名：インベルターゼ，サッカラーゼ，β-フルクトシダーゼ，EC 3.2.1.26），および②グルコース側から分解するスクロースα-グルコシダーゼ（別名：スクロースα-グルコヒドロラーゼ，

スクラーゼ，EC 3.2.1.48）である．

　β-フルクトフラノシダーゼは，スクロースのほかに，β-フルクトフラノシド化合物，すなわちラフィノース，スタキオースなどの β-2,1-フルクトフラノシド結合に作用し，フルクトースを遊離する[90, 91]．

　この酵素は，*Aspergillus* 属，*Penicillium* 属の糸状菌，*Aureobasidium pullulans*，*Arthrobacter* sp. K-1 などにより生産されるが，酵素の起源によっては強い糖転移活性があり，工業的にはフルクトオリゴ糖を生産するのに用いられている[92, 93]．この糖転移作用の効率は，受容体特異性および転移位置特異性によって異なる．

　例えば，30〜60％のスクロース溶液に *Aspergillus niger* の β-フルクトフラノシダーゼを作用させると，スクロース（G^1—^2F）を分解してグルコースとフルクトースにするとともに，フルクトースをスクロースに転移して，1-ケストース（G^1—$^2F^1$—^2F），さらにニストース（G^1—$^2F^1$—$^2F^1$—^2F），フルクトシルニストース（G—F4）などを生成する[94]．

　一般的に，糸状菌 β-フルクトフラノシダーゼは転移作用の受容体特異性が狭いが，*Arthrobacter* sp. K-1 の酵素は受容体特異性が異なり，受容体としてラクトース（乳糖）存在下で作用させると，スクロースを分解して生成するフルクトースをスクロースではなくラクトースに転移して，ラクトースにフルクトースが転移したラクトスクロース（乳果オリゴ糖）が生成する．このほかに，D-キシロース，D-ガラクトース，L-ソルボース，D, L-フコース，およびマルトース，イソマルトース，セロビオース，キシロビオースなどの二糖類にも，フルクトースを転移する特徴がある[95]．

　Penicillium oxalicum の酵素は，スクロースから β-2,6-フルクトシル結合を有するフルクトシルスクロース（ネオケストース，F^2—$^6G^1$—^2F）を生成すると報告されている[96]．

6）　β-ガラクトシダーゼ

　β-ガラクトシダーゼ（β-D-galactoside galactohydrolase, EC 3.2.1.23）は，β-D-ガラクトシドを加水分解して非還元末端から β-ガラクトースを生成する．ラクトース（乳糖）をガラクトースとグルコースに分解するラクターゼが，その代表的な酵素である[97, 98]．

この酵素は、乳糖の消化あるいは複合糖質の代謝に関与しており、動物、微生物に広く存在する。植物にも広く分布しているが、その役割については良く分かっていない。

近年、食品工業において β-ガラクトシダーゼ（ラクターゼ）は、乳糖不耐（おなかゴロゴロ）の軽減、甘味度の向上、乳糖結晶防止など、品質改変による高級志向や、品質向上を目的とした乳製品の製造に用いられている[99, 100]。

酵母（*Kluyveromyces lactis*, *K. fragilis*）および細菌（*Bacillus circulans*）の生産する中性付近に至適 pH をもつ β-ガラクトシダーゼ（ラクターゼ）が、牛乳の乳糖分解処理工程に使用されている。糸状菌（*Aspergillus oryzae*, *A. niger*）の酵素は、酸性側の至適 pH をもつ[101]。

β-ガラクトシダーゼは、転移酵素としてトランスグリコシル化（糖鎖転移反応）により、ラクトースの位置異性体であるアロラクトース（ラクトースのような β-1,4 結合ではなく β-1,6 結合をもつ二糖）やガラクトオリゴ糖（β-1,4-ガラクトシルラクトース、β-1,6-ガラクトシルラクトース）をつくる[102]。

なお、*A. niger* が生産する α-ガラクトシダーゼ（melibiase, EC 3.2.1.22）は、大豆中のオリゴ糖分解、醸造用などに用いられている[103]。

7）　スクロースグルコシルムターゼ

ある種の α-グルコシルトランスフェラーゼはスクロース（G^1—^2F）に作用して、グルコースとフルクトースが α-1,6 結合したイソマルツロース（G^1—^6F）を生成することが知られていた。その後、この酵素は分子内転移反応を触媒するムターゼの1種であることから、スクロースグルコシルムターゼ（sucrose glucosylmutase, EC 5.4.99.11）と命名された。常用名は、イソマルツロースシンターゼ（isomaltulose synthase）である。G と F が α-1,1 結合したトレハルロース（G^1—^1F）も生成する[104-106]。

スクロースグルコシルムターゼは、西ドイツの製糖工場において細菌汚染の研究中に発見され、*Protaminobacter rubrum* と同定された菌により生産されるが、*Serratia plymuthica* や *Erwinia rhapontici* も、この酵素を生産することが知られている。イソマルツロース生成酵素は菌体内酵素で

ある．イソマルツロースは，発見者達の研究所の所在地 Pfalz 地方（英名 Palatinate）に因んで，三井製糖がパラチノース（palatinose）として商標登録している．

8) デキストランスクラーゼ

デキストランスクラーゼ（sucrose 6-glucosyltransferase, EC 2.4.1.5）は，スクロースから α-D-グルコシル基を受容体（$(1,6$-α-D-グルコシル$)_n$）に α-1,6 結合で転移させてデキストランをつくる酵素である[107-109]．

Lactobacillus 属, *Leuconostoc* 属, *Streptococcus* 属の細菌に存在し，デキストランの工業生産に利用されている．口腔内細菌の一種である *Streptococcus mutans* は，この酵素の働きでスクロースから不溶性の α-グルカン（歯垢の原因）をつくり，むし歯の誘発原因となる．

Streptococcus 属細菌の酵素は，① 水溶性の α-1,6-D-グルカンを生産する酵素，② 不溶性の α-1,3-D-グルカンを生産する酵素，③ α-1,6-および α-1,3-グルコシド結合が複雑に分岐した α-D-グルカンを生産する酵素，の 3 種類に分類される．

9) デキストラナーゼ

デキストランは，上述のように，乳酸菌が細胞外に生産する多糖の一種である．その構造は，グルコースが α-1,6 結合により直鎖状に連なった主鎖と，α-1,2, α-1,3, α-1,4 結合による分岐からなり，この分岐の比率はデキストラン生産菌によって異なっている．

このデキストランを加水分解してイソマルトオリゴ糖やグルコースを生成するデキストラナーゼ（6-α-D-glucan 6-glucanohydrolase, EC 3.2.1.11）の多くは，デキストランをランダムに加水分解するエンド型デキストラナーゼとして分類されている．糸状菌（*Chaetomium* 属, *Penicillium* 属, *Aspergillus* 属），細菌（*Flavobacterium* 属, *Pseudomonas* 属）などの微生物が給源である[110, 111]．

産業上は，*Chaetomium* 属糸状菌の熱安定性の比較的高いデキストラナーゼが，製糖工業や歯磨剤用として利用されている．製糖工業において，砂糖液に乳酸菌が繁殖することでデキストランを主とする粘性多糖類が生成されると，原糖の収率を低下させるうえ，その後の精製工程に

著しい悪影響を与える．この場合に，デキストラナーゼを添加しデキストランを加水分解することにより，砂糖の製造を容易にすることができる[112, 113]．またデキストラナーゼは，歯垢成分であるデキストランの形成抑制効果が立証されており，虫歯予防剤として歯磨剤やガムに用いられている．

　一方，デキストランの非還元末端から順次に一定の糖ユニットを切り出すエキソ型デキストラナーゼとして，① グルコースを切り出すグルコデキストラナーゼ（glucan 1,6-α-glucosidase，EC 3.2.1.70），② イソマルトースを切り出すイソマルトデキストラナーゼ（glucan 1,6-α-isomaltosidase，EC 3.2.1.94），③ イソマルトトリオース単位で切り出すエキソ-イソマルトトリオヒドロラーゼ（dextran 1,6-α-isomaltotriosidase，EC 3.2.1.95）が知られている[114]．

　Arthrobacter globiformis のイソマルトデキストラナーゼを用いて，デキストランからイソマルトースを高収率で得る方法が考案されている[115]．

3.2　デンプン加工への応用

　デンプンは，トウモロコシや小麦の「穀類」，バレイショ，かんしょ，キャッサバの「イモ類」，サゴ椰子，葛，ワラビの「根・茎類」，緑豆の「豆類」などを原料とし，これらの種子や球根などから抽出されたものである[29, 116, 117]．

　わが国で流通しているデンプンは，バレイショデンプン・かんしょデンプンからなる国内産イモデンプン，輸入トウモロコシから製造されるコーンスターチ，タピオカデンプンなど海外からの輸入デンプン，および小麦デンプンに大別される．デンプンの最近 5 年の需給見通しは，およそ 270 万トン/年で推移している．

　デンプンの利用法としては，① 高分子としての特性の利用と，② 加水分解して利用する場合の 2 つに分けられるが，半量以上のデンプンが糖化製品の製造目的に使用されている．

　現在，主なデンプンは，糖化用（異性化糖，水あめ・粉あめ，グルコー

ス），ビール醸造用，水産練り製品，麺類，インスタント食品などに使用されているほかに，粘性や糊化する特性を活かして，製紙工業でのコーティング用糊料，段ボールの接着剤用糊料，クリーニング仕上げ糊など工業用製品の素材として使用されている.

いずれもデンプンの特性に対応した加工技術が必要であり，そのためにまずデンプン分子の特性を十分に知る必要がある.

デンプンを原料とした各種酵素糖化製品の製造工程を，**図 3.10** に示す.

3.2.1 デンプンの液化

一般に，天然のデンプン粒（β-デンプン）は，そのままでは酵素作用を受けにくい．これは，デンプン分子が規則正しく配列して粒を形成し，水に不溶であるため，酵素とデンプン分子との結合が妨げられているからである．このデンプン粒を水と共に加熱すると糊状になり，酵素作用を受けるようになる．このことをデンプンの糊化（gelatinization），あるいはアルファ（α）化という．したがって，デンプンを完全に可溶化するためには，デンプン分子が α-アミラーゼ作用を受ける状態になる条件を与えねばならない.

実用的には，α-アミラーゼの共存下で，デンプン乳液（30〜40％（w/w））を加熱し，デンプン粒の糊化と α-アミラーゼによる液化作用を同時に行わせる方法がとられてきた．デンプン粒を膨潤させて，全デンプン粒が α-アミラーゼ作用を受けるように変化させるには，十分な温度条件と α-アミラーゼが十分作用しうる条件が必要である.

デンプンを液化する目的は，次のように要約できる.

① デンプン分子をできるだけ完全に可溶化すること.

② 液化生成物が次の糖化工程の目的に適していること.

③ 液化生成物が老化しない条件であること.

④ 液化生成物の還元末端グルコース残基がフルクトースに異性化されないこと.

⑤ 経済的見地からできるだけ高濃度（30〜35％（w/w））で実施できること.

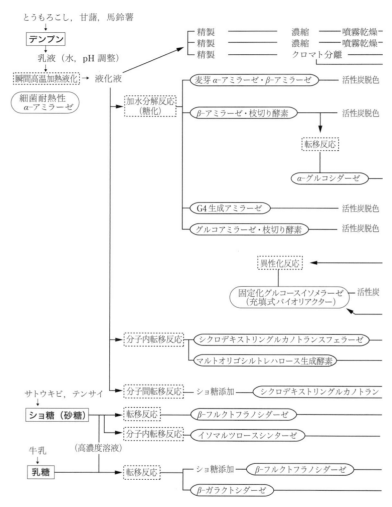

図 3.10 酵素法による各種

3.2　デンプン加工への応用　　**109**

―――――――――――――――――――― (1) 食用デキストリン
―――――――――――――――――――― (2) 粉末水飴
―――――――――――――――――――― (3) 分岐限界デキストリン
― 直鎖区分 ――― 糖化工程へ
・イオン交換樹脂精製 ― 濃縮 ――――――――― (4) 麦芽水飴
　　　　　　　　　　　　└―――― 水素添加 ――― (5) 還元水飴

・イオン交換樹脂精製 ― 濃縮 ― M/O クロマト分離――― 結晶化――――― (6) 結晶マルトース
　　　　　　　　　　　　　　　　　　└―――― 水素添加 ――― (7) マルチトール
　　　　　　　　　　　　　　　　　└――― (8) マルトトリオース主体製品

― 活性炭脱色・イオン交換樹脂精製 ― クロマト分離― 濃縮 ― (9) イソマルトオリゴ糖

・イオン交換樹脂精製 ― 濃縮 ――――――――――――― (10) マルトテトラオース主体製品

・イオン交換樹脂精製 ― 濃縮 ――― 噴霧粉末化 ――― (11) 精製ブドウ糖
　　　　　　　　　　　　├――― 降温結晶化 ――― (12) 含結晶ブドウ糖
　　　　　　　　　　　　└――― 煎糖結晶化 ――― (13) 無水結晶ブドウ糖

脱色・イオン交換樹脂精製 ――――――― 濃縮――――― (14) ブドウ糖・果糖液糖
　　　　　　　　　　　　　└― F/G クロマト分離― 混合― (15) 果糖・ブドウ糖液糖
　　　　　　　　　　　　　　　　　　　　　└― 結晶化 ― (16) 結晶果糖
――――― 精製・濃縮 ―――――――――――― (17) シクロデキストリン（α, β, γ）
― 加水分解反応 ――― トレハロース遊離酵素 ――― 精製・濃縮・結晶化 ――― (18) トレハロース

スフェラーゼ ――― 精製・濃縮 ――――――――――――― (19) G・M スクロース
　　　　　　　　　　　　　　　　　　　　　　　　　　　　　（カップリングシュガー）
――――― 精製・濃縮 ―――――――――――― (20) フルクトオリゴ糖
――――― 精製・濃縮 ―――――――――――― (21) イソマルツロース
　　　　　　　　　　　　　　　　　　　　　　　　（パラチノース）
――――― 精製・濃縮 ―――――――――――― (22) 乳果オリゴ糖
――――― 精製・濃縮 ―――――――――――― (23) ガラクトオリゴ糖

糖質の製造フローチャート

1) デンプンの完全可溶化の条件と難溶性デンプン[6, 118-120]

デンプン粒の膨潤，糊化時の挙動，α–アミラーゼによる液化の難易度などは，デンプンの起源，栽培環境，貯蔵条件，さらにはデンプン製造時の条件などによって異なり，決して一様ではない．酵素分解の条件を考えると，すべてのデンプン分子が，加熱によって容易に酵素消化性になるように可溶化されるものが，好ましいデンプンといえる．

小巻が，デンプンの液化を始めた当時（1952年頃），酸分解の水あめ（酸糖化水あめ）は完全に透明で，無色であるのに対して，酵素分解の水あめ（麦芽水あめ）は濁っており，ろ過が困難で活性炭などによる精製ができず，着色し，特有のにおいが付いていた．この混濁の原因物質が見出されて，難溶性デンプン粒子（insoluble starch particle，ISSP），もしくは難消化性デンプン（resistant starch，RS）と呼ばれている．

デンプンをα–アミラーゼで完全に溶液化するためには，できるだけISSPが副生する条件を避けること，そして液化のときには，すべてのデンプン粒を一斉に一定温度以上に加熱できるような瞬間高温加熱液化方式を採用すべきである．

2) デンプン液化条件とマルツロースの生成[121-123]

デンプン液化の第2の目的は，液化生成物を次の糖化工程に相応しいものにすることであるが，問題点として，グルコアミラーゼ糖化液や異性化液の中に，通常のオリゴ糖の他に，マルツロース（maltulose，G^1-^4F）が存在することがある．

デンプン液化工程中において，高温，高pH条件で時間が長くなると，オリゴ糖の還元末端グルコース残基が非酵素的に異性化され，糖化工程でグルコアミラーゼによりデンプンが切断されたときに，最終残基として，マルトースの代りに0.3〜2.5％のマルツロースが残る．マルツロースは，グルコアミラーゼで分解されない．

こうしたことから，液化時のpHは，マルツロースの副生成を避けるために低い方が好ましいが，α–アミラーゼの高温時での作用性との両面を考えると，pH5.8〜6.2が好ましい．液化時の温度が高く，長時間になるときは，低めのpHの方が適切であるといえる．

3) ジェットクッカー法 （超耐熱性 α-アミラーゼ液化法）[71, 124]

小巻が開発した瞬間高温加熱液化法（高温液化法）は，昭和30年頃から実用的に普及したが，今日では，ジェットクッカー（Jet-Cooker）法が主流の液化法である．高温液化方式の理論を最も効率的に実施する有効な手段であり，世界的に普及している．

Bacillus licheniformis Y5, *B. subtilis* MN-385 の α-アミラーゼは，従来の *B. subtilis* X-23, *B. amyloliquefaciens* の α-アミラーゼに比較して，耐熱性が極めて優れている（図3.3，表3.4）．特に，デンプン濃度の高い条件では，105〜110℃で作用させることが可能である．

加熱装置として，パイプラインにジェットクッカー，サーモヒーターなどを設置し，α-アミラーゼ含有デンプン乳液と加熱蒸気（4〜8 kg/cm²）とを瞬時に混合して，一気に105〜110℃に加熱する．これを小型の撹拌機付混合タンクまたは管型反応器に導いて，加圧下で，約5〜10分間滞留させた後，大気に開放して95〜98℃とし，次の反応槽に導いて約90〜120分間，逆流混合を避けるようにして滞留させて液化を終了する．この超耐熱性 α-アミラーゼは，上記の105〜110℃，5〜10分間の液化条件でも，なお酵素の活性が残っており，この作用時間内に適当な分解度まで反応が進行する．

このジェットクッカー法は，デンプン糖の製造工程のみならず，醸造業界におけるデンプン，米，その他雑穀類のデンプン液化手段として広く利用されるようになった．砕米の粉砕物を発酵原料とする場合では，デンプンは液化溶解され，タンパク質は熱凝固して，容易に回収できる利点が応用されている．

3.2.2 水あめの製造[1, 6]

デンプン糖の中で，歴史的にも最も古く，なじみの深い1つとして水あめ類がある[125]．

水あめの製造には，① 酸糖化法，② 各種の酵素糖化法，③ 酸液化-酵素糖化法，の3種類がある．それぞれ糖組成が異なるため，甘味のみならず，粘度，風味，風味保存性，浸透圧，水分活性，保湿性，造型性などの

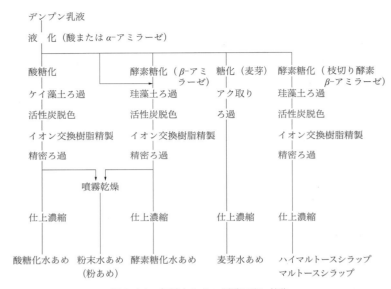

図 3.11 各種水あめの製造工程（例）
（参考文献 6 p.434 より引用）

表 3.8 水あめの糖組成（%）

糖 化 法	DE	G1	G2	G3	G4	G5<
酸糖化法	30	10.4	9.3	8.6	7.2	64.5
〃	40	16.9	13.2	11.2	9.7	49.0
〃	60	36.2	19.5	13.2	8.7	22.4
酸液化-麦芽糖化	63	38.8	28.1	13.7	4.1	15.3
細菌 α-アミラーゼ 液化-麦芽糖化	43	2.0	54.1	22.3	0.5	21.1
酸糖化法	40	18.5	18.3	9.4	9.3	47.1
酸液化-麦芽糖化	40.8	6.4	43.1	17.6		33.1
細菌 α-アミラーゼ 液化-麦芽糖化	38.2	3.5	47.5	18.7	1.2	30.2

（参考文献 1 pp. 436, 450 より引用）

3.2 デンプン加工への応用　**113**

機能が異なる．**図 3.11** に，各種水あめの製造工程（例）を示す．これらの水あめは用途に応じて選択使用される．

表 3.8 は，市販水あめの糖組成である．酸糖化水あめは糖組成的に分布が広く，グルコース，マルトース（麦芽糖），マルトトリオース，デキストリンが比較的むらなく含まれている．酸糖化法では，糖化度（dextrose equivalent, DE）が進むとグルコースが増える．（デンプンの糖化度を表わすのに DE が広く用いられている．還元糖をグルコースとして測定し，その値の固形分に対する比率を DE とする．）酵素糖化法ではグルコースが少なく，マルトースが主体を占める点が特徴である．

アメリカなどでは，酸糖化の水あめをグルコースシラップ（コーンシラップ）と呼び，麦芽糖化水あめをハイマルトースシラップと呼んでいる．

1) 麦芽水あめ・酵素糖化水あめ

細菌 α-アミラーゼで液化した後，麦芽酵素で糖化した水あめを，麦芽水あめと呼ぶ．麦芽は大麦を発芽させたもので，発芽と共に α-アミラーゼが増加し，麦芽中には α- と β-アミラーゼが共存している．

これに類似したもので，細菌 α-アミラーゼで液化した後，大豆の β-アミラーゼ単独，あるいは細菌 α-アミラーゼとの併用で糖化した水あめがある（酵素糖化水あめ）．また，*Aspergillus oryzae* の α-アミラーゼは分解

表 3.9 酵素糖化水あめの糖組成（%）[30]

液化液 糖化度 DE	3.0		9.4		16.9		33.0	
G1	1.0		1.7		2.2		3.5	
G2	1.9		2.2		5.2		12.0	
G3	3.3		4.1		9.7		13.2	
G4	3.0		3.9		6.5		9.1	
G5<	90.8		88.0		75.5		62.5	
糖化酵素 糖化度 DE	β 33.0	$\alpha+\beta$ 37.0	β 35.2	$\alpha+\beta$ 37.8	β 37.8	$\alpha+\beta$ 39.2	β 39.5	$\alpha+\beta$ 41.3
G1	1.7	1.9	2.1	3.0	2.9	3.5	4.5	5.2
G2	61.5	58.1	55.0	53.0	51.5	50.0	48.2	47.2
G3	7.5	12.4	13.7	16.4	18.6	19.7	21.4	22.2
G4<	29.3	27.6	29.2	27.6	27.0	26.3	25.6	25.4

生成物の主体がマルトースであるので，これを糖化酵素製剤として用いる場合もある．

表 3.9 は，液化時の糖化度（DE）の異なるデンプン液化液を，大豆 β-アミラーゼ単独，および細菌 α-アミラーゼとの共存で糖化したときの糖組成を示したものである．

デンプン液化液の糖化度（DE）が 10 以下と低いとき，マルトトリオース（G3）がマルトース（G2）約 2 倍量生成されており，DE が限界に近い 33.0 に達した後でも，G3 が G2 よりやや多い．一方，糖化時に α-アミラーゼを共存させると糖化度（DE）は上がるが，β-アミラーゼ単独の場合よりも，G3 が多くなり G2 は少なくなる．

ここで G4＜とあるのは，重合度 4 以上の分岐を有する α-；β-限界デキストリンで，表 3.6 に示したように，分岐点 1 個のものと，2 個，3 個の分岐オリゴ糖である．α-アミラーゼの作用を高めると，この分子量が低くなる傾向がある．

したがって，液化時の糖化度（DE）を低くし，β-アミラーゼのみで糖化すると見かけ上の DE は低いが，G2 が 60％以上となり，比較的高分子の限界デキストリンが約 30％残存する．逆に，液化時の分解をできるだけ進め，糖化時にも α-アミラーゼを共存させると，見かけ上の糖化度（DE）は高くなり 40％を越えるが，G2 は 50％以下となり，G3 が増加して 20％を越え，デキストリンの重合度も低くなる．グルコースも，やや増加し 5％になる．グルコース含量が多いと加工時に着色が生じやすいので，用途によってはグルコース含量の少ないものが要求される．

2）ハイマルトースシラップ

一般的な麦芽水あめは，糖化度（DE）40 前後，グルコース 3％以下，マルトース 50％前後，マルトトリオース 20％前後，G4≦のデキストリン 25〜30％のものが多い．

さらにマルトースの多い，いわゆるハイマルトースシラップを製造するときは，糖化時に枝切り酵素（プルラナーゼまたはイソアミラーゼ）を併用して，マルトース含量を 60〜70％とする．マルトース含量をあまり高くすると濃縮後，貯蔵中にマルトースの結晶が生成して製品が白濁する．

3) 低糖化度（低 DE）水あめ

α-アミラーゼのみで液化した水あめとして，糖化度（DE）10〜30 のものが調製できる．DE が低いほどデキストリンが多く，粘度が高い．DE 10〜25 のものは，乾燥して粉末水あめとすることができる．

4) 低粘度低甘味水あめ

糖化酵素製剤として細菌 α-アミラーゼと枝切り酵素で糖化すると，前述した分岐を有するデキストリンが分解されて，直鎖オリゴ糖となり，糖化度（DE）の低いわりに粘度が低く，糊気（のりけ）のない低甘味水あめとなる．減甘，保存性向上などの特殊目的に利用される．

5) その他の特殊水あめ

糖化時に G3 生成アミラーゼを用いて生産されるマルトトリオース（G3）主体水あめ，G4 生成アミラーゼを用いて生産されるマルトテトラオース（G4）主体水あめが市販されている．これらの水あめは，低甘味化，まろやかな甘味質，着色の低減と風味の向上，日持ちの向上などの効果を有している．

マルトースに作用して転移反応をする酵素（本章 3.1.6 項，3.1.7 項を参照）を糖化酵素製剤として用いると，イソマルトース，イソマルトトリオースなどのイソマルトオリゴ糖主体の水あめが製造できる．

3.2.3 マルトースの製造[1,6]

マルトース含量が 80％以上の糖化液は結晶しやすいので，濃縮して適当な条件で放置すると結晶し固結化する．これを切削すると，全糖（トータルシュガー）方式の粉末マルトースが得られる．噴霧乾燥法で全糖方式の粉末マルトースを製造する特許がいくつか出願されているが，製品の吸湿性が問題となり実用化が難しい．吉野（1993 年）の方法[126]は，糖化液を 65〜80％まで濃縮して，種結晶を加えて結晶を析出させ，晶出率が約 50％に達したマスキット（半流動状の結晶と蜜の混合物，砂糖製造上の白下のこと）を，噴霧乾燥法で水分 6〜7.5％になるように乾燥し，さらにその粉末を高温多湿の特別な条件下で 2〜3 時間熟成することで，易溶性の粉末マルトースを製造する新しい実用的な方法である．この場合，マ

ルトトリオース含量が高いとマスキットの粘度も高くなり，また粉末マル
トースの吸湿性が高まるので，マルトトリオース含量を少なくしなければ
ならない．

　また，マルトース糖化液を精製したのち煎糖（せんとう）を行うと，マ
ルトースの含水結晶が得られるので，晶出率30〜50％で遠心分離して結
晶マルトースが得られる．この場合も，マルトトリオース含量が高いと結
晶の析出が阻害される．

　マルトースの結晶化については，ホッジ（Hodge, J. E.）ら（1972年）
の優れた総説[127]がある．マルトースには，α, β のアノマーがあり，結晶
の型としては，β-アノマーの含水結晶，α-アノマーの無水結晶，および α,
β-アノマーの錯体結晶がある．

　マルトースの溶解度は，常温では，スクロース，グルコースより小さ
い．オリゴ糖を含み純度が低くなるにつれて溶解度が大きくなる．そし
て，マルトース純度が74％以下になると，濃度70％で放置しても結晶を
生じない．結晶型としては，β-アノマーの含水結晶の吸湿性が少なく安定
しており，粉末マルトースでは，ほとんどが β-アノマーの含水結晶であ
る．

　マルトースの甘味度はスクロースの 1/3 程度で，甘味の質は丸味があ
り，さっぱりしている．スクロースと同じく二糖類であるので，ボディ感
を付与し，静菌効果もある．グルコースなどの単糖類と比較して熱に安定
であり，メイラード反応による着色性も低い．

　また，水に対する親和性が大きく，水分活性を小さくするなどの特徴か
ら，減甘効果を目的として，スクロースの5〜50％を置換した菓子類が製
造されている．

　結晶マルトースは静脈注射用補糖液として，糖尿病，肝炎患者や，術中
術後の患者用に使用される．

1)　糖化条件[3, 128]

　糖化酵素として，本章3.1.3項の β-アミラーゼと，3.1.5項の枝切り酵素
（プルラナーゼまたはイソアミラーゼ）を併用する．両者は，初期から同
時に加えておくのが好ましい．大豆起源の β-アミラーゼは耐熱性が優れ

ているので，60℃で使用が可能である．枝切り酵素も，耐熱性のものを用いるのが好ましい．50〜55℃での糖化の場合は，雑菌汚染によって pH が低下することが多い．この微生物汚染の防御法としては，10〜30 ppm の卵白リゾチームを添加すると良い．

最も重要な点は，デンプンの液化条件である．液化時の分解度が進むにつれて，マルトースの生成率が下がり，マルトトリオースの生成率が増加する．一方，液化時の分解度を低く抑えると，反応液の粘度が高くなり，分解物の老化が起こりやすくなる．したがって，実際的には，デンプン濃度20%以下で液化して糖化度（DE）0.5〜1.0 としている．

実際の糖化液の糖組成は，マルトースが75〜85%で，その他にマルトトリオース，オリゴ糖（G4≦）および少量のグルコースを含んでいる．さらにマルトース純度を高くするためには，イオン交換樹脂を用いるクロマトグラフィーで，マルトースと他のオリゴ糖を分離する必要がある．フルクトースとグルコースとの分離に用いられている擬似移動床方式のクロマト分離装置（三菱ケミカル）が最も実際的で，マルトース純度93%以上の糖液が得られる．このときのラフィネートは，マルトースとマルトトリオースが主体で約90%，他は数パーセントのグルコースと G4≦ のオリゴ糖である．このものは，マルトトリオースが多いために保湿性が良く，スポンジケーキやパンなどに適している．

2) マルチトール（還元麦芽水あめ）[129]

デンプンを酵素糖化して得られるマルトース液に水素添加すると，還元麦芽水あめとなり，主成分のマルトースは，マルチトールと呼ばれるグルコースとソルビトールからなる糖アルコールとなる．低カロリー甘味料として利用され，比甘味度はスクロースの80%くらいで，甘味はまろやかである．

マルチトールは，大気中の湿度と比較的無関係に水分を保つ性質がある．糸状菌，酵母，乳酸菌などの作用を受けにくく，口腔内細菌によって粘質多糖類や有機酸を生成せず，むし歯にほとんど無関係な甘味料である．アミノ酸やタンパク質とともに加熱しても，メイラード反応による着色を生じない．また，耐熱，耐酸，耐アルカリ性に優れているのが特徴で

ある.

近年，マルトース含量92%以上の液に水素添加し，それから粉末状の
マルチトールが製造されている．この他に，糖組成の異なる各種の水あめ
（本章3.2.2項を参照）に水素添加した還元水あめが生産されている．

3.2.4　グルコースの製造[1,6]

デンプン乳液に酸を加えて加熱すると，加水分解されてグルコースが生
成する．ところが，分解が進むに従いグルコース濃度が高くなると逆合成
反応が始まり，イソマルトースや苦味性のゲンチオビオースのような二糖
類が生成される．このために，酸糖化法でグルコースを製造するときは，
苦味物質が生成される前の低糖化度（低DE）で加水分解を停止するか，
もしくは加水分解液から結晶を析出させ分蜜して，苦味物質を分離するこ
とが行われていた．これらの欠点を補完する方法として，酵素糖化法が誕
生した．

糖化に用いるグルコアミラーゼについては本章3.1.4項で記述したが，
糸状菌の糖化型アミラーゼを糖化製剤として用いる方法が，ラングロ
ワ（Langlois, D. P.）ら（1940年）によって考案され，酸液化-酵素糖化
法で，酸糖化水あめよりもはるかに甘味度の強いコーンシラップの製造
がA. E. Staley社（アメリカ）で実施されていた．1955年以降，当該特許
権の失効に伴い，Corn Product社，The Hubinger社，およびPenick and
Forld社が加わって計4社で，"acid-enzyme conversion"あるいは"dual
conversion"と呼ばれて実用化されるようになった．

ブドウ糖といえば，すぐ注射薬を思い起す人が多いが，天然には果物，
特に成熟したブドウの実の中に遊離状態で大量に含まれているのでブドウ
糖と呼ばれ，また快い甘味をもっているのでグルコース（glucose, gluco
……"甘い"の意味）とも呼ばれる．

グルコースの甘さは，スクロースに比べて60〜70%といわれているが，
甘味の質が異なり，水に溶けるときに吸熱するので，粉体のまま口に入れ
ると清涼感がある．また，スクロースよりも分子量が小さいので，細胞組
織内への浸透性が良い．このことは，果実缶詰のシラップなどに適してい

る．グルコースの用途は，飲料，パン，和洋菓子，乳製品などである．

　小巻らは 1959 年から，グルコアミラーゼの工業生産を開始すると共に，工場内にデンプンの酵素による液化および糖化のためのパイロットプラントを建設し，ブドウ糖工業界の 20 数社に利用してもらい，細菌 α-アミラーゼによるデンプンの液化方法，グルコアミラーゼによるデンプンの糖化方法などを普及することに努めた．1960 年から，日本のブドウ糖工業はすべて酵素糖化法に切りかわり，同時に糖化酵素の供給者も 4 社に増加した．また，自家生産を始めたブドウ糖メーカーも生まれ，国外への技術輸出や酵素の輸出も始まった．今日では，世界中のブドウ糖メーカーが酵素法を採用している[71, 130]．

1) グルコアミラーゼによるデンプンの糖化[31, 131]

　酵素法によるグルコース製造において重要な工程は，デンプンの液化，糖化および糖化液の精製であろう．デンプンの液化については，本章 3.2.1 項で詳述した．ここでは，デンプンの糖化条件について記述する[31,131]．

　図 3.12 および図 3.13 は，デンプンの細菌 α-アミラーゼ液化液（分解率 7.8 %）および麦芽酵素による糖化液（分解率 44 %）を基質とし，固形分濃度 35 %，pH 4.5，温度 55 ℃の糖化条件で糖化したときの D/T（全糖に対する直接還元糖の %，見かけの分解率）および G/T（全糖に対する真のグルコースの %）を示したものである（酵素量の単位 GU はグルコース生成活性）．糖化酵素（グルコアミラーゼ）は，転移酵素を全く含まない *Rhizopus niveus* 起源のもの（*Rhiz.* N_2T，実線）と，転移酵素を含む *Aspergillus usamii* 起源のもの（*Asp.* U，点線）を用いた例を示している．

　これらの実験データから，数多くの事柄が観察された．

　R. niveus のグルコアミラーゼを，1 %デンプン細菌 α-アミラーゼ液化液および 1 %デンプン麦芽糖化液に作用させたときは，ほとんど完全にグルコースに分解し，その分解液中からはグルコース以外の他の糖の存在を見出すことができない．しかし，35 %デンプン細菌 α-アミラーゼ液化液および 35 %デンプン麦芽糖化液に作用させたときは，D/T 80 %程度まではほとんど直線的に進行し，D/T 93 %を越えるところから反応が緩やかになり，D/T 97～98 %まで進行する．

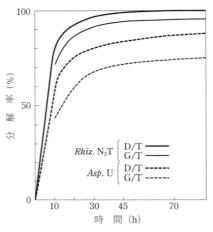

図 3.12 35%デンプン細菌 α-アミラーゼ液化液の分解[31]
pH 4.5, 温度 55℃, 酵素量 9 GU/g-デンプン

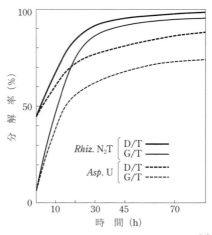

図 3.13 35%デンプン麦芽糖化液の分解[31]
条件は図 3.12 と同様.

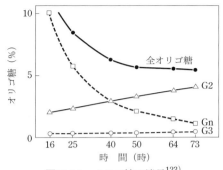

図 3.14 オリゴ糖の消長[123]
pH 4.5, 温度 58℃, 酵素量 3 GU/g-デンプン

ペーパークロマトグラフィーで生成糖を調べると,グルコース以外に微量のマルトースとイソマルトースが認められる.イソマルトースは,D/T が少なくとも 93％ 以上になってから検出される.イソマルトースの生成は,微量混在している転移活性をもつ酵素の作用かと疑われていたが,グルコアミラーゼ自体が,グルコース濃度の高い条件ではグルコースから(マルトースからではない)各種のオリゴ糖類を逆合成することが明らかになった.

工業的な条件では,糖化が進行するに従ってグルコースは直線的に増加し,30〜40 時間後で G/T が約 90％ になり,さらに糖化を進めていくと,この間に残存しているオリゴ糖類の加水分解と同時にグルコースからの逆合成が進み,ほぼ完全にグルコースに分解することができない.

一方,転移酵素を含んでいる *A. usamii* 起源の酵素では,反応の初期からイソマルトースなどの転移オリゴ糖類が多量認められて,D/T は 85〜88％ で停止し,G/T も約 70〜75％ で停止する.したがって,ブドウ糖製造目的には適していないが,非結晶性の甘いシラップの製造などには適しているといえよう.

糖化後半期の糖化液の糖組成を高速液体クロマトグラフィーで分析した結果を,**図 3.14** に示す.Gn は確かに減少しているが,他方で G2 が直線的に増加しているので,全オリゴ糖量はほとんど変らない.分解されに

くい Gn は，表 3.6 に示したような分岐オリゴ糖と考えられている．

2) 糖化液中の残存オリゴ糖[123]

前述したように，デンプン濃度 30～35％の工業的な糖化条件では 5～8％のオリゴ糖が残存し，これをできるだけ少なくすることが望まれている．これらの残存オリゴ糖とその生因について考察する．

a) 逆合成反応による副生

グルコース濃度が高くなり，十分なグルコアミラーゼが存在する場合に逆合成反応が起り，イソマルトース，マルトース，その他が副生する．これを防ぐためには，基質濃度を 30％以下にすることと，反応の終結点を厳しく定めることである．

b) 転移反応による副生

糖化酵素製剤中に，転移反応でマルトースからオリゴ糖を生成する α-グルコシダーゼやトランスフェラーゼが混在すると，イソマルトースやパノースを生成する．特に，*Aspergillus niger* 系起源の酵素製剤は注意が必要である．

c) 異性化反応による副生

デンプン液化工程で，高温，高 pH，長時間が原因して，液化分解物中の還元末端グルコース残基が異性化されてフルクトースになると，グルコアミラーゼはこのグルコシド結合を最終的に分解できず，マルツロース（G^1—^4F）が残存する．通常は 0.3～0.5％含まれていることが多いが，条件によっては 2～3％に達する．

d) 難分解部位の残存

ジャガイモデンプンに代表されるようなリン含量の多いデンプン分子では，リンはリン酸として，アミロペクチンのグルコース C6 位の OH 基にエステル結合しており，このグルコース残基が非還元末端になると，そこからはグルコアミラーゼの作用を受けないで残存する．

市販のグルコアミラーゼ製剤は，α-アミラーゼを含んでいるので，グルコアミラーゼと協同的に働いている．すなわち，α-アミラーゼは，比較的高分子のリン酸結合残基を小分子化し，グルコアミラーゼが作用する非還元末端グルコースの数を増やして，反応を促進する役割を果たしている．

3.2.5 異性化糖の製造[1, 6, 71, 132, 133)

　酵素糖化法によるグルコース（ブドウ糖）の工業生産が始まった当初（1959年）から，グルコースをより甘味の強いフルクトース（果糖）に異性化できれば，その用途が拡大されると考えられたため，グルコースの異性化は当業界の技術陣の最重要課題であった．

　グルコースからフルクトースへの異性化方法として，アルカリを用いた高温短時間連続法が貝沼ら（1967年）によって開発されたが，異性化率は約35％で，2～3％の糖の分解が伴い，着色が進むなどの欠点があった．

　酵素法（グルコースイソメラーゼ）による異性化は，1971年からStreptomyces属放線菌の凍結生菌体が市販されるようになって，糖組成がフルクトース42～43％，グルコース50～52％，オリゴ糖6～8％の液状糖（固形物75％）が異性化液糖として量産されるようになった．わが国の砂糖需要家は，液状の砂糖を使用する習慣がなかったために，異性化液糖の使用には大きな抵抗を示し，その普及が進まず，すでに工業用砂糖の15～20％を液状で使用していたアメリカで先に実用化された．

　当時，Standard Brands社の子会社であったClinton Corn Processing社が，わが国の微生物工業研究所の特許専用実施権を得て，自社で放線菌を培養して異性化糖の製造を始めていた．同社では培養菌体から酵素を抽出し，それをDEAE-celluloseに吸着させることで固定化し，2.5～7.5 cmの多重薄層とし，この薄層上に45～50％のグルコース溶液を流すことで，連続異性化反応を行っていた．

　凍結生菌体を用いる回分式の異性化法は，2～3日間の長い反応時間を要し，この間フルクトースの生成に伴って，pHの低下と着色が進む．この傾向は，高pHや含窒素化合物が多い場合，また酸化的条件下で顕著になる．

　酵素を固定化して連続反応が可能になると，いくつかの欠点が一気に解決されるという観点から，グルコースイソメラーゼの固定化の研究が進められた．好都合なことに，グルコースイソメラーゼは，次のような点で固定化して使用する利点が大きい．

　① 酵素の耐熱性が優れていることと，45％以上のグルコース高濃度で

の反応が可能であることから,長期の連続反応中にも微生物汚染の危険性のない温度条件で実施できる.

② 酵素が菌体内に蓄積されるので,菌体のままの固定化も可能である.

③ 基質分子が低分子のグルコースであるために,固定化による活性の低下が少ない.

④ さらに,回分式におけるいくつかの欠点が改良されるために,異性化,脱色精製を含めた製造コストが安くなり,製品の収量も純度も良くなる.

こうしたことから1章1.6節で述べたように,実用的な固定化酵素の開発が進み,1978年頃から市販されるようになった.

固定化酵素を用いる充填層型のリアクターによる連続異性化反応では,リアクター出口の異性化率(Fructose Efficiency, FE)が42～43%になるようにグルコース溶液の通液量を調整して行われる.したがって,リアクターの生産能力は,充填した固定化酵素の量と,その力価および反応条件によって支配される.ここでは,*Streptomyces phaeochromogenes* の培養菌体を熱処理後,固定化した顆粒状グルコースイソメラーゼ製剤"スイターゼ"(長瀬産業)についての使用例を中心に記述する.

1) 異性化反応の諸条件

図 3.15 に,異性化反応に及ぼす諸種の因子とその関係を示す.

① Mg^{2+} は活性発現に必要であるが安定性にも関係があり,特に酸性

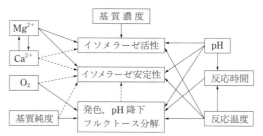

図 3.15 酵素異性化反応の重要因子[123)]
(……は阻害)

側での安定性を保護する．連続異性化反応における Mg^{2+} 濃度と活性の低下率を検討したところ，連続反応時間が 1,000 時間の場合，Mg^{2+} 無添加では活性が 20% 以下に低下したが，5.0〜10 mM の Mg^{2+} 濃度では 40% 以上の活性が保持されていた．1.0 mM の Mg^{2+} 濃度でも 30% 以上の活性が保持されていた．Ca^{2+} は逆に阻害的に働くが，Mg^{2+} の添加で阻害を防止できる．このことから，Ca^{2+} の多い場合は Mg^{2+} を多く必要とするが，通常は糖化液を活性炭，イオン交換樹脂で精製した後に異性化工程に入るので，Ca^{2+} は除かれているはずであるが，実用的には，1.0〜3.0 mM の硫酸マグネシウムを添加するのが良い．

② 異性化反応自体はアルカリ側ほど速いが，酵素の安定性および脱色，脱塩などの後処理精製コストを考えると，pH 7.8±0.2 が好ましい．この際の pH 調節は，緩衝能の関係から炭酸ソーダが用いられる．亜硫酸ナトリウムを用いると酵素がより安定化される．亜硫酸ナトリウムは 2 mM 以上で有効である．この場合の問題点は，残存亜硫酸塩の完全な除去である．

③ 反応温度は，最も重要な因子である．同一の異性化率（FE）を得るための反応温度と基質の比流速は，60℃を 100 とすると，10℃低い 50℃では 1/2 の 50 となり，温度を上げて 65℃にすると 140 になる．

　一方で，酵素の失活は高温ほど早くなるのは当然である．反応温度と生産性の関係，反応温度と固定化酵素の安定性の関係については，しっかりと把握する必要がある．

2) 基質溶液の純度の影響

酵素異性化法の開発当時，酵素糖化液をろ過し，そのまま異性化した後に，活性炭脱色，イオン交換樹脂精製を行うことで，精製を 1 工程ですませようと試みられたが，異性化酵素活性の著しい低下が認められた．

精製グルコース中に含まれている不純物が，異性化反応の効率を阻害していると考えられたが，阻害を示す不純物の本体については明らかでない．

異性化糖生産の立場から考えると，糖化液の精製コストと，異性化酵素を含めた異性化反応コストとのバランスであるが，一般的には糖液を十分精製して異性化反応を行うのが経済的である．

3）異性化反応装置

1章1.6節に記述したように，固定化酵素を食品加工に応用するときは，充填層型反応装置を用いなければならない．異性化糖製造装置には，2通りの方法が用いられている．

大部分の工場では，下降式の塔型リアクターを用い，複数のリアクターを直列メリーゴーラウンド型に設置しているが，一部では上昇式のパルスベッド型が用いられている．

4）フルクトース / グルコース（F/G）分離[134]

フルクトースとグルコースを工業的に分離するには，クロマト分離プロセスが用いられる．生産性の観点から，擬似移動床方式連続プロセスが有利である．

異性化液糖は，日本農林規格（JAS）で以下のように定義されている．

① ぶどう糖果糖液糖：果糖含有率（糖のうちの果糖の割合）が50％未満のもの．

② 果糖ぶどう糖液糖：果糖含有率が50％以上90％未満のもの．

③ 高果糖液糖：果糖含有率が90％以上のもの．

3.3 各種の転移反応の利用

前節では，デンプンの加水分解酵素とグルコースの異性化酵素の利用について述べたが，転移反応を利用することで，さらに付加価値の高い生産物を得ることができる[5, 135-138]．

3.3.1 シクロデキストリンの製造と利用

本章3.1.8項で述べたシクロマルトデキストリングルカノトランスフェラーゼ（CGTase）の利用である．

シクロデキストリン（CD）は，デンプンから CGTase の作用で合成さ

3.3 各種の転移反応の利用

表 3.10 シクロデキストリンの諸性質

	グルコース残基	分子量	空洞内径 (Å)	溶解度 (g/100ml, 25℃)	$[\alpha]_D^{25}$ 水	ヨウ素複合体の色	結晶形
α–CD	6	973	5〜6	14.5	+150.5°	青	針状
β–CD	7	1135	7〜8	1.85	+162.5°	黄	板状
γ–CD	8	1297	9〜10	23.2	+177.4°	紫褐	板状

表 3.11 各種 CGTase の性質

起源	至適 pH	pH 安定性	至適温度 (℃)	温度安定性 (℃) $-Ca^{2+}$	温度安定性 (℃) $+Ca^{2+}$	主生成物	CD 生成率 (%)
Bacillus macerans	5.2〜5.7	8.0〜10.0	60	—	50	α-CD	50〜60
Klebsiella pneumoniae	5.2	5.0〜7.5	—	—	45	α-CD	50
B. stearothermophilus	6.0	8.0〜10.0	70〜75	65	70	α-CD	62
B. megaterium	5.2〜6.2	7.0〜10.0	55	55	—	β-CD	—
B. circulans	5.2〜5.7	7.0〜9.0	55	50	—	β-CD	—
alkalophilic *Bacillus* sp.							
Acid-	4.5〜4.7	6.0〜10.0	45	65	65	β-CD	73
Neutral-	7.0	6.0〜8.0	50	60	70	β-CD	75〜80
B. ohbensis	5.5	6.5〜9.5	60	55	—	β-CD	—
Thermoanaerobacter thermosulfurigenes	6.0	5.0〜6.7	90〜95	75	—	β-CD	35
B. subtilis No. 313	8.0	6.0〜8.0	65	50	50	γ-CD	5

れる（図 3.8 を参照）．グルコースが 6 個以上 α-1,4 結合した環状オリゴ糖である．一般には，グルコースが 6 個結合した α–CD，7 個の β–CD，8 個の γ–CD が知られている．その性質を**表 3.10** に示す．

CGTase 生産菌の種類によって，α–CD，β–CD および γ–CD の生産比がかなり異なる．各種 CGTase の性質を**表 3.11** に示す[6, 139-141]．

マルトースの高濃度液中に α–CD あるいは β–CD を溶解して，これにプルラナーゼを作用させると，同酵素の逆反応によってマルトースが 1 分子結合した分岐型のマルトシル CD を合成することができる[142]．

1）シクロデキストリンの製造[143-145]

シクロデキストリンの製造は，マルトースの製造方法と同様に，デンプンを α-アミラーゼで液化した後，CGTase を作用させるが，この液化液の糖化度（dextrose equivalent, DE）は低い方が好ましい．デンプン濃度は高い方が CD の収量は多いが，老化やろ過の問題などから 20〜25％濃度

で行われる.

β-CD の製造では, β-CD の溶解度が低いので, 反応液を濃縮して晶出させて生産する. α-CD は溶解度が高いので, α-CD のみを集めるためには各種の有機溶媒（プロモベンゼン, シクロヘキサンなど）を用いる方法があるが, 食品加工用 CD の生産目的には好ましくない.

特に α-CD のみを単離する必要のないときは, 反応生成物をそのまま精製, 濃縮, 噴霧乾燥して, 粉末の CD とデキストリンの混合物とすることができる. 例えば, 市販されている製品 "デキシーパール K-50"（塩水港精糖）の組成は, 全 CD 量が 50％以上（うち α-CD30％以上）である.

α-CD のみを取出す方法としては, 反応液にグルコアミラーゼを加えて未反応のデキストリンをグルコースに分解し, またタカアミラーゼ A を加えて β-CD 以上の CD を分解して α-CD とグルコースにし, クロマトグラフィー後に α-CD のみを結晶化させる.

そのほかに, 限外ろ過膜（UF）と逆浸透膜（RO）を組み合わせた装置を用いて, 反応液を UF に通して, CD と未反応デキストリンとに分け, デキストリンは反応槽へ戻し, 少量の枝切り酵素を加えておけば反復反応により CD の生成率を上げることができる. UF を通過した CD は, RO で濃縮して粉末化される.

2) シクロデキストリンの利用[145]

CD は, 環状構造の外周部は親水性を, 内孔部は疎水性を示し, 内孔部に各種の分子を取り込む機能, すなわち包接化合物（inclusion compound）をつくる機能があり, これらの性質を利用して次のような用途がある.

① 香料, 香辛料などの揮発性成分の保持と徐放, 魚獣臭などの異臭の除去, マスキング.

② 酸化, 光分解, 熱分解などを受けやすい物質の保護, 安定化.

③ 物理化学的性質の改良（溶解性, 風味, テクスチャー, 吸湿性, 晶析性などの改善）.

④ 脂肪, 脂肪酸, ステロイド, 炭化水素など油性物質の乳化, 溶解性改善.

3.3 各種の転移反応の利用　　**129**

⑤　液状，ペースト状物質，抗菌素材などの粉末化.

⑥　化学反応，酵素反応，有機合成・触媒反応の効率化.

3）　包接化方法[145)]

CD とゲスト化合物（物質をとり込む主体をホスト化合物といい，これにとり込まれる物質がゲスト化合物である）とを包接させる方法には，いくつかの方法があり，CD の種類およびゲスト化合物の性質に応じて選択しなければならない.

①　直接法

　　CD の飽和水溶液をつくり，これにゲスト化合物を混合し，適当な時間，撹拌混合すると，包接化合物が沈殿してくるのでこれを取出す．油脂類などのように水に分散しにくいゲスト化合物の場合は，少量の適当な溶剤に溶かしてから，上記と同様に行う.

②　混練法

　　CD に，0.3〜3.0 倍量の水を加えてペースト状とする．これに，あらかじめ決定しておいた包接当量のゲスト化合物を加えて，ホモジナイザー，擂潰機（らいかいき）などでよく混和する．包接化合物が生成すると，粘度が上がるので，このペーストを乾燥する.

3.3.2　カップリングシュガーの製造と利用[146-148)]

CGTase は糖転移酵素の一種であり，デンプンに作用させると，分子内転移反応で CD を合成するが，反応系にスクロースなどを加えておくと，それが受容体になって，分子間転移反応で，グルコシルスクロース〜マルトオリゴシルスクロースができる．CGTase のカップリング反応で得られることから，カップリングシュガーと呼ぶ（**図 3.16**）.

$$\text{Gm} \quad + \quad \text{G–F} \quad \xrightarrow{\text{CGTase}} \quad \begin{matrix} \text{G–F} \\ \text{G–G–F} \\ \text{G–G–G–F} \\ \text{G–G–G–G–F} \end{matrix} \quad + \quad \text{Gm–n}$$

デンプン　　スクロース　　　　カップリングシュガー　　デンプン分解物

図 3.16　CGTase によるカップリングシュガーの生成[146)]

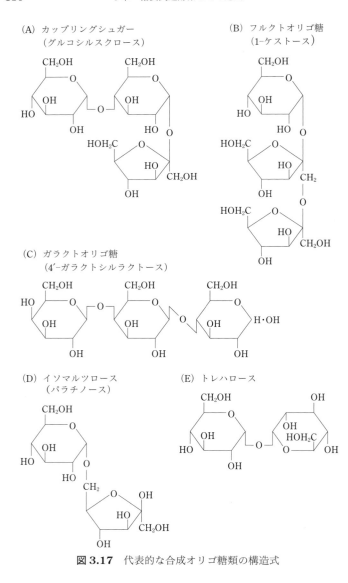

図 3.17 代表的な合成オリゴ糖類の構造式

カップリングシュガー（**図 3.17（A）**）の甘味度は，スクロースの 50〜55％と低甘味であるが，高粘性の糖質で，スクロースと水あめの中間体といえる．特徴として，口腔内細菌によるデキストランのような粘質多糖類および酸の生成が少なく，虫歯の原因にならないという点をあげることができる．また，スクロースから口腔内細菌によって不溶性グルカンが合成されるのは，その細菌のデキストランスクラーゼの作用であるが，カップリングシュガーにはスクロースと拮抗して，その酵素のグルカン生成を阻害する機能もある．

3.3.3 フルクトオリゴ糖の製造と利用 [149-152]

フルクトオリゴ糖の製造には，本章 3.1.10 項の 5）で述べた β-フルクトフラノシダーゼを利用する．

スクロースに作用し，転移反応によってフルクトオリゴ糖（G^1—^2Fn）を生成する生産菌（*Aureobasidium pullulans*, *Aspergillus niger* など）の酵素は，菌体内酵素であるから，菌体のまま固定化して用いることができる．固定化法としては，アルギン酸カルシウムゲル包括法により，最も熱安定性の優れた固定化酵素を得ることができる．固定化酵素の至適 pH は 5.5〜6.0 で，高濃度のスクロース存在下では，60℃，30 分の加熱処理でもほとんど失活しない．

実用的条件として，スクロース濃度 60％（w/v），pH 6.0，温度 50℃で連続反応が行われる．基質溶液の流速は，空間速度（space velocity, SV）0.75（1/hr）で，フルクトオリゴ糖生成率は約 50％で，70 時間継続使用しても，なお十分な活性が残存していた．

表 3.12 転移糖の糖組成（重量％）[150]

グルコース，フルクトース	スクロース	フルクトオリゴ糖			
		GF2	GF3	GF4	（GFn）
36〜38	10〜12	21〜28	21〜24	3〜6	（51〜53）

GF2 は 1-kestose（G^1—$^2F^1$—^2F），GF3 は nystose（G^1—$^2F^1$—$^2F^1$—^2F），
GF4 は 1-fructofuranosylnystose（G^1—$^2F^1$—$^2F^1$—$^2F^1$—^2F）．
（注）改訂編著者が改変

132　　　　　　　3章　糖質関連酵素とその応用

転移糖の糖組成を，**表 3.12** に示す．

フルクトオリゴ糖（**図 3.17（B）**）は，ヒト唾液 α-アミラーゼや腸内二糖類加水分解酵素によって分解されず，エネルギー源に利用されにくいオリゴ糖であるといえる．

腸内の有用菌といわれる *Bifidobacterium* 属細菌（ビフィズス菌）に良く資化されるが，有害菌である *Clostridium* 属や *Eubacterium* 属細菌などには資化されにくいことから，ビフィズス菌増殖因子として，腸内細菌叢の改善，便通効果といった整腸作用を有している．

3.3.4　ガラクトオリゴ糖の製造と利用[102, 153, 154]

ガラクトオリゴ糖の製造には，本章 3.1.10 項の 6）で述べた β-ガラクトシダーゼを利用する．

Aspergillus oryzae の生産する β-ガラクトシダーゼを，36％のラクトース溶液に作用させると，反応の初期には，加水分解によりグルコース（Glc），ガラクトース（Gal）の生成とともにオリゴ糖が合成される．このオリゴ糖は，Gal-(Gal)n-Glc（n=1〜4）と考えられ，三糖（Gal_2-Glc）が最も多く 55％，次いで四糖（Gal_3-Glc）が 33％，五および六糖が 12％であった．*A. oryzae* の酵素は，Gal 基を主として β-1,6 結合で転移する（主成分：6′-ガラクトシルラクトース，6′-GL）．

現在，ガラクトオリゴ糖の工業的な製造には，*Bacillus circulans*，*Cryptococcus laurentii*，および *Sporobolomyces singularis* 由来の β-ガラクトシダーゼが利用されている．これらの β-ガラクトシダーゼは，*A. oryzae* とは転移位置選択性が異なり，Gal 基を β-1,4 結合で転移する．ガラクトオリゴ糖の主成分は，4′-ガラクトシルラクトース（4′-GL）である（**図 3.17（C）**）．

ガラクトオリゴ糖の生理活性機能として，ヒト唾液 α-アミラーゼ，ブタ膵液 α-アミラーゼの作用を全く受けずに大腸に到達し，ビフィズス菌の増殖促進作用を示すことで，腸内菌叢改善作用と便性改善効果が認められている．

食品工業では，乳製品，パン・菓子類，特定保健用食品，育児調製粉乳

などに利用されている.

3.3.5　イソマルツロース（パラチノース）の製造と利用[155-157]

Protaminobacter rubrum の生産するスクロースグルコシルムターゼ（本章 3.1.10 項の 7）を参照）は菌体内に存在するので，菌体のまま固定化して高層充填層型反応塔に充填し，スクロースからイソマルツロース（パラチノース）が工業的に製造されている.

イソマルツロース（$G^1-{}^6F$）（**図 3.17（D）**）の生成率は，対スクロース約 85％，その他の二糖としてはトレハルロース（$G^1-{}^1F$）が約 10％，その他にグルコース，フルクトースおよび，微量のイソマルトース，イソメレジトース（スクロースのフルクトース部分にグルコースが α-1,6 結合した三糖）が生成する.

イソマルツロースは，水に対する溶解度がスクロースよりも低い. 甘味の質はスクロースとよく似ているが，比甘味度はスクロースの 42％程度である. まろやかでスッキリとした甘味料として用いられる。

イソマルツロースは，口腔内細菌（*Streptococcus mutans*）による酸の生成もなく，またスクロースからの不溶性グルカンの生成を阻害し，抗う蝕性としての機能を有している.

3.3.6　トレハロースの製造と利用[158-161]

トレハロース（α, α-trehalose）は，2 分子のグルコースが α, α-1,1 結合した非還元性の二糖（**図 3.17（E）**）で，微生物から動植物まで広く自然界に存在している. ある種の動植物では，凍結や乾燥傷害の保護作用に機能しているとされている.

トレハロースの生合成経路として，グルコース 6-リン酸と UDP-グルコースから生成されたトレハロース 6-リン酸が，脱リン酸化されてトレハロースになる酵素系が一般的である. 一方，トレハロースホスホリラーゼやトレハラーゼを利用したトレハロースの製造方法が提案されたが，いずれも工業的大量生産には至らなかった.

1995 年に，2 段階の酵素反応で，マルトオリゴ糖からトレハロースを生

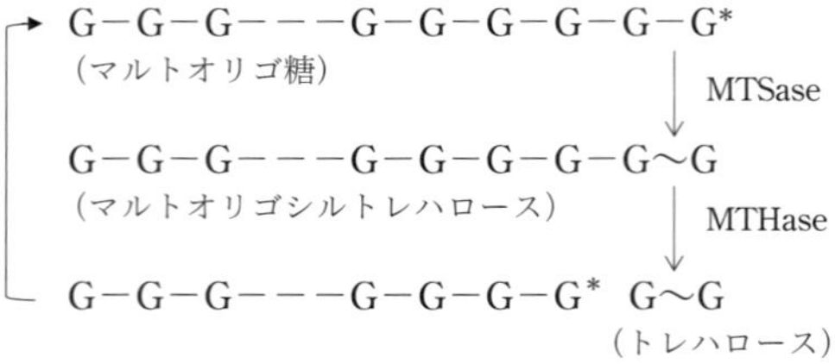

$$G-G-G---G-G-G-G-G-G^*$$
（マルトオリゴ糖）
↓ MTSase
$$G-G-G---G-G-G-G-G\sim G$$
（マルトオリゴシルトレハロース）
↓ MTHase
$$G-G-G---G-G-G-G^*\ G\sim G$$
（トレハロース）

図 3.18 MTSase と MTHase によるマルトオリゴ糖
からのトレハロース生成機構
G, グルコース；G*, 還元末端グルコース
—, α-1,4 結合；$\sim$, α-1,1 結合

成する系が報告された．トレハロース生成系の酵素は，*Arthrobacter* 属や
Sulfolobus 属だけでなく，*Brevibacterium* 属，*Micrococcus* 属，*Rhizobium*
属など，真正細菌のグラム陽性・陰性菌から古細菌まで広く存在する．

トレハロース生成系は，いずれもデンプンやアミロースを基質として，
新規な 2 種の酵素，すなわちマルトオリゴ糖に作用して，その還元末端
の α-1,4 結合を α-1,1 結合に分子内転移反応を触媒するマルトオリゴシル
トレハロース生成酵素（malto-oligosyltreharose synthase, MTSase, EC
5.4.99.15）と，このオリゴ糖からトレハロースを遊離するように加水分
解するトレハロース遊離酵素（malto-oligosyltrehalose trehalohydrolase,
MTHase, EC 3.2.1.141），の両酵素の共役反応によるものである（**図
3.18**）．

Arthrobacter 属細菌の両酵素は，遺伝子から推定されるアミノ酸配
列から "α-アミラーゼファミリー" と類似することが明らかになった．
MTSase は分子量 81,000，等電点 4.1，至適 pH は 7.0，安定 pH 領域は 6.0
〜9.5，至適温度は 40℃で，マルトトリオース以上のマルトオリゴ糖に作
用して，それぞれのマルトオリゴ糖に対応するマルトオリゴシルトレハ
ロースを分子内転移で生成する．MTHase は，分子量 62,000，等電点 4.1，
至適 pH は 6.5，安定 pH 領域は 5.0〜10.0，至適温度は 45℃で，マルトオ
リゴシルトレハロースに作用して，トレハロース残基に隣接する α-1,4-
グルコシド結合を特異的に加水分解する．

1995 年の秋から，*Arthrobacter* 属細菌の両酵素を用いたトレハロースの工業生産が始まった．デンプンからマルトースを生産する場合と同様に，α-アミラーゼで液化した低糖化度（低 DE）のデンプン液化液に，MTSase，MTHase とともに，枝切り酵素（イソアミラーゼ）を加えて糖化することで，トレハロースが世界で初めて高収量で工業生産されるようになった．さらにトレハロースの収量を向上させるために，トレハロース生成過程で副生した低分子オリゴ糖を，CGTase の不均化反応を利用して高分子化し，再度 MTSase，MTHase を作用させる．また，反応後わずかに残存するグルコシルトレハロースは，グルコアミラーゼを用いてグルコースとトレハロースに分解するなどの工夫が加えられ，高収量のトレハロース生産が実施されている．

トレハロースの特徴は，甘味度はスクロースの約 45％と低甘味で，pH や熱に安定で，しかも非還元性であることから，メイラード反応によるアミノ酸やタンパク質との反応性がないこと，デンプンの老化抑制効果，タンパク質の変性抑制効果，脂質の酸化抑制効果，マスキング効果などが知られている．また，矯味・矯臭の効果もあり，食品加工の広い分野で活用されている．

MTSase/MTHase 系のほかに，トレハロース生成酵素として，マルトースに直接作用して α-1,4 結合を α-1,1 結合に変換するトレハロースシンターゼ（trehalose synthase，EC 5.4.99.16）が，*Pimelobacter* 属や *Thermus* 属細菌から精製されている．

3.3.7　イヌリンの製造と利用[162, 163]

イヌリンは，自然界において様々な穀物（小麦，大麦），野菜（玉ねぎ，ニラ，ニンニク，ゴボウ）などに含まれている貯蔵多糖類で，チコリの根やキクイモの塊茎に豊富に見いだされる．イヌリンの分子構造は，スクロースのフルクトース残基にフルクトース 1〜60 分子が β-2,1 結合で直鎖状に結合したもの（G-F-F-F- - -F-F-F，Fn＝1〜60）である．

イヌリンはヒトの消化管で直接代謝されず，難消化性の水溶性食物繊維として知られている．低エネルギーの食品素材として利用が可能であり，

健全な腸内菌叢の形成，骨への保健効果や血中の中性脂肪を低減させる効果などがある．

また，イヌリンは高濃度で水に溶解させると，脂肪に似た食感を有する白色のゲルになる性質があり，油脂含有食品における，脂肪摂取の制限された食品用途のための脂肪代替素材として期待がもたれている．

スクロースからのイヌリンの生合成系は，二つの異なるフルクトシルトランスフェラーゼ，すなわちスクロース：スクロース 1-フルクトシルトランスフェラーゼ（EC 2.4.1.99）と，フルクタン：フルクタン 1-フルクトシルトランスフェラーゼ（EC 2.4.1.100）の共同作用によるものとされている．

2003 年，スクロースからイヌリンを生成する酵素生産細菌（*Bacillus* sp. 217C-11 株）が見出され，この酵素がイヌロスクラーゼ（EC 2.4.1.9）に分類される新規な糖転移酵素（イヌリン合成酵素）であることが明らかになった．イヌリン合成酵素は，分子量 45,000 のモノマーで，至適 pH は 7〜8，至適温度は 45〜50℃で，スクロースに特異的に作用する酵素であった．

フジ日本精糖は，このイヌリン合成酵素を用いて，スクロースから非常に純度の高いイヌリン（商品名：フラクトファイバー）を製造している．フラクトファイバーには，平均重合度 8 のオリゴ糖の機能をもつフラクトファイバー（フジ FFSC）と，平均重合度 16 の食物繊維の機能をもつフラクトファイバー（フジ FF），の 2 タイプがある．

3.3.8 D-プシコース（D-アルロース）の製造と利用[164-168]

希少糖（rare sugar）とは，国際希少糖学会によって「自然界にその存在量が少ない単糖とその誘導体」と定義され，単糖とその誘導体としての糖アルコールを加えると，50 種類以上になり，自然界に豊富に存在する D-グルコース，D-フルクトース，D-マンノースなどを除いた単糖の大部分を占める．

希少糖の中で研究が進んでいる D-プシコース（D-アルロース）は，スクロースの 70％程度の甘味がありながら，カロリーはほぼゼロである．さらに，食後の血糖値上昇抑制作用，内臓脂肪の蓄積抑制作用などの研究

結果が報告されている.

香川大学（何森健ら）によって，D-フルクトースをD-プシコース（D-フルクトースの3位のエピマー）に変換するD-タガトース3-エピメラーゼ（D-tagatose 3-epimerase, EC 5.1.3.31），D-プシコース3-エピメラーゼ（D-psicose 3-epimerase, EC 5.1.3.30）が報告されている. これにより，希少糖を体系的に生産するシステム（イズモリング）が考案され，大量生産への道がひらかれた. 酵素を用いる異性化法は副反応が少なく，目的の希少糖が高純度で得られる利点があるが，商業化では酵素の低価格化が課題になっている.

D-フルクトース製造開発時，D-グルコースの異性化反応として，より副生成物の少ないイソメラーゼ法の開発が進み，アルカリ異性化法の研究は少なくなっていたが，松谷化学工業は，ブドウ糖果糖液糖を水酸化ナトリウムと強塩基性イオン交換樹脂で異性化する希少糖含有シロップの製造方法を確立した.

10%ブドウ糖果糖液糖を基質溶液とした場合，希少糖を含むシロップ中には固形分当り，アルロース 5.4 g/100g，ソルボース 5.3 g/100g，タガトース 2.0 g/100g，アロース 1.4 g/100g，マンノース 4.3 g/100g が含まれていた. この希少糖含有シロップ中の機能性単糖には，スクラーゼ阻害活性が認められている.

3.3.9　う蝕と糖[169]

う蝕とは，口腔内細菌が糖類を資化して生産する酸によって，歯のエナメル質のカルシウムが溶けて（脱灰），歯が実質欠損することである. う蝕した歯を，う歯（一般的には虫歯）と呼ぶ.

その原因菌の一種は，*Streptococcus mutans* と命名される連鎖球菌である. この菌にスクロース（砂糖）を与えると，特有のデキストランスクラーゼ（本章3.1.10項の8）を参照）によって，α-1,3 結合，α-1,6 結合からなる不溶性の高分子 α-グルカン（歯垢の原因）が生成され，虫歯の誘発原因となる.

う蝕にならない糖類としての条件は，口腔内で発酵されず，したがって

酸や α-グルカンが生成されず,しかもデキストランスクラーゼの作用を阻害するような糖類で,代用甘味料として使用されているものが良い.

非う蝕原性あるいは低う蝕原性甘味料で,これまでに特定保健用食品をはじめ機能性食品に使われているものは,エリスリトール・キシリトール・ソルビトール・マンニトール・マルチトール・パラチニットなどの糖アルコールや,パラチノース・スクラロース・カップリングシュガー・イソマルトオリゴ糖などのオリゴ糖がある.

3.4 醸造工業への応用 [170-173)]

清酒,味噌,醤油などの東洋古来の醸造食品はコウジ菌,ビールは麦芽酵素の働きで,原料中のデンプンやタンパク質が加水分解されて,アルコール発酵の原料や調味成分となっている.これらの製造工程において,微生物起源の酵素製剤の利用が試みられている.**図 3.19** に,清酒醸造における各種酵素の役割を示す.

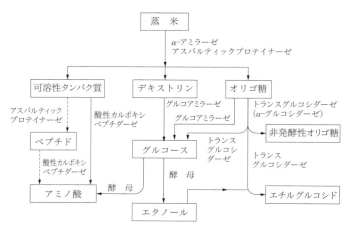

図 3.19 清酒醸造における各種酵素の役割[174)]
(注) 改訂編著者が一部改変

3.4.1 　清酒の醸造[175-177]

　清酒は，米を原料として製造されるが，原料米総量の約22%を製麹して米麹（黄コウジ菌（*Aspergillus oryzae*）を使用）とし，残りは蒸米として，この両者をある割合で，酵母を増殖させた酛（もと）（酒母）へ，"初添"，"仲添"，および"留添"と，逐次添加量を増加させながら三段階（4日間に3回）に分けて添加し，醪（もろみ）とする．これは，米麹酵素によるデンプン質の糖化と，酵母による発酵とを並行して行わせる方法で，並行複発酵と呼ばれる．最終的には，糖濃度40%以上となり，発酵が終了した清酒醪のアルコール濃度は20〜21%に達し，最もアルコール濃度の高い発酵法である．

　沖縄の泡盛の製造では，黒コウジ菌（*Aspergillus luchuensis*，旧名 *Aspergillus awamori*）を伝統的に使用していること，また原料米（インディカ米）を全て米麹にし，水と酵母を加えて発酵（全麹仕込み）させる点と，醪のpHが低いのが特徴である．原料米がインディカ米であるため，蒸米のアルファ（α）化率が低く，製麹中のデンプンの老化もあり，醪中では *A. luchuensis* のグルコアミラーゼによって生デンプン消化の形で発酵期間中は徐々に糖化され，逐次発酵されているものと思われる．

　いずれにしろ，原料米の種類とその処理方法，使用するコウジ菌の酵素の種類と割合などの特性に対応した仕込み方法が確立されている．したがって，酵素製剤の利用を考えるときは，これらのことをよく考えておかねばならない．

　わが国の場合は，酒税法の規定によって，酵素製剤の使用は清酒製造時に原料米重量の1/1,000以下に制限されている．その利用方法としては，米麹の代替と，四段掛け用蒸米の糖化とがある．

　四段仕込みは，アルコール添加の増醸法の場合によく行われるが，発酵末期の醪に蒸米，またはその糖化液を添加する方法である．醪中には，発酵末期といえどもグルコアミラーゼやα-グルコシダーゼの活性は十分残存しているが，α-アミラーゼはほとんど残っていない．そこで蒸米の糖化法としては，①α-アミラーゼ（主に枯草菌）で液化だけしたものを添加する方法，②グルコアミラーゼ（*Rhizopus*属糸状菌，*Aspergillus niger*）

の混合物で糖化し，いわゆる甘酒とする方法，③マルトース転移活性の強い酵素（*A. niger* 起源）を用いて非発酵性の転移生成物（イソマルトース，ニゲロース（サケビオース），イソマルトトリオース）を多く含む糖化液とする方法などがあり，目的とする酒質に合うようにこれらが使い分けられている．

　米麹の代替については，米麹は単に酵素の給源であるだけでなく，それ以外の役割もあると考えられるので，最も容易なのは，"留添"用の米麹を酵素製剤で代替することである．"留添"は量的に最も多く全米麹量の約40％になっているので，この米麹を酵素製剤で代替し，米麹に用いる米を蒸米として用いると利用率が高く，清酒の増量が可能である．"仲添"および"留添"の米麹をすべて代替すると，約70％の代替となる．すなわち，総原料米の約15％を製麹せずに蒸米として利用できる．製麹によるデンプン質の損失，および老化に伴う不溶化などによる損失が防止できて，清酒が増量できることになる．また，製麹に要する労力や装置運転費が削減できる利点もある．

　酒税法の規定で，酵素製剤の使用量は対原料米重量0.1％以下でなければならないので，この量で15％の米麹量に相当する酵素活性を保有している必要があり，酵素製剤の活性は，米麹活性の300倍以上の高力価でなければならない．また，酵素系の点などから，*A. oryzae* 起源の酵素製剤を中心にし，必要に応じて，α-アミラーゼやα-グルコシダーゼを含む他の微生物起源の酵素を配合することがある．

3.4.2　みりんの製造[178, 179]

　みりんは，蒸もち米と米麹を，35〜45％アルコール溶液の中へ浸漬して，米麹の酵素によって原料を溶解，糖化させ，熟成させたものである．アルコール濃度が高いために，酵素反応が抑制されて40〜60日の熟成期間を要し，多量のみりん粕を生成する．

　みりんは，11〜14％のアルコールと，43〜48％の糖を主体とするエキス分を含有する酒類調味料であり，家庭料理から業務・加工食品などに幅広く用いられている．みりん粕は漬物用とし，また"こぼれ梅"として珍重

されている.

掛米にもち米を用いる理由は，うるち米に比して蒸煮しやすく，アルコール存在下でも溶けやすく，老化しにくいためである.

従来のみりん製造法では，蒸もち米に対して約15%重量の米麹と，約45%重量の35.2%アルコール溶液を混合して，約2ヵ月間熟成させた後，ろ過，搾汁する．みりんが約65部，みりん粕が約35部得られる．みりんの需要増に対して，みりん粕の需要は限られているために，みりん粕の量を減らしてみりんの収量を高めることが，当業界の技術目標であった.

内田ら（1990年）は，各種市販酵素製剤の利用を研究し，原料仕込み剤に，*Bacillus subtilis* 起源の α-アミラーゼと，コウジ菌起源の中性プロテアーゼを主体とする酵素製剤を添加することで，米麹に由来する不溶性デンプン，および蒸もち米に由来する不溶性タンパク質が可溶化されて，粕として残存する不溶性物質の量は約3%に半減し，みりんの収量は83～84%に増加することを見出した．さらに，仕込み当初のアルコール濃度を低くするために，所定量のアルコールの一部のみを添加して，酵素分解が進んでから残部のアルコールを加えるアルコール分割添加法と，酵素補添法とを併用して，みりん収量を約95%まで増加させる方法を考案し，実用化している.

3.4.3 ビールの醸造[180-182]

ビール工業では，ビール原料として大麦麦芽の一部を，コーンスターチ，米，大麦などの副原料で代替することがある．酒税法では，ビール製造の際に，麦芽と併用する必要最少量の酵素製剤の使用が許可されており，糸状菌，細菌起源の α-アミラーゼ製剤，グルコアミラーゼ製剤などが，原料中のデンプン糖化のために，仕込み工程や発酵工程で添加され利用されている.

麦汁の製造工程では，β-グルカナーゼ（6章6.4.5項を参照）を利用して，麦芽や大麦由来の β-グルカンを分解して，麦汁の粘度を下げてろ過の効率を向上させることができる.

3.4.4 アルコール発酵[183-185]

穀類やイモ類を原料とする，アルコール発酵や，グレーンスピリッツ，焼酎の製造においては，グルコアミラーゼ製剤が，麹の代替として利用できる．このとき，醪の pH が酸性である場合が多いので，耐酸性の強い *Aspergrllus niger* のグルコアミラーゼが適している．また，ペクチナーゼ，セルラーゼ，ヘミセルラーゼのような植物組織崩壊酵素を併用することで，醪の粘度が低下して蒸留が容易になるほかに，デンプン質の利用率向上にも有効である．*A. niger*，*Rhizopus* 属，*Trichoderma* 属糸状菌などの麬（ふすま）麹式固体培養によって得られた酵素製剤が必要に応じて用いられている．

また，穀類原料（トウモロコシ）の無蒸煮アルコール発酵が実用化されている．まず原料を乾式で粉砕し，水と蒸留廃液を加えて（酵母の栄養と緩衝作用が目的で，蒸留コストの引下げにも有効である）マッシュとし，これに *Rhizopus* 属糸状菌の麬麹式固体培養物を加える．このものは，グルコアミラーゼを主体とし，α-アミラーゼ，プロテアーゼ（活性の強さの順は，酸性＞中性＞アルカリ性），ペクチン質分解酵素やセルラーゼなどの植物細胞組織を崩壊する酵素が含まれている．

焼酎製造の麹には，*Aspergillus luchuensis*（旧名 *Aspergillus awamori*）が用いられるが，この菌はクエン酸を多量に生産し，pH は 3.0〜4.2 で，耐酸性の α-アミラーゼおよび酸性プロテアーゼの活性が強い．この麹のグルコアミラーゼ強化のために，酵素製剤が用いられている．

3.5 その他の工業的利用

3.5.1 繊維工業におけるデンプン糊の糊抜き[186, 187]

絹やレーヨンの機織（きしょく）の際に，経糸（たていと）にデンプン糊を糊付けして，糸を織る際に機械力に打ちかつだけの張力をもたせ，毛羽を伏せて表面を滑らかにし，摩擦による損失，切断，静電気の発生防止をはかっている．したがって，このような生地を加工するときは，まず，このデンプン糊を抜き，ついで精練，漂白，染色の工程に入る．

デンプン糊の糊抜きに α-アミラーゼ製剤を用いたのが，酵素の産業的利用の最初の例であり，わが国では黄コウジ菌の α-アミラーゼ，ヨーロッパでは麦芽抽出液が用いられ，後に *Bacillus subtilis*，さらに *B. licheniformis* の α-アミラーゼが用いられるようになった．

経糸糊の組成は，糸の種類によって異なる．絹，レーヨンの場合は，小麦デンプン，コーンスターチが主剤となるが，ポリエステル，ナイロンなどの合成繊維では，ポリビニルアルコール（PVA）やカルボキシメチルセルロース（CMC）が粘着剤となる．

機織糊の中には，主役の粘着剤以外に，柔軟剤，吸湿剤，防腐剤，増量剤などが含まれている．デンプン糊の場合，糊調製時の加熱方法の差などにより，生地上の経糸糊のデンプンの状態は様々である．

効率的な短時間連続糊抜工程は，毛焼き→消火→前処理→酵素液槽通過/酵素飽和→酵素反応→洗浄，からなる．

3.5.2　テンサイ糖工業におけるメリビアーゼの利用[188, 189]

テンサイ（甜菜）糖の原料のビート中には，約15％のスクロースのほかに，約0.1％のラフィノースが存在し，スクロースの結晶化を阻害する．これをあらかじめ加水分解してガラクトースとスクロースにすれば，スクロースの結晶化効率が向上し，燃料費の節減と，スクロースが3〜4％増収されるなどのメリットがある．

この際に，メリビアーゼ（α-ガラクトシダーゼ，EC 3.2.1.22）を利用するが，メリビアーゼ生産菌は，スクロースを分解するインベルターゼ生産性のない微生物を選択しなければならない．鈴木らは，*Mortierella vinacea* が，ラクトースによってメリビアーゼを誘導的に生産することを見出し，この酵素は菌体内酵素であり，ペレット状の菌体をそのまま製糖工程に用いる方法を開発した．

3.5.3　もち類の老化防止[190, 191]

もち米のデンプンは，分岐分子のアミロペクチンのみから構成されており，うるち米に比較して吸水性が高く蒸煮が容易で，糊化後も老化が遅い．

144　　　　3章　糖質関連酵素とその応用

ために，餅（もち）にして利用されている．老化は，アミロペクチンの分岐点（α-1,6 結合）の外側の側鎖が関係しているようで，鎖長が長いほど老化しやすい．そこで，β-アミラーゼを用い，外側鎖を非還元末端よりマルトース単位に切断することで，全体の物性に影響を与えることなく老化防止効果が得られる．

β-アミラーゼに，食品素材（加工デンプン，その他）を配合した"和菓子用の老化防止剤"が販売されている．この β-アミラーゼは，耐熱性が高く，α-アミラーゼを全く含まない点で，大豆の β-アミラーゼが最も適している．微生物（*Bacillus* 属細菌），植物（小麦）起源の β-アミラーゼも市販されている．

参考文献

1) 二國二郎（監修），中村道徳，鈴木繁男（編）（1977）『澱粉科学ハンドブック』，朝倉書店，東京．
2) 中村道徳（監修），大西正健，坂野好幸，谷口 肇（編）（1986）『アミラーゼ―生物工学へのアプローチ』，学会出版センター，東京．
3) The Amylase Research Society of Japan (Ed.) (1988) *"Handbook of Amylases and Related Enzymes"*, Pergamon Press, Oxford.
4) 中村道徳，貝沼圭二（編）（1989）『生物化学実験法 25，澱粉・関連糖質酵素実験法』，学会出版センター，東京．
5) 岡田茂孝，北畑寿美雄（監修），中野博文，橋本博之，栗木 隆（編）（1999）『工業用糖質酵素ハンドブック』，講談社，東京．
6) 不破英次，小巻利章，檜作 進，貝沼圭二（編）（2010）『澱粉科学の事典』，普及版，朝倉書店，東京．
7) 栗木 隆（2014）応用糖質科学，**4**(1)，17–22．
8) 伏信進矢（2015）化学と生物，**53**(1)，45–50．
9) 奥山正幸（2015）化学と生物，**53**(2)，120–126．
10) CAZy - Carbohydrate-Active enZYmes Database（http://www.cazy.org/）．
11) Fischer, E. H. & Stein, E. A. (Boyer, P. D., Lardy, H. & Myrbäck, K. (Eds.)) (1960) *"The Enzymes"*, 2nd edn., Vol. **4**, pp. 313–343, Academic Press, New York and London.
12) Thoma, J. A., Spradlin, J. E. & Dygert, S. (Boyer, P. D. (Ed.)) (1971) *"The Enzymes"*, 3rd edn., Vol. **5**, pp. 115–189, Academic Press, New York and London.
13) Takagi, T., Toda, H. & Isemura, T. (Boyer, P. D. (Ed.)) (1971) *"The Enzymes"*, 3rd edn., Vol. **5**, pp. 235–271, Academic Press, New York and London.
14) 小巻利章（1970）油脂，**23**(10)，101–110．

15) 若生勝雄, 高橋親法, 橋本誠二, 金枝 純 (1978) 澱粉科学, **25**(2), 155-161.

16) Robyt, J. F. & Ackerman, R. J. (1971) *Arch. Biochem. Biophys.*, **145**(1), 105-114.

17) 貝沼圭二 (1974) 澱粉科学, **21**(3), 222-229.

18) 服部文雄, 中村 勝, 田治 讓, 野尻増浩, 中井 正, 草井 清 (1978) 特公昭 53-2955, 長瀬産業株式会社.

19) Boidin, A. (1908) 仏 特 許 399 087；Boidin, A et Effront, G. (1915) 仏 特 許 475 431；Boidin, A et Effront, G. (1917) 米特許 1 227 374, 米特許 1 227 527.

20) 福本壽一郎 (1943) 日本農芸化学会誌, **19**(7), 487-503.

21) 福本壽一郎 (1944) 日本農芸化学会誌, **20**(1), 23-26.

22) 福本寿一郎, 山本武彦 (1957) 日本農芸化学会誌, **31**(1), A1-A7.

23) Robyt, J. F. & French, D. (1963) *Arch. Biochem. Biophys.*, **100**(3), 451-467.

24) Umeki, K. & Yamamoto, T. (1975) *J. Biochem.*, **78**(5), 897-903.

25) French, D. (Boyer, P. D., Lardy, H. & Myrbäck, K. (Eds.)) (1961) *"The Enzymes"*, 2nd edn., Vol. **4**, pp. 345-368, Academic Press, New York and London.

26) Thoma, J. A., Spradlin, J. E. & Dygert, S. (Boyer, P. D. (Ed.)) (1971) *"The Enzymes"*, 3rd edn., Vol. **5**, pp. 115-189, Academic Press, New York and London.

27) Balls, A. K., Walden, M. K. & Thompson, R. R. (1948) *J. Biol. Chem.*, **173**(1), 9-19.

28) 新家 龍 (1979) 醗酵工学会誌, **57**(2), 102-113.

29) 小巻利章 (一島英治(編)) (1983) 『食品工業と酵素』, pp. 36-72, 朝倉書店, 東京.

30) 小巻利章 (1971) 油脂, **24**(10), 144-148.

31) 小巻利章 (1971) 油脂, **24**(12), 130-136.

32) 山本武彦 (1985) 澱粉科学, **32**(2), 99-106.

33) 北原覺雄, 久留島通俊 (1949) 醗酵工學雜誌, **27**(10), 254-257.

34) 岡崎 浩 (1958) 日本農芸化学会誌, **32**(4), 316-320.

35) Phillips, L. L. & Caldwell, M. L. (1951) *J. Am. Chem. Soc.*, **73**(8), 3559-3563, 3563-3568.

36) Kerr, R. W., Cleveland, F. C. & Katzbeck, W. J. (1951) *J. Am. Chem. Soc.*, **73**(8), 3916-3921.

37) Ueda, S. (1956) *Bull. Agric. Chem. Soc. Japan*, **20**(3), 148-154.

38) 福本寿一郎, 辻阪好夫 (1954) 科学と工業, **28**(4), 92-99；**28**(10), 287-291.

39) 辻阪好夫 (辻阪好夫, 山田秀明, 鶴 大典, 別府輝彦(編)) (1979) 『応用酵素学』, pp. 40-42, 講談社, 東京.

40) 竹田靖史 (1987) 澱粉科学, **34**(3), 225-233.

41) 上田誠之助 (1974) 澱粉科学, **21**(3), 210-221.

42) 石神 博 (1987) 澱粉科学, **34**(1), 66-74.

43) 谷口 肇 (1989) 日本醸造協会誌, **84**(8), 518-524.

44) 門間 充 (1991) 澱粉科学, **38**(1), 45-50.

45) 林田晋策 (1985) 澱粉科学, **32**(2), 177-183.

46) 檜作 進 (1987) 澱粉科学, **34**(2), 98-105.

47) Lee, E. Y. C. & Whelan W. J. (Boyer, P. D. (Ed.)) (1971) *"The Enzymes"*, 3rd edn., Vol. **5**, pp. 191-234, Academic Press, New York and London.

48) 小巻利章（1972）油脂，**25**(3)，107-113.

49) Kainuma, K., Kobayashi, S. & Harada, T. (1978) *Carbohydr. Res.*, **61**(1), 345-357.

50) 原田篤也（1984）澱粉科学，**31**(2)，38-47.

51) 西村資治（1931）日本農芸化学会誌，**7**(1)，29-35.

52) Maruo, B. & Kobayashi, T. (1951) *Nature*, **167**(4250), 606-607.

53) Yokobayashi, K., Misaki, A. & Harada, T. (1969) *Agric. Biol. Chem.*, **33**(4), 625-627.

54) Yokobayashi, K., Misaki, A. & Harada, T. (1970) *Biochim. Biophys. Acta,* **212**(3), 458 -469.

55) Larner, J. (Boyer, P.D., Lardy, H. & Myrbäck, K. (Eds.)) (1960) "*The Enzymes*", 2nd edn., Vol. **4**, pp. 369-378, Academic Press, New York and London.

56) Saroja, K., Venkataraman, R. & Giri, K. V. (1955) *Biochem. J.*, **60**(3), 399-403.

57) 小巻利章（1961）特公昭 36-23698，長瀬産業株式会社.

58) Tilden, E. B. & Hudson, C. S. (1939) *J. Am. Chem. Soc.*, **61**(10), 2900-2902.

59) 寺田喜信（2002）化学と生物，**40**(3)，152-158.

60) 北畑寿美雄（2000）*J. Appl. Glycosci.*, **47**(1), 87-97.

61) 米谷 俊（井上國世（監修））（2015）『産業酵素の応用技術と最新動向』，普及版，pp. 23-32，シーエムシー出版，東京.

62) Kometani, T., Terada, Y., Nishimura, T., Takii, H. & Okada, S. (1994) *Biosci. Biotechnol. Biochem.*, **58**(11), 1990-1994.

63) 米谷 俊，西村隆久（2005）日本食品科学工学会，**52**(3)，95-101.

64) 武藤徳男（2001）日本農芸化学会誌，**75**(5)，569-572.

65) Darise, M., Mizutani, K., Kasai, R., Tanaka, O., Kitahata, S., Okada, S., Ogawa, S., Murakami, F. & Chen, F. (1984) *Agric. Biol. Chem.*, **48**(10), 2483-2488.

66) Marshall, R. O. & Kooi, E. R. (1957) *Science*, **125**(3249), 648-649.

67) Noltmann, E. A. (Boyer, P. D. (Ed.)) (1972) "*The Enzymes*", 3rd edn., Vol. **6**, pp. 271-354, Academic Press, New York and London.

68) Takasaki, Y. (1966) *Agric. Biol. Chem.*, **30**(12), 1247-1253.

69) Takasaki, Y., Kosugi, Y. & Kanbayashi, A. (1969) *Agric. Biol. Chem.*, **33**(11), 1527-1534.

70) 高崎義幸（1980）有機合成化学協会誌，**38**(6)，538-545.

71) 田治 襄 (2000) *J. Appl. Glycosci.*, **47**(2)，227-234.

72) Jensen, V. J. & Rugh, S. (Mosbach, K. (Ed.)) (1987) "*Methods Enzymol.*", **136**, pp. 356-370, Academic Press, New York and London.

73) 若生勝雄，橋本誠二，久保村哲，横田公雄，相川 清，金枝 純（1979）澱粉科学，**26**(3)，175-181.

74) Takasaki, Y. (1985) *Agric. Biol. Chem.*, **49**(4), 1091-1097.

75) Takasaki, Y., Kitajima, M., Tsuruta, T., Nonoguchi, M., Hayashi, S. & Imada, K. (1991) *Agric. Biol. Chem.*, **55**(3), 687-692.

76) 黒坂玲子（2015）月刊フードケミカル，**31**(12)，78-81.

77) 黒坂玲子（2016）食品の包装，**48**(1)，36-40.

78) Takaha, T., Yanase, M., Takata, H., Okada, S. & Smith, S. M. (1996) *J. Biol. Chem.*,

271(6), 2902-2908.

79) 中村保典 (2012) 応用糖質科学, **2**(1), 23-32.

80) 中村保典 (2013) 化学と生物, **51**(10), 702-709.

81) Takata, H., Ohdan, K., Takaha, T., Kuriki, T. & Okada, S. (2003) *J. Appl. Glycosci.*, **50**(1), 15-20.

82) 高田洋樹, 小島岩夫, 田治裏, 鈴木裕治, 山本幹男 (2006) 生物工学会誌, **84**(2), 61-66.

83) 高田洋樹 (2007) 化学と生物, **45**(6), 430-434.

84) 谷口肇 (2013) 生物工学会誌, **91**(1), 14-17.

85) Tsusaki, K., Watanabe, H., Nishimoto, T., Yamamoto, T., Kubota, M., Chaen, H. & Fukuda, S. (2009) *Carbohydr. Res.*, **344**(16), 2151-2156.

86) Tsusaki, K., Watanabe, H., Yamamoto, T., Nishimoto, T., Chaen, H. & Fukuda, S. (2012) *Biosci. Biotechnol. Biochem.*, **76**(4), 721-731.

87) 渡邊光 (2016) 月刊フードケミカル, **32**(1), 6-10.

88) Sakano, Y., Masuda, N. & Kobayashi, T. (1971) *Agric. Biol. Chem.,* **35**(6), 971-973.

89) 殿塚隆史 (2009) *J. Appl. Glycosci.*, **56**(1), 29-33.

90) Myrbäck, K. (Boyer, P. D., Lardy, H. & Myrbäck, K. (Eds.)) (1960) *"The Enzymes"*, 2nd edn., Vol. **4**, pp. 379-396, Academic Press, New York and London.

91) Lampen, J. O. (Boyer, P. D. (Ed.)) (1971) *"The Enzymes"*, 3rd edn., Vol. **5**, pp. 291-305, Academic Press, New York and London.

92) 日高秀昌, 平山匡男 (1985) 化学と生物, **23**(9), 600-605.

93) Kurakake, M., Onoue, T. & Komaki, T. (1996) *Appl. Microbiol. Biotechnol.*, **45**(1-2), 236-239.

94) Hirayama, M., Sumi, N. & Hidaka, H. (1989) *Agric. Biol. Chem.*, **53**(3), 667-673.

95) 藤田孝輝 (1993) 澱粉科学, **40**(2), 95-101.

96) 伊東禧男, 志村進 (1987) 日本食品工業学会誌, **34**(10), 629-634.

97) Wallenfels, K. & Malhotra, O. P. (Boyer, P.D., Lardy, H. & Myrbäck, K. (Eds.)) (1960) *"The Enzymes"*, 2nd edn., Vol. **4**, pp. 409-430, Academic Press, New York and London.

98) Wallenfels, K. & Weil, R. (Boyer, P. D. (Ed.)) (1972) *"The Enzymes"*, 3rd edn., Vol. **7**, pp. 617-663, Academic Press, New York and London.

99) 濱口和廣 (2011) ミルクサイエンス, **60**(2), 99-104.

100) 金井晴彦 (2015) 月刊フードケミカル, **31**(12), 90-99.

101) 塩田一磨 (2016) 生物工学会誌, **94**(5), 238-241.

102) 金井晴彦, 池田雅和 (2011) 食品と開発, **46**(4), 51-54.

103) 鈴木英雄 (1970) 化学と生物, **8**(8), 472-473.

104) 中島良和 (1988) 澱粉科学, **35**(2), 131-139.

105) 永井幸枝, 杉谷俊明, 山田幸蔵, 江橋正, 岸原士郎 (2003) 日本食品科学工学会誌, **50**(10), 488-492.

106) Lipski, A., Rhimi, M., Haser, R. & Aghajari, N. (2010) *J. Appl. Glycosci.*, **57**(3), 219-228.

148　　　3章　糖質関連酵素とその応用

107) 小林幹彦（1986）日本農芸化学会誌，**60**(9)，717-723.

108) Funane, K., Arai, T., Chiba, Y., Hashimoto, K., Ichishima, E. & Kobayashi, M. (1995) *Oyo Toshitsu Kagaku*, **42**(1), 27-35.

109) 小林幹彦（1998）応用糖質科学，**45**(1)，45-51.

110) Fischer, E. H. & Stein, E. A. (Boyer, P. D., Lardy, H. & Myrbäck, K. (Eds.)) (1960) *"The Enzymes"*, 2nd edn., Vol. **4**, pp. 301-312, Academic Press, New York and London.

111) 湊 貞正（1983）日本農芸化学会誌，**57**(2)，155-166.

112) 服部 惇，湊 貞正（1985）精糖技術研究会誌，**34**(4)，110-118.

113) Eggleston, G. & Monge A. (2005) *Process Biochem.*, **40**(5), 1881-1894.

114) 高柳 勉（2002）*J. Appl. Glycosci.*, **49**(1), 57-62.

115) 高柳 勉，木村淳夫，松井博和，岡田滋太郎，千葉誠哉（1995）応用糖質科学，**42**(4)，381-385.

116) 高橋禮治（原著者），高橋幸資（改訂編者）(2016)『でん粉製品の知識』，改訂増補，幸書房.

117) 独立行政法人農畜産業振興機構（でん粉）ホームページ（http://www.alic.go.jp/starch/index.html）.

118) Komaki, T. (1968) *Agric. Biol. Chem.*, **32**(2), 123-129 ; **32**(3), 314-319.

119) Komaki, T. & Taji, N. (1968) *Agric. Biol. Chem.*, **32**(7), 860-872.

120) 不破英次（1991）澱粉科学，**38**(1)，51-54.

121) 小巻利章（1971）油脂，**24**(8)，130-134.

122) 大崎繁満，吉野善市（1982）澱粉科学，**29**(3)，205-209.

123) 小巻利章（1983）日本食品工業学会誌，**30**(3)，181-189.

124) スティーン・スロット，ゲルダ・ベンテ・マドセン（1982）特公昭57-2317，ノヴォ・テラピューテイスク・ラボラトリウム・アー・エス.

125) 鈴木繁男，荒井克祐（1964）日本醸造協會雑誌，**59**(7)，594-598.

126) 吉野善市（1993）特公平 05-079316，三和興産株式会社.

127) Hodge, J. E., Rendleman, J. A. & Nelson, E. C. (1972) *Cereal Science Today*, **17**(7), 180-188.

128) 中久喜輝夫（社団法人化学工学会「生物分離工学特別研究会」編）(1996)『バイオセパレーションプロセス便覧』，pp. 176-182，共立出版，東京.

129) 川嶋 茂，真柄光男，石井良文，加藤和昭（1995）特公平 07-014953，東和化成工業株式会社.

130) 小巻利章（1968）化学と生物，**6**(9)，523-530.

131) 小巻利章，松葉 豊，岡本 昇，山田哲也，沢田幸造（1960）澱粉工業学会誌，**7**(3)，89-96.

132) 貝沼圭二（1980）澱粉科学，**27**(2)，139-145.

133) 小巻利章（1980）澱粉科学，**27**(2)，158-164.

134) 安藤雅夫（シーエムシー出版編集部（編））(2001)『バイオセパレーションの応用』，普及版，pp. 111-120，シーエムシー出版，東京.

135) 小林昭一（監修）、早川幸男（編著）(1998)『オリゴ糖の新知識』、食品化学新聞社，

参考文献 **149**

東京.

136) 中久喜輝夫 (2011) 応用糖質科学, **1**(4), 281-285.

137) 早川幸男, 中久喜輝夫 (監修) (2012)『オリゴ糖の製法開発と食品への応用』, シーエムシー出版, 東京.

138) 中野博文 (2015) 化学と生物, **53**(8), 521-528.

139) 加藤 卓, 掘越弘毅 (1986) 澱粉科学, **33**(2), 137-143.

140) Norman, B. E. & Joergensen, S. T. (1992) *Denpun Kagaku*, **39**(2), 101-108.

141) The Amylase Research Society of Japan (Ed.) (1995) *"Enzyme Chemistry and Molecular Biology of Amylases and Related Enzymes"*, CRC Press, Boca Raton, FL.

142) Mikuni, K., Shibata, E., Iwasaki, K., Kuwahara, N., Koga, N. & Yoshino, S. (1995) *Oyo Toshitsu Kagaku*, **42**(1), 1-6.

143) 金子隆宏 (戸田不二緒 (監修), 上野昭彦 (編)) (1995)『シクロデキストリンー基礎と応用』, pp. 303-311, 産業図書, 東京.

144) 石川正樹 (社団法人化学工学会「生物分離工学特別研究会」(編)) (1996)『バイオセパレーションプロセス便覧』, pp. 163-168, 共立出版, 東京.

145) 寺尾啓二, 小宮山真 (監修) (2013)『シクロデキストリンの応用技術』, 普及版, シーエムシー出版, 東京.

146) 辻阪好夫, 岡田茂孝 (1976) 日本農芸化学会誌, **50**(8), R167-R176.

147) 岡田茂孝 (1980) 調理科学, **13**(1), 15-20.

148) 岡田茂孝 (1987) 澱粉科学, **34**(1), 75-82.

149) 奥 恒行 (1986) 栄養学雑誌, **44**(6), 291-306.

150) 日高秀昌, 栄田利章, 足立 実, 斉藤安弘 (1987) 日本農芸化学会誌, **61**(8), 915-923.

151) 喜田益夫, 吉川武志, 専田崇雄, 吉弘芳郎 (1988) 日本化学会誌, **1988**(11), 1830-1835.

152) Hidaka, H., Hirayama, M. & Sumi, N. (1988) *Agric. Biol. Chem.*, **52**(5), 1181-1187.

153) 松本圭介, 小林洋一, 田村なつ子, 渡辺常一, 菅 辰彦 (1989) 澱粉科学, **36**(2), 123-130.

154) 金井晴彦, 石坪圭一 (2014) 乳業ジャーナル, **2014.6**, 44-48.

155) 中島良和 (1984) 精糖技術研究会誌, **33**(3), 55-63.

156) 中島良和 (1988) 澱粉科学, **35**(2), 131-139.

157) 塩見和世, 陸浦美月 (2015) 月刊フードケミカル, **31**(10), 53-56.

158) 田淵彰彦, 万代隆彦, 渋谷 孝, 福田恵温, 杉本利行, 栗本雅司 (1995) 応用糖質科学, **42**(4), 401-406.

159) 津崎桂二, 久保田倫夫 (1997) 蛋白質核酸酵素, **42**(6), 834-841.

160) 杉本利行, 久保田倫夫, 仲田哲也, 津崎桂二 (1998) 日本農芸化学会誌, **72**(8), 915-922.

161) 山下 洋 (井上國世 (監修)) (2009)『フードプロテオミクスー食品酵素の応用利用技術』, 普及版, pp. 60-69, シーエムシー出版, 東京.

162) Wada, T., Ohguchi, M. & Iwai, Y. (2003) *Biosci. Biotechnol. Biochem.*, **67**(6), 1327-1334.

163) 和田 正，田中彰裕（2013）化学と生物，**51**(6)，376-382.

164) (a) Itoh, H., Okaya, H., Khan, A. R., Tajima, S., Hayakawa, S. & Izumori, K. (1994) *Biosci. Biotechnol. Biochem.*, **58**(12), 2168-2171；(b) Yoshihara, A., Kozakai, T., Shintani, T., Matsutani, R., Ohtani, K., Iida, T., Akimitsu, K., Izumori, K. & Gullapalli, P. K. (2017) *J. Biosci. Bioeng.*, **123**(2), 170-176.

165) Zhang, W., Fang, D., Xing, Q., Zhou, L., Jiang, B. & Mu, W. (2013) *PLOS ONE*, **8**(4), e62987, 1-9.

166) 高峰 啓，中村雅子，飯田哲郎，大隈一裕，何森 健（2015）応用糖質科学，**5**(1)，44-49.

167) 吉原明秀，加藤志郎，望月 進，大谷耕平，何森 健（2018）化学と生物，**56**(11)，752-758.

168) 秋光和也，村尾孝児，小川雅廣，新谷知也，何森 健（2019）化学と生物，**57**(1)，50-57.

169) 今井 奨（2001）ジャパンフードサイエンス，**40**(12)，45-51.

170) 吉澤 淑，石川雄章，蓼沼 誠，長澤道太郎，永見憲三（編）（2009）『醸造・発酵食品の事典』，普及版，朝倉書店，東京.

171) 小泉武夫（編著）（2012）『発酵食品学』，講談社，東京.

172) 宮尾茂雄（企画協力）（2017）『発酵と醸造のいろは』，エヌ・ティー・エス，東京.

173) 白兼孝雄（2019）JAS と食品表示，**54**(3)，25-31.

174) 岩野君夫（1979）日本醸造協会雑誌，**74**(4)，206-212.

175) 難波康之祐（1983）日本醸造協会雑誌，**78**(1)，49-55；**78**(2)，114-120.

176) 今安 聰（1993）日本醸造協会誌，**88**(7)，499-505.

177) 今安 聰，杉並孝二，安部康久，川戸章嗣，大石 薫（1993）生物工学会誌，**71**(1)，29-41.

178) 内田正裕（1978）化学と生物，**16**(2)，94-95.

179) 内田正裕（1990）醗酵工学会誌，**68**(2)，137-154.

180) 宮地秀夫（1999）『ビール醸造技術』，食品産業新聞社，東京.

181) ビール酒造組合国際技術委員会（編）（2010）『ビールの基本技術』，3 版改訂，日本醸造協会，東京.

182) 福永健三（2018）月刊フードケミカル，**34**(9)，76-80.

183) 上田誠之助（1984）化学と生物，**22**(9)，637-638.

184) 松元信也，吉栖 肇，宮田 進，井上 繁（1985）日本農芸化学会誌，**59**(3)，291-299.

185) 上田誠之助（1987）澱粉科学，**34**(2)，113-118.

186) 谷田 治（1996）繊維製品消費科学，**37**(3)，103-107.

187) 谷田 治（2007）繊維機械学会誌：せんい，**60**(11)，599-603.

188) Suzuki, H., Ozawa, Y., Oota, H. & Yoshida, H. (1969) *Agric. Biol. Chem.*, **33**(4), 506-513.

189) 鈴木英雄（1970）化学と生物，**8**(8)，472-473.

190) 岡田正通（2016）食品の包装，**48**(1)，46-49.

191) 岡田正通（2018）月刊フードケミカル，**34**(9)，90-92.

4章　タンパク質分解酵素とその応用

4.1　プロテアーゼの種類[1-7]

　ペプチド結合（–CO–NH–）の加水分解反応を触媒する酵素の総称が，ペプチダーゼ（Peptidases：EC 3.4）である．アミラーゼの場合と同様に，ペプチダーゼは，①エンド型と②エキソ型に分類される．

①　エンド型：タンパク質分子内部のペプチド結合を加水分解して，タンパク質や高分子ペプチドを，いくつかのペプチドにする酵素をエンドペプチダーゼ（Endopeptidases：EC 3.4.21〜3.4.25），またはプロテアーゼ（protease），プロテイナーゼ（proteinase）と呼ぶ．

②　エキソ型：基質のアミノ末端，またカルボキシル末端から逐次切断してアミノ酸やジペプチドなどを遊離する酵素を，エキソペプチダーゼ（Exopeptidases：EC 3.4.11，3.4.13〜3.4.19），またはアミノペプチダーゼ（aminopeptidase），カルボキシペプチダーゼ（carboxypeptidase），単にペプチダーゼ（peptidase）と呼ぶ．

　一般にプロテアーゼと呼ぶときは，プロテイナーゼのことを意味していることが多い（例；細菌プロテアーゼ）．

　ペプチダーゼの分類は 1992 年の改訂で大きく変り，さらにその後も追補されている．その分類に従って，ペプチダーゼの種類を**表 4.1** に示す．ペプチダーゼは，糖質関連酵素よりも一般的に基質特異性が高い．

　エンドペプチダーゼ（プロテアーゼ）（EC 3.4.21〜3.4.25）の特徴については，活性部位のアミノ酸によって次のようにまとめられる．ここでは，通称のプロテアーゼを用いる．

a)　セリンプロテアーゼ

　セリンプロテアーゼは，活性中心にセリン残基をもつ一群のプロテアーゼの総称である．このセリン残基の水酸基が，ジイソプロピルフルオロリン酸（DFP）やフェニルメタンスルホニルフルオリド（PMSF）により特

152　　　　4章　タンパク質分解酵素とその応用

表4.1　ペプチダーゼの種類

EC 番号	総　称	例
3.4.11	Aminopeptidases アミノペプチダーゼ	ロイシンアミノペプチダーゼ，プロリンアミノペプチダーゼ
3.4.13	Dipeptidases ジペプチダーゼ	Xaa-Arg ジペプチダーゼ，Glu-Glu ジペプチダーゼ
3.4.14	Dipeptidyl-peptidases and tripeptidyl-peptidases ジペプチジル–ペプチダーゼ，トリペプチジル–ペプチダーゼ	ジペプチジルアミノペプチダーゼ Ⅰ，トリペプチジルアミノペプチダーゼⅡ
3.4.15	Peptidyl-dipeptidases ペプチジル–ジペプチダーゼ	ジペプチジルカルボキシペプチダーゼ Ⅰ
3.4.16	Serine-type carboxypeptidases セリン型カルボキシペプチダーゼ	カルボキシペプチダーゼ C，カルボキシペプチダーゼ D
3.4.17	Metallocarboxypeptidases 金属カルボキシペプチダーゼ	カルボキシペプチダーゼ A，カルボキシペプチダーゼ B
3.4.18	Cysteine-type carboxypeptidases システイン型カルボキシペプチダーゼ	カテプシン X
3.4.19	Omega peptidases オメガペプチダーゼ	ピログルタミルペプチダーゼ Ⅰ，グルタチオンヒドロラーゼ
3.4.21	Serine endopeptidases セリンエンドペプチダーゼ （セリンプロテアーゼ）	キモトリプシン，トリプシン，プラスミン，膵臓エラスターゼ，微生物セリンプロテアーゼ（ズブチリシン）
3.4.22	Cysteine endopeptidases システインエンドペプチダーゼ （システインプロテアーゼ）	パパイン，フィシン，ブロメライン
3.4.23	Aspartic endopeptidases アスパラギン酸エンドペプチダーゼ （アスパラギン酸プロテアーゼ）	ペプシン，キモシン（レンネット），レニン，微生物アスパラギン酸プロテアーゼ
3.4.24	Metalloendopeptidases 金属エンドペプチダーゼ （金属プロテアーゼ）	微生物コラゲナーゼ，微生物金属プロテアーゼ（サーモライシン）
3.4.25	Threonine endopeptidases スレオニンエンドペプチダーゼ （スレオニンプロテアーゼ）	プロテアソーム
3.4.99	Endopeptidases of unknown catalytic mechanism 触媒機構不明エンドペプチダーゼ	

異的に修飾され，失活する．キモトリプシン，トリプシン，プラスミン，カリクレイン，*Bacillus* 属細菌アルカリ性プロテアーゼ（ズブチリシン，subtilisin），*Streptomyces* 属放線菌アルカリ性プロテアーゼ，*Aspergillus* 属糸状菌アルカリ性プロテアーゼなどがある．

b) システインプロテアーゼ

システインプロテアーゼは，システイン残基を触媒基とするプロテアーゼの総称である．このシステイン残基の官能基であるチオール基を強調して，チオールプロテアーゼとも呼ばれる．活性発現には遊離のチオール基が関与しており，還元剤（ジチオスレイトール（DTT），システインなど）によって活性化される．特異的な阻害剤として，p-クロロメルクリ安息香酸（PCMB），モノヨード酢酸などがある．セリンプロテアーゼほどの厳密な基質特異性はもたない．パパイン，フィシン，ブロメラインなどがある．

c) アスパラギン酸プロテアーゼ

アスパラギン酸プロテアーゼ（アスパルティックプロテアーゼ）は，一対のアスパラギン酸残基を触媒基とする一群のプロテアーゼである．従来は酸性プロテアーゼ，あるいはカルボキシルプロテアーゼと呼ばれていた．ペプシン，レニン，キモシン（レンネット），*Aspergillus* 属糸状菌酸性プロテアーゼ，*Mucor* 属糸状菌酸性プロテアーゼなどがある．ペプシンは，胃で働く消化酵素として 1836 年に見出された最初のプロテアーゼである．

d) 金属プロテアーゼ

金属プロテアーゼは，金属イオンが触媒作用に関与しているプロテアーゼの総称である．メタロプロテアーゼとも呼ばれる．ほとんどの金属プロテアーゼは亜鉛（Zn^{2+}）を必要とするが，コバルト（Co^{2+}）を用いるものもある．キレート試薬（EDTA など）の添加で可逆的に失活する．*Bacillus* 属細菌中性プロテアーゼ（サーモライシン，thermolysin），*Streptomyces* 属放線菌中性プロテアーゼ，*Aspergillus* 属糸状菌中性プロテアーゼなどがある．

e) スレオニンプロテアーゼ

新しいタイプのプロテアーゼとして，活性中心にスレオニン残基をもつ酵素がある．代表的なプロテアソーム（proteasome）は，タンパク質の分解を行う巨大な酵素複合体である．

4.2　微生物由来プロテアーゼ[1-7]

プロテアーゼは，動物，植物，微生物に広く存在し，産業用酵素製剤として，細菌（*Bacillus subtilis*, *B. amyloliquefaciens*, *B. licheniformis*, *B. circulans*, *B. thermoproteolyticus*），糸状菌（*Aspergillus oryzae*, *A. melleus*, *A. niger*, *A. sojae*, *Rhizopus niveus*, *Penicillium duponti*），放線菌（*Streptomyces griseus*），植物（パパイア，パイナップル）由来のプロテアーゼが市販されている．

なお，一般的には，糸状菌由来の酵素製剤はプロテアーゼとエキソペプチダーゼの両酵素を含み，細菌由来の酵素製剤はプロテアーゼが主であり，エキソペプチダーゼの含量は少ない．

4.2.1　*Bacillus* 属細菌由来プロテアーゼ[8-11]

代表的な細菌由来プロテアーゼは，*Bacillus* 属細菌由来のアルカリ性セリンプロテアーゼ（EC 3.4.21.62，ズブチリシン型，peptidase family S8）および *Bacillus* 属細菌由来の中性金属プロテアーゼ（EC 3.4.24.27，サーモライシン型，peptidase family M4）の 2 種類がある．ズブチリシンは，スブチリシン，サブチリシン，サチライシンともいう．

3 章で述べたように，*Bacillus* 属細菌のうち *B. subtilis* は，最も古くから工業的な酵素給源として α-アミラーゼの生産に用いられてきたが，同時に強力なプロテアーゼを生産する．わが国特有の食品である納豆の生産菌もプロテアーゼ生産性が強い．

B. subtilis のプロテアーゼは，1952 年にデンマークのオッテセン（Ottesen, M.）によって結晶化され，ズブチリシン（subtilisin）と名づけられた（1 章参照）．その後，萩原によって長瀬産業尼崎工場で生産され

4.2 微生物由来プロテアーゼ   **155**

たアミラーゼ培養液の中から，イオン交換樹脂吸着法によって精製結晶化され，BPN′（bacterial proteinase of Nagarse）と名づけられた．後にスミス（Smith, E. L.）らは subtilisin BPN′と呼び，長瀬産業ではナガーゼ（Nagarse）と名づけた．この酵素は基質特異性が広く，かなり広範囲のペプチド結合に作用し，可溶化型である．

その後，多くの類似菌のアルカリ性セリンプロテアーゼが比較され，2つの群に分類されている．

    A 群：subtilisin Carlsberg（subtilisin A, subtilopeptidase A, alcalase Novo）

    B 群：subtilisin BPN′（subtilisin B, subtilopeptidase B, subtilopeptidase C, Nagarse, Nagarse proteinase, subtilisin Novo, bacterial proteinase Novo）

A 群は B 群よりも，プロテアーゼ活性に比較してエステラーゼ活性が強い．

ナガーゼ（Nagarse）は，種々のタンパク質およびポリペプチドに対して，かなり広い範囲のペプチド結合に作用し，各種タンパク質の可溶化目的に最も適している．

ナガーゼの至適温度は，実用的に 50〜60℃で使用可能である．また，至適 pH はアルカリ側にあり，測定法により異なる．ゼラチンを基質として加水分解されたペプチド数をホルモル滴定法で測定すると，pH 8.0 が最適で pH 曲線特有のきれいなベル型の曲線を示す．カゼインを基質として作用させた後，トリクロロ酢酸を加えて未消化タンパク質を沈澱させ，可溶化された成分量をフォリン試薬で発色させて測定した場合は，pH 5.0 から 10.0 までほとんど直線的に活性が上昇し，pH 10 で最高活性を示し，pH11 以上では急激に低下する（**図 4.1**）．

実用的な最適作用条件は，用いる基質と酵素分解の目的によって選択して決定しなければならない．

また，この酵素はペプチド結合のみならず，アミノ酸，脂肪酸のエステルにも作用する性質がある．

ズブチリシンは *B. subtilis*, *B. licheniformis*, *B. amyloliquefaciens* などか

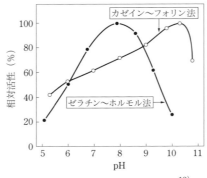

図 4.1 ナガーゼの活性-pH 曲線[12]

ら,サーモライシンは *B. thermoproteolyticus* などから生産される.

4.2.2 コウジ菌由来プロテアーゼ[13,14]

代表的な糸状菌由来プロテアーゼは,コウジ菌(*Aspergillus oryzae*, *A. niger*, *A. sojae* など)由来のアルカリ性セリンプロテアーゼ(EC 3.4.21.63, peptidase family S8),中性金属プロテアーゼ(EC 3.4.24.39, peptidase family M35),酸性アスパラギン酸プロテアーゼ(EC 3.4.23.18, peptidase family A1)が挙げられる.

コウジ菌由来のプロテアーゼ製剤は,一般的に複数のエンドペプチダーゼと複数のエキソペプチダーゼが多く含まれているのが特徴である.

4.3 食品加工への応用[15-18]

プロテアーゼは,味噌,醤油,納豆,塩辛など,わが国古来の食品製造上で大きな役割を果たしてきた酵素である.今日では,タンパク質を原料とした調味料の製造にも積極的に使われている.

プロテアーゼ使用目的に応じて選択しなければならないが,一般論として次のようなことがいえる.

① タンパク質を可溶化する場合は,エンド型で基質特異性の広い(分

解しうるペプチド結合の種類の多い）酵素が適している．細菌のプロテアーゼなどが向いている．

② 呈味成分を強化する目的には，エンド型とエキソ型の両方の活性がともに強いコウジ菌のプロテアーゼが向いている．また，苦味ペプチド生成の弱い酵素を選ばねばならない．

③ 食肉を軟化する目的には，エラスチンやコラーゲンなどの硬タンパク質に対する分解活性の強いパパイン，フィシンなどが向いている．

④ タンパク質分解物が腐敗しやすい場合は，耐熱性が強く，60℃以上で作用できる酵素を選ばねばならない．

⑤ タンパク質を酵素分解するときに重要なことは，酵素作用を最も受けやすいように前処理すること，また未変性タンパク質の場合は，変性し始める温度で酵素を作用させるのが良い．タンパク質が凝固するとかえって作用が遅くなるケースが多い．

4.3.1 調味料の製造

調味料は，グルタミン酸ナトリウム，イノシン酸ナトリウム，グアニル酸ナトリウムに代表されるうま味調味料と，動植物を原料とする天然系調味料に大別される[19]．

天然系調味料は製法により，①高圧，酸あるいは酵素反応により呈味成分を作り出す分解型，および②溶剤を用いる抽出型に分類される（**図4.2**）．

分解型調味料は，①動植物のタンパク質を酸加水分解したもの（動物性タンパク質加水分解物（Hydrolyzed Animal Protein；HAP），植物性タンパク質加水分解物，（Hydrolyzed Vegetable Protein；HVP）），②動植物のタンパク質をプロテアーゼなどの酵素で分解したもの（動物性（植物性）タンパク質酵素分解物（Enzymatically hydrolyzed Animal (Vegetable) Protein；EAP, EVP）），③原料自身の酵素反応を利用して自己消化したもの（酵母エキス）に大別される．

酵素分解法は，比較的温和な反応条件で行われるのが特徴となってい

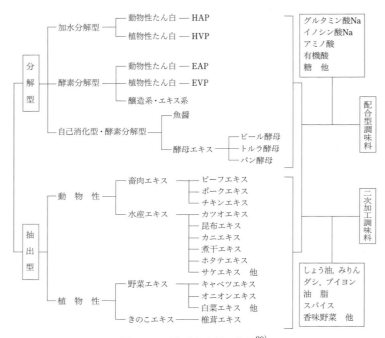

図 4.2 天然系調味料の分類[20]

る．また，原料の風味を生かすことができること，トリプトファン，メチオニン，システインなどのアミノ酸が損傷を受けずに回収されること，有害な反応副産物が生成する心配がないことなど，風味，栄養，安全性の観点から有益な方法である．

図 4.3 に，味噌醸造における成分の変化と，それに関連する酵素を示す．動植物のタンパク質を原料として，これらのタンパク質から調味料を製造するのもこの原理の利用になる．

タンパク質分解物の呈味成分の主体はアミノ酸であるが，アミノ酸2〜10個の低分子ペプチドは，醬油，味噌，チーズなどの重要な呈味成分である[15,22,23]．**表 4.2** に，ペプチドの呈味性を示す．

タンパク質をプロテアーゼで分解すると，苦味を呈するようになる．一

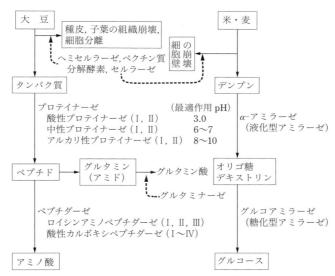

図 4.3 味噌醸造の主要酵素[21]

表 4.2 ペプチドの呈味性[15]

グループ1：酸味	グループ3：呈味の弱いもの
Gly-L-Asp, Gly-L-Glu	Gly-Gly, Gly-L-Ala
L-Ala-L-Asp, L-Ala-L-Glu	Gly-L-Ser, L-Ala-Gly
L-Asp-L-Ala, L-Asp-L-Asp	L-Lys-L-Glu, L-Phe-L-Phe
L-Glu-L-Asp, Gly-L-Asp-L-Ser-Gly	Gly-L-Pro, L-Pro-L-Ala
L-Val-L-Val-L-Glu	Gly-Gly-Gly-Gly
グループ2：苦味	グループ4：甘味
Gly-L-Leu, Gly-L-Ile, Gly-L-Met	L-Asp-L-Phe-OMe
L-Val-L-Ala, L-Val-L-Val	L-Asp-L-Phe-OEt
L-Leu-Gly, L-Leu-L-Leu	L-Asp-L-Tyr-OMe
L-His-L-His, L-Arg-L-Leu	
L-Arg-L-Leu-L-Leu	

注) OMe＝メチルエステル，OEt＝エチルエステル．

般的にいわれていることは，疎水性のアミノ酸（ロイシン，イソロイシン，バリン，フェニルアラニン）が原因で，疎水性のアミノ酸がペプチド

のC末端にくると苦味が強化され，疎水性度が高いほど苦くなるようである．苦味除去のために，アミノペプチダーゼやカルボキシペプチダーゼを作用させると，ペプチドのN末端やC末端から疎水性アミノ酸が遊離され，苦味がなくなる．また食塩を加えると苦味を感じなくなる．

酸性アミノ酸を含む Glu-Asp, Glu-Thr, Glu-Ser, Glu-Glu などは，中性領域で旨味を呈し，苦味ペプチドやカフェイン，塩化マグネシウムなどの一連の苦味物質の苦味の消去や，塩辛味や酸味の緩和作用があるといわれている．

苦味の生成は，タンパク質の種類および酵素の種類でかなり異なる．各種プロテアーゼの基質特異性が異なるために切断部位が異なり，そのために遊離アミノ酸の生成度，生成したペプチドの分子量，アミノ酸組成，その配列順序によって呈味性が異なる（**表4.3**）．

天然系調味料の酵素分解に用いる微生物由来のプロテアーゼ製剤は，*Bacillus* 属細菌プロテアーゼ製剤とコウジ菌プロテアーゼ製剤に大別され

表4.3 大豆タンパク質の各種プロテアーゼによる分解物の呈味性と酵素活性[15]

	酵 素 活 性[a]			フレーバースコア	
	プロテアーゼ（U/mg）	APase[b]（U/g）	CPase[c]	苦 味	旨 味
パパイン	130			3.0	1.5
ペプシン	80			4.0	1.5
A. saitoi アスパルティックプロテイナーゼ	36			2.0	2.5
Streptomyces プロテアーゼ N	80	15	0	2.0	2.5
B. natto アルカリプロテイナーゼ	100	0	0	4.0	1.5
B. subtilis 中性プロテイナーゼ	10	0	0	4.0	1.5
S. griseus プロテアーゼ	520	750	140	3.0	3.0
A. oryzae プロテアーゼ P	160	315	0	1.5	2.5
A. oryzae プロテアーゼ T	100			2.0	2.5
S. peptidofaciens ペプチダーゼ	10	540	340	0	4.0

a) プロテイナーゼは Casein-Folin B 法．
b) アミノペプチダーゼは Goldenberg & Rutenberg 変法．
c) カルボキシペプチダーゼは Cbz-Gly-Leu 基質による方法．
酵素分解条件：2.5% 大豆分離タンパク質，プロテアーゼ 500 U/g-タンパク質，
　　　　　　最適 pH，最適温度により 6 時間分解．

る.

*Bacillus*属細菌プロテアーゼ製剤は,プロテアーゼが主成分で,エキソペプチダーゼ(カルボキシペプチダーゼ,アミノペプチダーゼ)をほとんど含んでいない.そのため,タンパク質を大きく切断する特性があり,苦味が強くなる傾向がある.

一方,*Aspergillus*属糸状菌プロテアーゼ製剤は,複数のプロテアーゼと複数のエキソペプチダーゼを含むため,両者の酵素の働きにより,アミノ酸,低分子ペプチドを含む呈味性の高い調味料を製造することができる.

細菌(*Bacillus*属)由来プロテアーゼ製剤は分解反応の初期段階において少量の酵素添加で,カビ(*Aspergillus*属)由来プロテアーゼ製剤と比較して分解率が速いことが報告されている(**図4.4**).しかし,苦味の除去,旨味などの呈味性を向上させるためには,*Aspergillus*属糸状菌プロテアーゼ製剤と*Bacillus*属細菌プロテアーゼ製剤の併用が適している.

酵素分解では,塩酸分解ほど完全分解に至らないことから,製造コストが高くなってしまう欠点がある.また,プロテアーゼ製剤による加水分解では,グルタミンが脱アミド化されないため,グルタミナーゼを併用して,旨味成分であるグルタミン酸を生成させる必要がある.

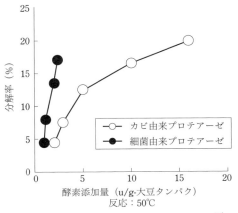

図4.4 酵素添加量と大豆タンパク分解率[24]

4.3.2 味噌，醤油の醸造[25-27]

味噌，醤油の製造時に酵素製剤を応用する試みは，1953年頃から速醸効果を目的として，*Bacillus subtilis* 起源のプロテアーゼの補添が行われていた．近年は起源の異なる各種の酵素製剤が市販されるようになり，再びこの方面への応用が認識され始めている[28-32]．

味噌と醤油とでは，酵素を用いる目的や，その使用条件が異なる．

コウジ菌のプロテアーゼは図4.3に示したように，至適pHから酸性，中性，アルカリ性の3種類の型があり，それぞれ少なくとも2種以上の性質の異なる酵素が存在する．一般論として，大豆麹では中性およびアルカリ性のプロテアーゼの活性が強く，酸性プロテアーゼが弱いが，味噌醸造用の米麹ではアルカリ性プロテアーゼが微弱である．したがって，米麹を用いる味噌醸造の場合にアルカリ性プロテアーゼを補添すると明らかに速醸の効果が認められる．この場合，仕込み食塩水に加える場合と，蒸し大豆に直接混合した後，食塩，米麹を添加する方法とがある．

酵素製剤中のグルコアミラーゼ活性が強い場合は，グルコースが生成し，それに伴い着色が早くなる傾向がある．そのため，淡色の味噌製造を目的とするときは，細菌や放線菌起源の中性およびアルカリ性プロテアーゼ主体の酵素製剤が適している．

醤油の場合は味噌と異なり，できるだけ原料を可溶化し，かつ呈味性，香気，着色などにおいて優れたものを製造することが目的である．したがって，プロテアーゼのみならず，ヘミセルラーゼ，セルラーゼ，ペクチン質分解酵素など，植物細胞壁構成成分に作用する酵素（細胞組織崩壊酵素，マセレーティング酵素）の働きや，グルタミンをより呈味性の強いグルタミン酸に転換するグルタミナーゼなどの作用が重要である（**表4.4**）．

これからの課題として，旧来の味噌，醤油の品質規格や性状と全くかけ離れたもので，嗜好の変遷に対応した現代的な発酵調味料の製造が考えられる．そのためには，各種の酵素製剤の組合せと，微生物による発酵との組合せなどが有効な手段となる．こうした調味料が，漬物，味噌，醤油などの食品製造の分野に新しく応用されるであろう．

4.3 食品加工への応用

表 4.4 醤油麹菌の生産する各種酵素の役割[31]

総　称	酵素名	主な基質と生成物	役　割
プロテアーゼ	プロティナーゼ	タンパク質からペプチド	タンパク質の可溶化
	ペプチダーゼ	ペプチドからアミノ酸	うま味，着色（糖とアミノ＝カルボニル反応）．
	グルタミナーゼ	グルタミンからグルタミン酸	
アミラーゼ	α-アミラーゼ	デンプンからデキストリン，オリゴ糖	乳酸菌，酵母により乳酸，エタノールの生成．
	グルコアミラーゼ	デキストリン，オリゴ糖からグルコース	
ペクチナーゼ	ペクチンリアーゼ	ペクチンから不飽和結合をもつガラクチュロニド	大豆の細胞壁に含まれるペクチンを分解して圧搾性向上．
	ペクチンエステラーゼ	ペクチンからポリガラクチュロン酸	
	ポリガラクチュロナーゼ	ポリガラクチュロン酸からオリゴガラクチュロン酸	
セルラーゼ	セルラーゼ C_1	結晶セルロースから活性型セルロース	大豆の細胞壁に含まれるセルロースを分解して圧搾性向上．
	セルラーゼ C_2	活性型セルロースからセロビオース	
	β-グルコシダーゼ	セロビオースからグルコース	
ヘミセルラーゼ	キシラナーゼ	アラビノキシランからキシロース	着色（アミノ酸とアミノカルボニル反応）．
	アラビナナーゼ	アラビナンからアラビノース	細胞壁の溶解において否定的な結果が多い．
	ガラクタナーゼ	アラビノガラクタンからガラクトース	
	マンナナーゼ	ガラクトマンナンからマンノース	
	リグニン分解酵素	リグニンからフェルラ酸	*Candida* 属酵母により 4-エチルグアヤコール生成．
	フェルラ酸エステラーゼ	多糖-フェルラ酸エステルからフェルラ酸	
	フィターゼ	フィチンからイノシトール	乳酸菌，酵母に耐塩性の賦活．
	ホスフォリパーゼ D	レシチンからコリン	
	リパーゼ	脂肪から脂肪酸とグリセロール	味噌の保香作用．
	チロシナーゼ	チロシンから DOPA と DOPA-キノン	米麹，味噌の褐変．
	ホスファターゼ	ヌクレオチドからヌクレオシド	核酸系調味料の分解．

（注）改訂編著者が一部改変

4.3.3 クラッカー，ビスケットなどの製造[33]

　クラッカーなどの製造において，製品のクリスピー（カリカリとした食感）を良くするために，小麦粉にプロテアーゼを作用させることが行われている．製パン時の生地発酵中にも，プロテアーゼによる小麦タンパク質の適度の分解が必要である．これが不足した場合は生地がしまり過ぎるし，反対に過剰に作用すると生地発酵中の炭酸ガス保持力が弱くなる．

　これらの場合に注意すべきことは，酵素製剤に共存するアミラーゼ活性

164　　　　4章　タンパク質分解酵素とその応用

とその性質である．耐熱性の α-アミラーゼが共存すると，これがデンプン質に過剰に作用し，製品が柔らかく，べとついた感じになる．クラッカー，ビスケット製造にはパパインが用いられているが，これは，パパインがアミラーゼを全く含んでいないことによる．ビスケット製造ではブロメラインも有用である．

4.3.4　食肉の軟化[34-36]

プロテアーゼは古くから食肉を柔らかくするために利用されてきた．プロテアーゼの利用法には主に2通りあり，1つは筋肉中に存在するプロテアーゼ（内在性プロテアーゼ）を活用する方法であり，もう1つは動植物や微生物由来のプロテアーゼ（外来性プロテアーゼ）を食肉に添加する方法である．

1)　内在性プロテアーゼ[37, 38]

動物の筋肉は屠殺によって，生命維持のために働いていた機能のうち，まず呼吸停止によって酸素を必要とする生化学的反応は停止するが，嫌気的条件下での解糖系酵素作用などの他の反応は進行し続ける．ATP（アデノシン三リン酸）が分解されて消失すると，硬直状態になる．硬直期の肉は調理しても硬く，保水性も低くて嗜好性が劣る．この肉をさらに貯蔵すると再びやわらかくなり，保水性も増し風味も向上する．ATP は，ADP → AMP → 5′-イノシン酸と分解が進み，旨味を出す．このような過程が食肉の熟成であるが，2～4℃の貯蔵条件で，ウシでは10日間，ブタ，ウマでは3～5日間，ニワトリでは2日間でほぼ熟成が完了するといわれている．熟成中のこれらの現象の多くは，筋肉に内在する酵素反応に由来する．死後硬直した筋肉が再びやわらかくなることを硬直融解（解硬）というが，この過程にプロテアーゼが関与している．

食肉の熟成中には，オリゴペプチドと遊離アミノ酸の生成が伴う．タンパク質からオリゴペプチドへの分解をプロテオリシス（proteolysis）と呼ぶが，これには筋線維内のシステインプロテアーゼ（カルパイン-1 と-3，およびカテプシン B と L）が関与している．

遊離アミノ酸の増加はペプチドリシス（peptidolysis）によるが，熟成

中の食肉の pH は 5〜6 であり，中性に至適 pH をもつエキソペプチダーゼ，特にアミノペプチダーゼが関与している.

食肉の硬さを決めているのは，筋細胞内の筋原線維タンパク質（ミオシン，アクチン，コネクチンなど）の構造の状態のほかに，筋細胞外の構造，すなわち筋内膜，筋周膜などを構成するコラーゲン，エラスチン，レティキュリンなどの硬タンパク質が関係する．これら筋細胞外の構造による食肉の硬さは，動物の年齢や飼育条件，筋肉の部位によって支配され，前述した筋肉に内在するエンドペプチダーゼの作用を受けず，熟成によってもあまり変化を受けない．そこで外部から，プロテアーゼを加えて食肉の軟化を図ることが考えられる．この目的のためには，熟成によって変化しない硬タンパク質の構造を破壊する必要がある.

2) 外来性プロテアーゼ

プロテアーゼを食肉に添加して肉質改善をする手法では，屠殺直前の動物に静脈から注射する方法，および屠殺後解体した肉に直接添加する方法があるが，現在は，解体した肉にプロテアーゼ溶液を注入するか，肉片をプロテアーゼ溶液に浸漬する方法が広く利用されている．**表 4.5** に，食肉を対象としたプロテアーゼの一覧を示す.

a) 植物由来プロテアーゼ[40, 41]

水牛の肉をやわらかくして食べる目的で，パパイヤの汁液を塗りつけることは，かなり古くから南方の原住民の間で行われていたといわれているが，パパイン，ブロメライン，フィシンのような植物由来のシステインプロテアーゼは，上記の硬タンパク質にもよく作用する点で，この目的には合致している．パパインは広範囲の pH 領域でタンパク質の加水分解が可能であるが，高い熱安定性をもっており加熱調理しても失活しないため，軟化制御が難しいといわれる.

食肉の調理時に酵素粉末を振り掛けたり，酵素を含む調理液に食肉を浸漬するなどの方法もあるが，食肉内部までの浸透が難しいので厚い食肉には効果が少ない．廃鶏などの処理方法として，フィシン，パパインなどを食塩および適当な調味料，賦形剤で希釈した粉末酵素製剤を，屠体に均一に振り掛けるか，まぶしてから凍結する方法がある．凍結中の酵素作用は

166　　　　　4章　タンパク質分解酵素とその応用

表 4.5　食肉を対象としたプロテアーゼの一覧[39]

酵　素　名	起　　源	用　　途
植物性プロテアーゼ 　パ　パ　イ　ン 　ブ　ロ　メ　ラ　イ　ン 　フ　ィ　シ　ン	パパイヤの未熟果実 パイナップルの果実や茎 イチジクの茎・実の乳液	ビールの沈殿溶解，食肉 の軟化，絹糸の精練， 消化・消炎剤
細菌性プロテアーゼ 	*Bacillus，Serratia* *Pseudomonas，Clostridium* *Streptococcus* *Myxobacter，Sorangium* *Actinomycetes*	食肉軟化，調味料製造， 消化・消炎剤 消化・軟化剤 食品加工，消化剤
カビ性プロテアーゼ 	*A. oryzae，A. niger* *A. sojae，A. saitoi* *Rhizopus，Penicillium* *Fusarium，Cepharosporium*	食品加工，食肉軟化，清 酒白濁防止，調味料製造
動物性プロテアーゼ 　パンクレアチン 　ト　リ　プ　シ　ン 　ペ　プ　シ　ン 　アミノペプチターゼ	膵臓，脾臓など 胃 腎臓	軟化剤，消化剤 苦味除去

（注）改訂編著者が一部改変

期待できないが，調理前の解凍時に作用が始まる．この方法では，酵素が比較的内部まで浸透するため効果があり，加工用原料肉の軟化処理に適している．

b)　微生物由来プロテアーゼ[42, 43]

　微生物由来のプロテアーゼは，*Aspergillus* 属，*Rhizopus* 属などの糸状菌由来プロテアーゼ，および *Bacillus* 属，*Geobacillus* 属などの細菌由来プロテアーゼが利用されている．

　一般的に，糸状菌由来プロテアーゼには，主に筋原線維タンパク質（ミオシンなど）を分解する特徴があり，細菌由来プロテアーゼには，主に硬タンパク質（コラーゲン，エラスチンなど）を分解する特徴がある．

従来の食肉軟化では，硬タンパク質を分解するだけでなく，その他のタンパク質も分解するため，食肉本来のやわらかい食感でなく，やわらかくなりすぎて違和感のある食感となってしまう欠点があった．これらの欠点を補うためにも，微生物由来プロテアーゼの特性を活かした試験例の蓄積が望まれている．

パパイン処理肉では旨味が少なく苦味があったのに対して，糸状菌由来プロテアーゼを使用すると，旨味が保持されて苦味もない処理肉が得られている．また，細菌由来プロテアーゼで処理した食肉では，過度の軟化のない食肉本来の旨味が引き出されている．

今後は，筋原線維タンパク質が過剰に分解を受けないで，硬タンパク質を効率よく分解するような特性をもった，安全な食肉軟化酵素の開発が求められる．

4.3.5　チーズの製造[44, 45]

昔，アラビアの行商人がヒツジの胃の皮袋にヤギの乳を入れて砂漠を旅していたときに，乳が凝固したのを発見したのがチーズの始まりであるといわれている．乳製品のうちで，発酵乳とともに最も古い歴史をもつのがチーズである．おそらく数千年前の牧畜民族がすでに利用していたと考えられるし，ギリシャ人は紀元前 1000〜450 年頃に食していた記録がある．原料乳あるいは製造法の差異によって，チーズの種類は 500 種以上に及んでいる．

チーズの製造法（**図 4.5**）：原料乳を殺菌後，スターター（乳酸菌）を加えて 1〜2 時間保持して pH を下げるとともに，凝乳酵素（レンネット，主要な酵素はキモシン（chymosin），EC 3.4.23.4）を加えることにより，乳タンパク質のカゼインを脂肪やカルシウムとともに凝固させる（この凝固物をカードという）．このカードと乳清（ホエイ）を分離して，カードがチーズとなる．

レンネットを得るのに適した仔ウシは，生後 3〜5 週間のもので，その第 4 番目の胃を塩漬け，乾燥してレンネットの原料とする．この原料から，食塩水を用いてレンネットを抽出し，液状，顆粒，錠剤などにしたも

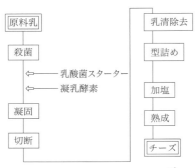

図 4.5 チーズの基本製造工程[46]

のが市販されている.

乳タンパク質がプロテアーゼ作用で凝固するのは(ほとんどのプロテアーゼは乳タンパク質の消化と凝固の両方の作用がある),次のように考えられている.

乳中タンパク質の約80%を占めるカゼインは,いくつかの成分(主にα_{s1}-カゼイン,α_{s2}-カゼイン,β-カゼイン,κ-カゼイン)からなり,それらはミセルを形成してコロイド状態で存在している.レンネット(キモシン)が,κ-カゼイン(存在比約10%)のペプチド結合(Phe_{105}–Met_{106})を特異的に切断すると,κ-カゼインの保護コロイド作用が失われ,カゼインのミセルが壊れて二次的に乳タンパク質の凝固が起こる.

トリプシンや細菌プロテアーゼなどは,κ-カゼインの分解も行うが,同時に他のカゼインも分解するので,凝固が認められたときには,水溶性タンパク質も著しく増加している.

有馬,岩崎らは,微生物によるレンネット様酵素の生産方法について研究した結果,*Mucor pusillus* が,レンネットと極めてよく類似したプロテアーゼを菌体外に生産することを見出した.この酵素は,微生物レンネット(microbial rennet)と呼ばれ,工業生産されている.仔ウシから得たレンネットと非常に類似した性質をもっており,厳密に比較するとやや性質は異なるが,チーズ製造に用いて問題となる程度ではなく,他のプロテアーゼに見られる苦味成分の生成もない.

微生物レンネットには次の2つがあり，仔ウシレンネットの代替物として広く使われている．主成分のプロテアーゼは，ムコールペプシン（mucorpepsin，EC 3.4.23.23）と命名されている．また，遺伝子組換えレンネットも実用化され市販されている[47-49].

1) 微生物レンネット

① *Rhizomucor pusillus*（旧名 *Mucor pusillus*）

凝乳活性の至適温度は56℃，至適 pH は5.5であり，凝乳活性は Ca^{2+} 濃度の増加でより高くなる．等電点は pH 3.5〜3.8，分子量は約30,000である．チーズの熟成過程では，α-カゼインよりβ-カゼインが分解されやすい．"Meito MR"，"Emporase"，"Noury Rennet" などの商品名で市販されている．

② *Rhizomucor miehei*（旧名 *Mucor miehei*）

凝乳活性の至適温度は65℃，至適 pH は5.5であり，Ca^{2+} で活性は保護される．分子量は約40,000である．レンネットに比較して凝乳はやや遅れるが，チーズの熟成過程でのタンパク質の分解作用は強く，タンパク質分解活性/凝乳活性は微生物レンネットのなかで最も高い．市販されている商品として，"Fromase"，"Hannilase"，"Marzyme"，"Rennilase" がある．

2) 遺伝子組換えレンネット

遺伝子組換え技術によって，仔ウシのキモシンをコードする遺伝子を組み込んだ微生物（*Aspergillus niger*，*Kluyveromyces lactis* など）により生産されるキモシン製剤が実用化されている．

遺伝子組換えレンネット（発酵生産キモシン：Fermentation-Produced Chymosin（FPC））は，ヨーロッパでは1988年から実用化され，アメリカでも1990年に FDA（Food and Drug Administration）から許可が下りている．

日本では1994年に，遺伝子組換え微生物（*E. coli* K12, *Kluyveromyces lactis*）を用いてキモシンを生産する方法が最初に厚生省から認可された．続いて1996年に，*Aspergillus niger* var. *awamori* のものが食品衛生調査会バイオ部会から認可された．

酵素としての性質は仔ウシのキモシンと同一とされ，ペプシンを全く含有しないことから，チーズ製造者には好まれている．

なお2007年時点では，動物（仔ウシ）レンネット，微生物（主として *Rhizomucor miehei*）レンネットおよび遺伝子組換えレンネットのマーケットシェアは，それぞれ15％，40％および45％と考えられている．しかし世界市場は確実に，微生物レンネットと遺伝子組換えレンネットになってきている[44]．

4.4 洗剤への応用

4.4.1 洗剤用酵素の歴史[50-54]

現在，洗剤用酵素として，プロテアーゼ，リパーゼ，アミラーゼ，セルラーゼなどが配合された洗剤が開発されている．このうち，洗剤用酵素の世界市場における利用割合は，プロテアーゼが50％以上と推定されており，単一酵素として最も大規模に生産されている．このほかに商業クリーニング業界においても長年，プロテアーゼが使用されている．そこで先ず，洗濯に酵素を使うという考え方を実用化した歴史を振り返ってみる．

① 1821年の米国陸軍の規則の中に，軍服のシミ落としに唾液で湿らしたパイプ粘土を利用することが記されている……デンプン食品のシミとアミラーゼ．

② 1913年，ドイツのレーム（Röhm, O.）が，動物の膵臓の乾燥品（デンプン，タンパク質，脂肪のそれぞれに作用する各種酵素を含む）を洗剤に応用する特許（ドイツ特許 No. 283 923）を出願した．Röhm & Haas 社から予浸剤"Burnas"が市販された．

③ 1955年，アメリカの酵素メーカーTakamine Lab. から，クリーニング用酵素製剤として，枯草菌起源の酵素製剤（プロテアーゼおよびアミラーゼ）が市販された．

④ 1958年，長瀬産業から，ドライクリーニング用プロテアーゼ製剤，ランドリー用アミラーゼ・プロテアーゼ製剤（ビオプラーゼ，ビオクリーンシリーズ）が発売された．

⑤ 1963 年，スイスの Schnieder 社から "Bio 40" が発表された．これは，枯草菌のプロテアーゼを主体とした予浸用の酵素洗剤であった．

⑥ 1965〜66 年，Kortman & Shulte 社（オランダ）から "Biotex"，Unilever 社（オランダ）から "Luvil"，Procter & Gamble 社（ドイツ，イタリア）から "Ariel"，Henkel 社（ドイツ）から "Henko-Mat" などが市販された．

⑦ 1968 年，予浸用洗剤から，一般の家庭用洗剤にも応用され始めた．

⑧ 1969 年，イギリスの洗剤工場で粉末酵素を洗剤に配合する作業中に，プロテアーゼの微粉末を吸入した作業員が "ぜいぜい" と喉を鳴らしたり，ひどい症例では呼吸困難を伴う肺疾患にかかった．フリント（Flindt, M. L. H.）が，これは作業場で酵素を含む埃（ほこり）を多量に吸入したことによると報告した[55]．

⑨ 1970 年，アメリカの消費者組合およびラルフ・ネーダー（Ralph Nader）は，酵素入り洗剤を製造している企業に対して，酵素洗剤の有害，無効性で攻撃した．FDA（Food and Drug Administration）および FTC（Federal Trade Commission）は，酵素入り洗剤の安全性と有効性について，2 つの専門学会（NAS：National Academy of Science および NRC：National Research Council）に調査研究を依頼した．

   これらの影響で，アメリカ，日本では酵素洗剤の製造が中止され，ヨーロッパでは生産量が減少した．

⑩ 1971 年 12 月 17 日，ディクソン（Dixon, J. P.）を委員長とする，臨床微生物学，皮膚化学，生物統計，生化学，環境衛生，アレルギーの各専門家より構成された "Committee on Enzyme Detergents" は，酵素入り洗剤が有効なものであり，かつ安全性についても問題のないことを立証，報告した．

⑪ 1971 年より，各酵素メーカーは酵素製剤を発塵性のないように造粒し，さらに表面をコーティングした酵素製剤を発売した．

⑫ 1976 年 5 月，酵素入り洗剤の安全性に関する国際会議が，英国医

学研究会議（MRC：Medical Research Council, UK）および英国石けん洗剤工業会の共催で開催され，酵素入り洗剤の安全性の問題が克服できたことを確認した．

⑬ 1978年，労働基準法第75条第2項の業務上の疾病の一部が改正され，新たに蛋白質分解酵素が，労働基準法施行規則第35条に基づく別表第1の2の第4号「化学物質等による次に掲げる疾病」の4，に次のように追加された[56]．

「蛋白質分解酵素にさらされる業務による皮膚炎，結膜炎又は鼻炎，気管支喘息等の呼吸器疾患」

⑭ 1979年，ライオン㈱より酵素入り洗剤"トップ"が発売された．その後，花王㈱，プロクター・アンド・ギャンブル社も酵素入り洗剤を市場に出して，洗剤の中で酵素入り洗剤が主流を占めるようになった．

4.4.2　洗剤用プロテアーゼとして要求される性質[53, 54, 57]

衣類に付着している汚れには，塩化ナトリウム，アンモニア，尿酸，尿素などの無機物/有機物，タンパク質，皮脂などの油脂，デンプン質などがある．タンパク質の汚れは外観的に問題であるばかりでなく，梅雨時には微生物（糸状菌）の繁殖する原因となり，衣類を変質・変色させることもある．またタンパク質の汚れは，油脂や無機物などの汚れを繊維に結びつける固着剤の役目もし，繊維上で乾燥，固化し，水に不溶性になる．したがって，無機物/有機物や油脂などの汚れはセッケンや洗剤で洗い落としやすいが，タンパク質の共存によって洗い落としが難しくなっていると考えられる．

1)　洗剤組成

洗剤用酵素を開発する場合，まず洗剤成分を認識しておく必要がある．

① 洗剤は，界面活性剤，キレートビルダー，アルカリビルダー，蛍光増白剤などからなり，これに酵素が加わる．

② 界面活性剤は洗浄を担う主成分で，界面張力低下作用，可溶化作用，分散作用などにより汚れを除去する．代表的なものとして，ア

ルキルベンゼンスルホン酸塩（LAS），α-オレフィンスルホン酸塩（AOS），アルキル硫酸塩（AS），α-スルホ脂肪酸メチルエステル塩（α-SF）などが挙げられる．

③ キレートビルダーは，洗浄水のカルシウムなどの硬度成分を捕捉し洗浄効果を高める成分で，ゼオライト，クエン酸塩，リン酸塩などである．

④ これらに，炭酸塩，ケイ酸塩などのアルカリビルダー，および蛍光増白剤，酵素が配合される．

⑤ 洗濯と同時に漂白してシミ汚れを除去する目的で，次亜塩素酸ナトリウム，過炭酸ナトリウム，過酸化水素などの酸素系漂白剤が配合される場合もある．

2) 洗剤用プロテアーゼに要求される性質

洗剤用プロテアーゼに要求される性質は，上記の洗剤組成を考慮すると，次の通りである．

① 酵素は顆粒化されて発塵性がなく，かつ洗剤粉末中で安定であること．

② アルカリ条件下で安定であり，かつ酵素活性を発揮できること．

③ 日本では水道水を用いる場合が多く，中低温でも酵素活性を発揮できること．

④ 界面活性剤や蛍光増白剤・酸素系漂白剤の影響を受けないこと．

⑤ 洗剤のビルダーとなる物質の存在下で安定であり，酵素活性を発揮できること．特に開発当時はビルダーとしてトリポリリン酸ナトリウムが多量に用いられていた（洗剤中に 30～50％で使用時 0.06～0.1％）．

⑥ できるだけ広い基質特異性を有していて，種々のタンパク質に作用し可溶化しうること．

⑦ 洗剤混合用の酵素製剤として，病原性の微生物を全く含まないこと，また一般微生物も少ないこと，異臭がないこと，洗剤と混合して均一に混合できること，使用時に容易に溶解すること．

なお，リパーゼ，アミラーゼ，セルラーゼなどの各酵素を洗剤成分とし

て使用する場合，プロテアーゼの影響を受けないことが重要である．

4.4.3 洗剤用プロテアーゼの現状[58-63]

従来から市販されている洗剤用プロテアーゼは，セリンプロテアーゼに分類される．セリンプロテアーゼは，アミノ酸配列や立体構造の類似性から，ズブチリシン（subtilisin）型セリンプロテアーゼとキモトリプシン（chymotrypsin）型セリンプロテアーゼに大別される．前者のズブチリシン（EC 3.4.21.62）が，洗剤用プロテアーゼとして主に使用されている．

酵素と，洗剤の主要成分である界面活性剤の相互作用については，種々の研究がなされてきた．一般に，非イオン界面活性剤は酵素活性に影響を与えないが，陽イオン界面活性剤は酵素活性を阻害し，タンパク質の汚れの除去率を低下させる．陰イオン界面活性剤も酵素の安定性に影響を及ぼすが，その種類によって阻害の程度が異なる．セッケンは，ほとんど酵素活性を阻害しない．

図 4.6（1）に示すように，陰イオン界面活性剤のなかでも，直鎖アルキルベンゼンスルホン酸ナトリウム（LAS），ドデシル硫酸ナトリウム（SDS）を各々単独に配合した洗浄液では，プロテアーゼ（酵素名；サビナーゼ，表 4.6 参照）活性が著しく低下するが，α-スルホ脂肪酸メチルエステルナトリウム（α-SF）では酵素活性が低下しない．一方，LAS

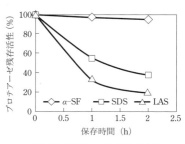
(1) プロテアーゼ活性に対する
界面活性剤の影響

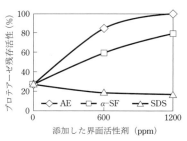
(2) LAS 1200 ppm 含有洗浄液中の
プロテアーゼ活性に対する
界面活性剤の影響

図 4.6 プロテアーゼ活性に対する各種界面活性剤の影響[58]

（1200 ppm）含有洗浄液に，α-SFや非イオン界面活性剤（ポリオキシエチレンアルキルエーテル（AE））を共存させた場合，残存活性は大幅に向上することから界面活性剤の混合効果が認められている（**図4.6（2）**）.

洗剤用プロテアーゼは，*Bacillus*属細菌によって生産される．市販された洗剤用プロテアーゼを**表4.6**に示す.

洗剤用プロテアーゼは，耐アルカリ性，低温高活性，漂白剤耐性，液体洗剤中で安定，などの性質が順次付与されながら開発が進められた.

プロテアーゼは，将来においても最も重要な洗剤用酵素であるが，洗剤

表4.6 市販された主な洗剤用プロテアーゼ[63]

酵素名	製造社	生産菌	質量	備考
アルカラーゼ （Alcalase）	Novozymes	*Bacillus licheniformis*	28kDa	最適 pH9〜10
ナガーゼ （Nagarse：BPN′）	長瀬ケムテックス	*Bacillus amyloliquefaciens*	28kDa	最適 pH9〜10
エスペラーゼ （Esperase）	Novozymes	*Bacillus halodurans*	28kDa	最適 pH10〜11
サビナーゼ （Savinase）	Novozymes	*Bacillus clausii*	28kDa	最適 pH10〜12
PB92	旧 Gist-brocades	*Bacillus alcalophilus*	28kDa	最適 pH10〜12
NKS-21	昭和電工	*Bacillus* sp.	28kDa	最適 pH10〜11
M-protease	花王	*Bacillus clausii*	28kDa	最適 pH10〜12
ブラップ（Blap）	Henkel	*Bacillus lentus*	28kDa	最適 pH10〜12
プラフェクト （Purafect）	Genencor		28kDa	
カンナーゼ （Kannase）	Novozymes		28kDa	低温活性
プロペラーゼ （Properase）	旧 Gist-brocades		28kDa	低温活性
デュラザイム （Durazyme）	Novozymes		28kDa	酸化剤耐性
エバラーゼ （Everlase）	Novozymes		28kDa	酸化剤耐性
マキサペム （Maxapem）	旧 Gist-brocades		28kDa	酸化剤耐性
プラフェクト OxP （Purafect OxP）	Genencor		28kDa	酸化剤耐性

用酵素の市場価格が異常に安いため，前項の洗剤用プロテアーゼに求められる要件に追加すべき技術として，プロテアーゼを安価に菌体外生産する大量培養技術が挙げられる．タンパク質工学的手法を用いた酵素機能の改変研究と組み合わせて，大量培養技術の開発が期待される．

また，より機能性のある洗剤用酵素の開発にも研究の主力が向けられており，部位特異的変異導入法，ランダム変異法，DNAシャフリング法を密接に組み合わせて，基質結合部位と触媒部位を含む特定部位が改質された実用酵素の創成が望まれる．

4.5 サーモライシンによるアスパルテームの合成

プロテアーゼのもつ基質特異性や加水分解反応の逆反応を利用したペプチド結合の形成は，化学反応の1つとして大きな役割を担っている．

1970年代，パパインなどのプロテアーゼを用いて，低分子ペプチドからプラステイン（plastein）と呼ばれる蛋白質様物質を合成する反応，タンパク質のリシン残基にのみ特異性を示すトリプシン型のプロテアーゼを用いるヒト型インスリンの半合成法などが開発されてきた[64, 65]．

近年，人工甘味料が化学合成法でなく酵素合成法により製造されている．酵素を用いる汎用化成品の工業生産において，もっとも成功した好例として，サーモライシン（thermolysin, TLN）によるアスパルテーム（aspartame）の酵素合成法が挙げられる[66-69]．

アスパルテームは，L-アスパラギン酸とL-フェニルアラニンのメチルエステルがペプチド結合した構造をもつジペプチドのメチルエステル（L-Asp-L-Phe-OMe）である．甘味をもつのはL型のみで，砂糖の100〜200倍の甘味がある．1983年，日本でもアスパルテームが食品添加物として認可された．

図4.7に示すように，サーモライシンによるアスパルテームの合成は，6ステップからなっている．この合成法の大きな特徴は，サーモライシンの作用により生成したZ-L-Asp-L-Phe-OMeは，直ぐにD-Phe-OMeと付加化合物を形成し沈殿する（式（3））．すなわち，生成物が反応系から

N 末端の修飾	L–Asp + Z–Cl → Z–L–Asp	(1)
C 末端のエステル化	DL–Phe + MeOH → DL–Phe–OMe	(2)

脱水縮合　　　Z–L–Asp + DL–Phe–OMe $\overset{\text{TLN}}{\to}$ Z–L–Asp–L–Phe–OMe・D–Phe–OMe　(3)

分離　　　　　　　　　Z–L–Asp–L–Phe–OMe・D–Phe–OMe　→
　　　　　　　　　　　　Z–L–Asp–L–Phe–OMe + D–Phe–OMe　　　　　　(4)

水素化分解　　　Z–L–Asp–L–Phe–OMe　→　L–Asp–L–Phe–OMe　(5)

ラセミ化　　　　　　　　　D–Phe–OMe　→　DL–Phe　　　　　(6)

(略号) Z：carbobenzoxy, OMe：methyl ester, TLN：thermolysin

図 4.7　サーモライシンによるアスパルテームの合成[69]

除かれるので，常に合成反応が平衡に達することなく進行する．また，
D–Phe–OMe はアルカリでラセミ化され，DL–Phe となり再利用される（式
(6)）．

参考文献

1) 一島英治（編著）(1983)『プロテアーゼ』、学会出版センター，東京．
2) 芳本 忠，鶴 大典（鶴 大典，船津 勝（編））(1993)『生物化学実験法 31，蛋白質分解酵素Ⅱ』，pp. 181-221，学会出版センター，東京．
3) Sandhya, C., Sumantha, A. & Pandey, A. (Pandey, A., Webb, C., Soccol, C. R. & Larroche, C. (Eds.)) (2006) *"Enzyme Technology"*, pp. 319-332, Springer, Berlin and Heidelberg.
4) 廣瀬順造（井上國世（監修））(2009)『フードプロテオミクス—食品酵素の応用利用技術』，普及版，pp. 115-122，シーエムシー出版，東京．
5) Rawlings, N. D. & Salvesen, G. (Eds.) (2013) *"Handbook of Proteolytic Enzymes"*, Vol. **1, 2** and **3**, 3rd edn, Academic Press, New York and London.
6) 山形洋平 (2016) 化学と生物，**54**(2), 109-116．
7) MEROPS - the Peptidase Database（https://www.ebi.ac.uk/merops/）
8) 福本寿一郎，山本武彦，市川和宏 (1959) 日本農芸化学会誌，**33**(1), 9-13．
9) 高橋健治 (1963) 蛋白質核酸酵素，**8**(6), 278-281．
10) Tsuru, D., Kira, H., Yamamoto, T. & Fukumoto, J. (1966) *Agric. Biol. Chem.*, **30**(12), 1261-1268．
11) Ottesen, M. & Svendsen, I. (Perlmann, G. E. & Lorand, L. (Eds)) (1970) *"Methods Enzymol."*, Vol. **19**, pp. 199-215, Academic Press, New York and London.
12) 小巻利章 (1970) 油脂，**23**(5), 106-113．
13) 中台忠信 (1985) 日本醤油研究所雑誌，**11**(2), 67-79．

14) 一島英治（日本醸造協会（編））（2003）『分子麹菌学：麹菌研究の進展』，pp. 59-67，日本醸造協会，東京．

15) 石田賢吾（一島英治（編））（1983）『食品工業と酵素』，pp. 90-110，朝倉書店，東京．

16) 井戸宏樹（小宮山眞（監修））（2010）『酵素利用技術大系：基礎・解析から改変・高機能化・産業利用まで』，pp. 679-683，エヌ・ティー・エス，東京．

17) 林田裕美，池田絵梨子，田中伸一郎（2018）月刊フードケミカル，**34**(3), 82-88．

18) 池田絵梨子，林田裕美，田中伸一郎（2018）月刊フードケミカル，**34**(4), 110-115．

19) 福場博保，小林彰夫（編）（2009）『調味料・香辛料の事典』，普及版，朝倉書店，東京．

20) 食品と開発編集部（2003）食品と開発，**38**(12), 34-41．

21) 好井久雄（1976）食品工業，**19**(12 下), 33-39．

22) 荒井綜一，藤巻正生（日本化学会（編））（1976）『味とにおいの化学（化学総説No.14）』，pp. 157-168，学会出版センター，東京．

23) 西村敏英（2001）化学と生物，**39**(3), 177-183．

24) 豊増敏久（2009）月刊フードケミカル，**25**(7), 67-70．

25) 吉澤淑，石川雄章，蓼沼誠，長澤道太郎，永見憲三（編）（2009）『醸造・発酵食品の事典』，普及版，朝倉書店，東京．

26) 小泉武夫（編著）（2012）『発酵食品学』，講談社，東京．

27) 宮尾茂雄（企画協力）（2017）『発酵と醸造のいろは』，エヌ・ティー・エス，東京．

28) Nakadai, T., Nasuno, S. & Iguchi, N. (1972) *Agric. Biol. Chem.*, **36**(2), 261-268；**36**(7), 1239-1246．

29) 好井久雄（1973）日本醸造協会誌，**68**(10), 741-746；**68**(11), 825-828；**68**(12), 895-901．

30) 中台忠信（1985）日本醤油研究所雑誌，**11**(2), 67-79．

31) 森治彦（福場博保，小林彰夫（編））（2009）『調味料・香辛料の事典』，普及版，pp. 196-224，朝倉書店，東京．

32) 中台忠信（1997）日本農芸化学会誌，**71**(10), 1028-1031．

33) 石田欽一，長崎雅之（1989）日本食品工業学会誌，**36**(12), 964-967, 1003-1008．

34) 天野慶之，藤巻正生，安井勉，矢野幸男（編）（1980）『食肉加工ハンドブック』，光琳，東京．

35) 伊藤肇躬（2007）『肉製品製造学』，光琳，東京．

36) 小川雅廣（小宮山眞（監修））（2010）『酵素利用技術大系：基礎・解析から改変・高機能化・産業利用まで』，pp. 661-665，エヌ・ティー・エス，東京．

37) 沖谷明紘，松石昌典，西村敏英（1992）調理科学，**25**(4), 314-326．

38) 沖谷明紘（2006）日本栄養・食糧学会誌，**59**(1), 39-50．

39) 西尾重光（1974）畜産の研究，**28**(1), 141-146．

40) 石下真人，鮫島邦彦（1995）食肉の科学，**36**(1), 5-10．

41) 和田正汎，長谷川忠男（2004）*New Food Industry*, **46**(2), 33-39．

42) 鈴木敦士，嶋倉明彦，三木貴司，清水雅範，見山源太郎，斎藤信，池内義英（1990）日本食品工業学会誌，**37**(2), 104-110．

43) 武田匡弘, 白坂直輝 (2015) 月刊フードケミカル, **31**(12), 86-89.

44) 齋藤忠夫, 堂迫俊一, 井越敬司 (編) (2008)『現代チーズ学』, 食品資材研究会, 東京.

45) NPO 法人チーズプロフェッショナル協会 (編) (2016)『チーズを科学する』, チーズプロフェッショナル協会, 東京.

46) 高藤慎一 (吉澤 淑, 石川雄章, 蓼沼 誠, 長澤道太郎, 永見憲三 (編)) (2009)『醸造・発酵食品の事典』, 普及版, pp. 541-554, 朝倉書店, 東京.

47) 菊池俊彦 (一島英治 (編)) (1983)『食品工業と酵素』, pp. 134-156, 朝倉書店, 東京.

48) 岩崎慎二郎 (1989) バイオサイエンスとインダストリー, **47**(2), 183-187.

49) 別府輝彦 (2010) 化学と生物, **48**(2), 129-132.

50) 小巻利章 (1970) 油脂, **23**(5), 106-113.

51) 田辺勝利 (1990)『年表洗剤の歴史』, 愛媛大学教育学部被服研究室, 松山.

52) 刈米孝夫 (1995) 化学史研究, **22**(2), 114-126.

53) 藤井徹也 (2001)『洗剤－その科学と実際』, 幸書房, 東京.

54) 皆川 基, 藤井富美子, 大矢 勝 (編) (2007)『洗剤・洗浄百科事典』, 新装版, 朝倉書店, 東京.

55) Flindt, M. L. H. (1969) *The Lancet*, **293**(7607), 1177-1181.

56) 労務行政 (編) (2006)『労働基準法施行規則第 35 条の解説』, 労務行政, 東京.

57) 上島孝之 (1999)『酵素テクノロジー』, pp. 2-16, 幸書房, 東京.

58) 皐月輝久, 戸部聖一, 米山雄二, 向山恒治 (1999) 材料技術, **17**(3), 119-125.

59) 坂口博脩 (2003) 繊維製品消費科学, **44**(7), 377-382.

60) 川合修次, 小林 徹 (日本能率協会総合研究所 (編)) (2005)『バイオテクノロジー総覧』, pp. 413-421, 通産資料出版会, 東京.

61) 坂口博脩 (小宮山眞 (監修)) (2010)『酵素利用技術大系：基礎・解析から改変・高機能化・産業利用まで』, pp. 809-813, エヌ・ティー・エス, 東京.

62) 鈴木陽一 (2014) *FRAGRANCE JOURNAL*, **42**(7), 36-42.

63) 佐伯勝久 (井上國世 (監修)) (2015)『産業酵素の応用技術と最新動向』, 普及版, pp. 123-131, シーエムシー出版, 東京.

64) 荒井綜一, 山下道子, 藤巻正生 (1976) 栄養と食糧, **29**(6), 295-305.

65) 森原和之, 岡 達, 続木博茂 (1986) 日本農芸化学会誌, **60**(10), 841-847.

66) Oyama, K., Irino, S. & Hagi, N. (Mosbach, K. (Ed.)) (1987) "*Methods Enzymol.*", **136**, pp. 503-516.

67) 半澤 敏 (1998) *BIO INDUSTRY*, **15**(5), 39-46.

68) 井上國世, 保川 清 (小宮山眞 (監修)) (2010)『酵素利用技術大系：基礎・解析から改変・高機能化・産業利用まで』, pp. 632-636, エヌ・ティー・エス, 東京.

69) 井上國世, 橋田泰彦, 草野正雪, 保川 清 (井上國世 (監修)) (2015)『産業酵素の応用技術と最新動向』, 普及版, pp. 58-68, シーエムシー出版, 東京.

5章　脂質関連酵素とその応用

5.1　リパーゼの種類[1-10]

　リパーゼ（脂質分解酵素）は，古くはエバーレ（Eberle, J., 1834年）により，さらにバーナード（Bernard, C., 1856年）によって膵液中にその存在が確認されて以来，アミラーゼ，プロテアーゼとともに三大消化酵素の一つとして重要視されている．

　図 5.1 に，主な脂質の分類と種類を示す．このほかに，単純脂質や複合脂質から加水分解によって誘導される化合物を，誘導脂質という．

　リパーゼ（lipase）は，脂質（アシルグリセロール（別名グリセリド），リン脂質，糖脂質など）を構成するエステル結合を加水分解する酵素群の総称である．

　"狭義のリパーゼ"は，トリアシルグリセロール（triacylglycerol, TAG）を加水分解して，脂肪酸とグリセロール，もしくは部分アシルグリセロールを生成するトリアシルグリセロールリパーゼを指す．"広義のリパーゼ"は，脂質を加水分解してカルボン酸を遊離するアシルヒドロラーゼを意味

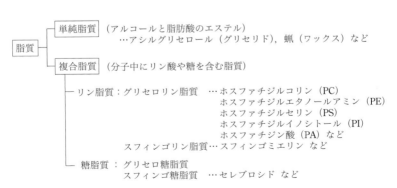

図 5.1　主な脂質の分類と種類

する．

　広義のリパーゼ類はカルボン酸エステル加水分解酵素（Carboxylic Ester Hydrolases）（EC 3.1.1）に分類されるが，そのうちリパーゼなどと呼称される酵素を**表5.1**に示す．

　これらの酵素のうち，リン脂質を加水分解するホスホリパーゼA_1，ホスホリパーゼA_2，リゾホスホリパーゼ（ホスホリパーゼ B）については，本章5.3節で詳しく述べる．

　産業上有用なリパーゼ（トリアシルグリセロールリパーゼ，EC 3.1.1.3）は，① 位置特異性，② 脂肪酸特異性，③ アルコール特異性，④ トリアシルグリセロール特異性，⑤ アシルグリセロール特異性などの基質特異性をもつ．

　リパーゼを用いる油脂加工では，位置特異性と脂肪酸特異性が特に重要となる．

　① 位置特異性とは，リパーゼが TAG のグリセロール骨格に結合して

表5.1　リパーゼの種類

EC 番号	常用名
3.1.1.1	carboxylesterase カルボキシルエステラーゼ
3.1.1.3	triacylglycerol lipase トリアシルグリセロールリパーゼ
3.1.1.4	phospholipase A_2 ホスホリパーゼ A_2
3.1.1.5	lysophospholipase（phospholipase B） リゾホスホリパーゼ（ホスホリパーゼ B）
3.1.1.23	acylglycerol lipase（monoacylglycerol lipase） アシルグリセロールリパーゼ（モノアシルグリセロールリパーゼ）
3.1.1.26	galactolipase ガラクトリパーゼ
3.1.1.32	phospholipase A_1 ホスホリパーゼ A_1
3.1.1.34	lipoprotein lipase リポプロテインリパーゼ
3.1.1.79	hormone-sensitive lipase ホルモン感受性リパーゼ

5.1 リパーゼの種類　　**183**

いる脂肪酸の位置を認識する特性であり，(1) TAG の sn-1,2,3 位の
すべてに作用する非特異的リパーゼ，(2) sn-1,3 位に優先して作用
する非特異的リパーゼ，(3) sn-1,3 位にのみ作用する 1,3 位特異的
リパーゼ，に大別される．

グリセロール誘導体の表記法として，立体特異的な番号制度（stereospe-
cific numbering）を示すため，sn の記号を用いた．

② 脂肪酸特異性とは，TAG に結合している短鎖脂肪酸（炭素数 2～6
個），中鎖脂肪酸（炭素数 8～10 個）および長鎖脂肪酸（炭素数 12
個以上）を認識する特性であり，(1) 短鎖脂肪酸のエステル結合，
あるいは (2) 中鎖脂肪酸および長鎖脂肪酸のエステル結合を良く
加水分解するリパーゼに大きく分類できるが，明確な区別はない．
ある種のリパーゼは，アラキドン酸（ARA），エイコサペンタエン
酸（EPA），ドコサヘキサエン酸（DHA）などの高度不飽和脂肪酸
（多価不飽和脂肪酸，polyunsaturated fatty acid，PUFA）に対する
作用は低い．

一方，リパーゼは，反応条件をうまく設定することにより，加水分解，
エステル化，およびエステル転移を触媒する（**図 5.2**）．

リパーゼは，古くから消化酵素に混合する目的で，糸状菌などの微生物
を培養して製造されていたが，研究が進むに従って，脂肪酸の製造，乳製
品フレーバーの製造，エステル化による有用物質の合成，エステル交換に

(1) 加水分解（hydrolysis）
$$R^1OCOR^2 + H_2O \rightarrow R^1OH + R^2COOH$$

(2) エステル化（esterification）
$$R^1OH + R^2COOH \rightarrow R^1OCOR^2 + H_2O$$

(3) エステル転移（transesterification）
① アシドリシス（acidolysis）
$$R^1OCOR^2 + R^3COOH \rightarrow R^1OCOR^3 + R^2COOH$$
② アルコリシス（alcoholysis）
$$R^1OCOR^2 + R^3OH \rightarrow R^3OCOR^2 + R^1OH$$
③ エステル交換（interesterification）
$$R^1OCOR^2 + R^3OCOR^4 \rightarrow R^1OCOR^4 + R^3OCOR^2$$

図 5.2　リパーゼの触媒反応

184　　　　　　5章　脂質関連酵素とその応用

表 5.2　リパーゼの利用

原　理	目　的	利用領域
1.　脂質分解	脂肪酸の製造 モノアシルグリセロールの製造 乳製品フレーバーの製造 パンの老化防止とフレーバー改良 油脂食品の消化 血中トリアシルグリセロールの定量 トリアシルグリセロールの脂肪酸分布の決定	高度不飽和脂肪酸の精製 乳化剤，合成原料の製造 乳製品，菓子類の製造 パンの製造 医薬品の製造 診断用試薬の製造 分析試薬の製造
2.　脂質除去	醸造米の脂質の除去 卵白混入脂質の除去 皮革の脂質の除去 衣類，食器などの汚れの除去 油脂の精製	清酒の製造 卵白の加工 皮革の製造 洗剤の製造 油脂の製造
3.　エステル化	有用物質（有用エステル，キラル合成原料）の生成 モノアシルグリセロールの合成 共役脂肪酸の精製 植物油の活用	有用物質の生産 乳化剤，合成原料の製造 共役リノール酸の精製 バイオディーゼル燃料（BDF）の生産
4.　エステル交換	モノアシルグリセロールの合成 機能性油脂（構造脂質）の製造 中鎖・長鎖脂肪酸トリアシルグリセロールの製造	乳化剤，合成原料の製造 ココアバター代替脂，母乳代替脂，サプリメントの製造 健康食品油脂，食用調理油の製造

（参考文献 5 p.246 より引用）（注）改訂編著者が一部改変

よる油脂の性質の改良などへの利用が考えられるようになった[5, 11, 12]．また，臨床検査で血中の中性脂肪の分析などにも利用されるようになった（**表5.2**）．

　リパーゼは，糸状菌（*Aspergillus* 属，*Penicillium* 属，*Rhizopus* 属，*Rhizomucor* 属），酵母（*Candida* 属），細菌（*Pseudomonas* 属）などから商業生産されている．**表5.3**に，リパーゼの起源と酵素化学的性質を示す[1, 2, 5-10]．脂肪酸特異性では，トリアシルグリセロール（TAG）の中で反応性の高い脂肪酸の種類（短鎖（S），中鎖（M），長鎖（L）脂肪酸）

表5.3 リパーゼの起源と酵素化学的性質

	起　源	至適温度 (℃)	至適 pH	位置特異性	脂肪酸特異性
哺乳類	ブタ膵臓	37	8	1,3 位特異的	S, M
糸状菌	*Aspergillus niger*	45	5-6	1,3 位特異的	M, L
	Geotrichum candidum	−	6	非特異的	−
	Penicillium roqueforti	40	8	非特異的	S, M
	Thermomyces launginosus	−	8	1,3 位特異的	M, L
	Rhizomucor meihei	60	8-9	1,3 位特異的	M, L
	Rhizopus oryzae	40	6-7	1,3 位特異的	M, L
	Rhizopus delemar	35	5-6	1,3 位特異的	M, L
	Rhizopus arrhizus	−	8	1,3 位特異的	−
	Mucor javanicus	37	7	1,3 位特異的	M, L
酵母	*Candida rugosa*	45	7	非特異的	S, M
	Candida cylindracea	45	7	非特異的	S, M, L
細菌	*Alcaligenes* sp.	65-70	7-9	1,3 位特異的	−
	Chromobacterium viscosum	−	7	非特異的	S, M
	Pseudomonas fluorescens	55	8	非特異的	−
	Pseudomonas fragi	−	8	非特異的	S, M, L
	Staphylococcus aureus	−	8	非特異的	−

S；短鎖脂肪酸（short chain fatty acid, SCFA）
M；中鎖脂肪酸（medium chain fatty acid, MCFA）
L；長鎖脂肪酸（long chain fatty acid, LCFA）

を示す.

　油脂工業，例えばエステル化やエステル交換などの応用分野では，通常，リパーゼを様々な担体に固定化したものが使用される[13-15]. 酵素を固定化することにより，酵素の安定性が増すため，カラムなどを用いて長期間使用することが可能となり，生産コストを抑えられるなどの利点がある.

5.2　リパーゼの応用[16-19]

　表5.2 に示したように，リパーゼの特性を利用して様々な食品用油脂の加工が行われている.

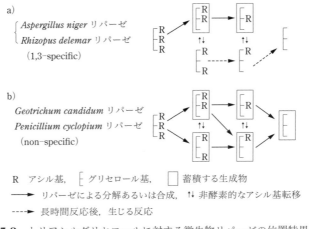

図 5.3 トリアシルグリセロールに対する微生物リパーゼの位置特異性
（参考文献 5 p.286 より引用）（注）改訂編著者が一部改変

5.2.1 脂質分解反応の利用

1) 脂肪酸の製造[5,20-22]

　天然油脂を分解して目的の脂肪酸，モノまたはジアシルグリセロールを製造する場合，従来の高圧連続分解法，けん化（アルカリ）分解法などに比べて，酵素（リパーゼ）分解法を利用すると，製造工程，精製工程，製品の品質や収率の向上を図ることができる．

　酵素分解法を用いて，動植物油脂を分解し，良質な脂肪酸とグリセリンを製造する多くの試みが報告されている．例えば，リパーゼを用いて，20～50℃，20～48時間かけて油脂を分解し，分解率93～97％を達成している．リパーゼの種類によって，トリアシルグリセロールの1,3位結合を選択的に，または2位結合を選択的に加水分解することも可能である（**図 5.3**）．

　特定の脂肪酸の製造を目的とする場合，原料油脂の選択もさることながら，その目的脂肪酸の結合位置と，リパーゼの位置特異性および脂肪酸特異性に留意して，適当なリパーゼを選択すべきである．また，リパーゼによる油脂分解には，絶えず逆反応を伴うため，分解曲線の伸びに差異

が生じる．

2) 高度不飽和脂肪酸の精製[23-28]

高度不飽和脂肪酸（polyunsaturated fatty acid, PUFA）とは，不飽和結合を2つ以上もつ不飽和脂肪酸のことである．多価不飽和脂肪酸ともいう．リノール酸，γ-リノレン酸（GLA），アラキドン酸（ARA），α-リノレン酸（ALA），エイコサペンタエン酸（EPA），ドコサヘキサエン酸（DHA）などが代表的なPUFAである．動物では，多彩な生理活性をもつPUFAを体内で生合成することができないため，外部から摂取するしかない．

これらのPUFAを精製する方法には，溶剤分別，尿素付加法，銀錯体法，酵素法などがある．

酵素法の応用として，ラウリルアルコール（LauOH）を用いる精製方法がある．これは，PUFA以外の脂肪酸を選択的にLauOHにエステル結合させる方法である（**図5.4**）．

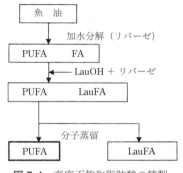

図5.4 高度不飽和脂肪酸の精製スキーム[26]
(注) 改訂編著者が一部改変

第1段階：PUFA含有油の加水分解

　PUFA含有油（魚油）の加水分解には，アルカリ分解法でなく，リパーゼを触媒とする酵素法が適用される．マグロ油，ボラージ油（植物油）などの加水分解には，*Pseudomonas*属細菌のリパーゼが適している．

第2段階：選択的エステル化反応

　PUFAを含む遊離脂肪酸をLauOHと共に*Rhizopus delemar*のリパーゼで処理すると，PUFA以外の脂肪酸（FA）は脂肪酸ラウリルエステル（LauFA）となる．反応系には，未反応のPUFAとLauOH，および反応物のLauFAが混在するので，分子蒸留によりPUFA画分を精製する．

マグロ油を原料とした場合，2回のエステル化と分子蒸留で，ドコサヘキサエン酸（DHA）の純度を23wt％から91wt％に高めることができた．ボラージ油では，同様にγ-リノレン酸（GLA）の純度を22wt％から94wt％に高めることができた[24,25]．

また，このプロセスを採用することにより，アラキドン酸（ARA）を97wt％，ジホモ-γ-リノレン酸（DGLA）を95wt％まで精製することができるとの報告もある[27,28]．

一方，PUFAに作用しない *Candida cylindracea* のリパーゼで魚油を加水分解して，未反応のPUFA含有油をそのまま濃縮する方法が開発されている（図5.5）．

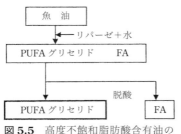

図5.5 高度不飽和脂肪酸含有油の精製スキーム[26]

C. cylindracea のリパーゼ処理で，PUFA以外のアシル基がFAに分解されるので，不要な脂肪酸を脱酸やメタノール抽出で除去すれば，PUFA結合グリセリドが得られる．27wt％PUFA含有の魚油を1回のリパーゼ処理で52wt％に，さらに2回のリパーゼ処理で85wt％まで濃縮できる[26]．*Candida rugosa* のリパーゼによるボラージ油（γ-リノレン酸（GLA）含有油）の選択的加水分解では，22wt％GLA含有油から59wt％GLA含有油（2回のリパーゼ処理）までGLA含量を高めている[23]．

3） 乳製品フレーバーの製造 [5,29-32]

乳製品には，飲用牛乳，クリーム，バター，チーズなどがあり，それぞれに特徴的なフレーバーをもっている．香気成分には，脂肪族アルコール，アルデヒド，ケトン，エステルなどがある．フレーバー生成の主要な機構としては，酵素反応が関与する酵素的生成と，非酵素的生成（熱反応，自動酸化など）がある．

乳の主要組成は，脂肪，乳糖，タンパク質であるが，フレーバーの増強には，乳脂肪の分解により生成する遊離脂肪酸が重要な役割をもつ．天然のフレーバーに近いものを製造する手段として，リパーゼは乳製品フレーバーの生成における重要な酵素といえる．

リパーゼは起源によって，位置特異性，脂肪酸特異性などに違いがあり（表5.3），遊離される脂肪酸のプロファイルが異なることから，それによって生じるフレーバーの品質も異なる．

リパーゼにより乳脂肪を分解して，炭素数4～10個の短鎖・中鎖脂肪酸（酪酸，カプロン酸，カプリル酸，カプリン酸など）とし，天然の風味や呈味を生じさせることができる．乳酸菌やプロテアーゼなどもフレーバー作りに利用されている．一方で，生成した長鎖不飽和脂肪酸は，加熱や製造工程，貯蔵中に，分解，酸化，還元などの非酵素的な二次反応を経て，ケトン，エステルなどに変化し香気に影響を与える．

岩井らは，*Rhizopus delemar*, *Geotrichum candidum*, *Penicillium cyclopium* および *Aspergillus niger* の4種の微生物リパーゼを乳脂肪に作用させて，分解率，フレーバーの発生度や乳製品用としての品質を比較し，*R. delemar* の生産するリパーゼが最も良質で濃厚なバター様フレーバーを生成することを認めた[5]．

豊増は，乳フレーバーの製造方法，特徴について，チーズフレーバーでは *Rhizopus oryzae* 由来リパーゼ，バターフレーバーでは *Candida cylindracea* 由来リパーゼが製造に適していることを報告している[31]．

現在，ミルク，クリーム，バター，チーズなど様々なタイプのフレーバー商品が販売されている．

4)　製パンへの応用[33-36]

パン作りには昔から酵素が活用されており，小麦粉や麦芽に含まれる酵素などを利用してパンを製造していた．現代の製パン産業では，パンの食感改良，窯伸び増大（ボリュームアップ），老化防止，日持ち改善など，パンの品質を向上させるために各種酵素を利用している．

具体的な酵素として，α-アミラーゼ，マルトース生成アミラーゼ，ヘミセルラーゼ，セルラーゼ，グルコースオキシダーゼ，プロテアーゼが挙げられる．そのほかに，リパーゼ，ホスホリパーゼも利用されている．

リパーゼは，製パン中に油脂に作用して，モノまたはジアシルグリセロール（乳化剤）と，酪酸などの短鎖脂肪酸を生成しやすい特異性をもっている．短鎖脂肪酸の生成量が多いと，パンの焼成時に酸化してしまい，

酸敗臭の原因となる．そのため，この臭いの課題を克服した次世代型リパーゼ（ノボザイム社）が上市されている．このリパーゼは，短鎖脂肪酸とグリセロールのエステル結合の分解能が弱く，中鎖・長鎖脂肪酸を生成する傾向が高いため，臭いのリスクを軽減できる．また，小麦粉中の糖脂質やリン脂質も分解できるため，パン生地の食感改良やパンボリュームアップに効果がある．

一方，ホスホリパーゼA_2（ナガセケムテックス社）は，レシチンをリゾレシチンに加水分解して，強い乳化作用を発揮できるため，レシチン含量の高い卵黄を多く使用する製パン分野のみならず，洋菓子の分野でも，生地の安定性，品質の改善などに寄与している．

5.2.2　脂質除去反応の利用

1）　洗剤への応用[37-41]

4章4.4節で，酵素の洗剤への応用について述べたように，プロテアーゼ，アミラーゼ，セルラーゼとともにリパーゼも洗剤用酵素として利用されている．

衣類の汚れの成分のうち，約70%は皮脂汚れであり，アシルグリセロール類がその主成分である．そこで，皮脂汚れを除去するためにリパーゼが活用され始めた．

1988年に，洗濯液のアルカリ性pHでも効果のある *Thermomyces lanuginosus*（*Humicola lanuginosa*）由来リパーゼ（ノボザイム社，商品名リポラーゼ）を配合した洗剤が，世界に先駆けて日本で発売された．このリパーゼは界面活性剤によって阻害されず，プロテアーゼによっても影響を受けない．基質特異性は広く，トリラウリン，トリオレイン，ヤシ油，オリーブ油，大豆油などに良く作用する．

その後，タンパク質工学の手法によりリパーゼの改良はさらに進み，より高い洗浄効果を示すリパーゼ（ノボザイム社，商品名ライペックス）が開発された．

Pseudomonas alcaligenes 由来リパーゼ（ジェネンコア社，商品名リポマックス），および *Pseudomonas mendocina* 由来リパーゼ（ジェネンコア

社, 商品名ルマファスト) を添加した洗剤も発売されている.

2) その他の利用

皮革製造で, 獣皮の中でもブタ皮のように脂質含量の高いものは, 皮なめし工程でリパーゼにより完全脱脂を行うと, 良質な製品が得られることが知られている[42]. 清酒の醸造では, リパーゼによる清酒の芳香を制御する可能性を強く示唆する報告がある[43].

5.2.3 エステル化反応の利用[44, 45]

リパーゼは, 油脂加水分解反応の逆反応として, 脂肪酸とグリセロールからアシルグリセロールを合成する反応をつかさどる. 分解作用と合成作用の平衡関係は, 反応系中の水分含有量によって支配される.

グリセロール (三価アルコール) 以外の, 一価および二価のアルコールと脂肪酸からもエステルを合成することができる.

従来の工業的製法に比較して, 常温, 常圧, 中性付近でエステル化が容易に進行することが利点である. この際重要なことは, リパーゼの種類によって至適 pH, pH 安定性さらに脂肪酸に対する特異性が異なるので, 目的とするエステル合成に用いる脂肪酸やアルコールの性質に応じて, それに適したリパーゼを選択しなければならない.

1) 共役リノール酸の分画[46-50]

天然界に存在する共役脂肪酸には, 共役リノール酸 (conjugated linoleic acid, CLA) や共役リノレン酸 (conjugated linolenic acid, CLN) などがある.

CLA は, リノール酸 (9-*cis*,12-*cis*-octadecadienoic acid, 9c,12c-$C_{18:2}$) の位置異性体と幾何異性体の混合物で, シス (*cis*) あるいはトランス (*trans*) に配置した一対の共役二重結合 (-C=C-C=C-) をもった炭素数 18 の脂肪酸 (いずれも化学式は $C_{18}H_{32}O_2$) の総称である.

CLA には, 主に 8 種類の異性体が存在するが, 遊離脂肪酸 (free fatty acid, FFA) として供給されているサフラワー油から製造された CLA の工業製品 (FFA-CLA) は, 9c,11t-CLA と 10t,12c-CLA が約 37％ずつ含まれる等量混合物である.

9c,11t–CLA は抗ガン作用，10t,12c–CLA は体脂肪低減，血圧上昇抑制作用などの機能性食品素材の候補として期待されており，CLA 異性体を分画，濃縮する種々の方法が提案されている．

例えば，冷却分画法，微生物生産法，酵素による選択的エステル化反応を利用した方法などが挙げられる．図5.4 の精製スキームに基づき，ラウリルアルコール（LauOH）を用いた *Candida rugosa* リパーゼによる選択的エステル化と蒸留，および尿素付加を組み合わせた方法では，9c,11t–CLA 含量は 45wt％から 93wt％に，10t,12c–CLA 含量は 47wt％から 95wt％にそれぞれ上昇した[47]．しかし，この方法は日本では食品用途には不向きである．

そこで，LauOH の代わりに植物ステロールと *C. rugosa* リパーゼを用いた選択的エステル化・加水分解による，CLA 異性体の分画・濃縮法が開発された．この工程で，9c,11t–CLA 含量は 37wt％から 70wt％に，10t,12c–CLA 含量は 39wt％から 66wt％にそれぞれ上昇した[49]．

2） バイオディーゼル燃料の生産[51, 52]

バイオディーゼル燃料（biodiesel fuel，BDF）は，一般的には動植物油を原料とし，メタノールなどのアルコール類とエステル交換した脂肪酸エステル類を意味している．脂肪酸メチルエステル（fatty acid methyl ester，FAME）が主に製造される．

BDF の製造方法は，化学触媒法，無触媒法，生体触媒法，微生物生産法に大別できる．

化学触媒法のうち，アルカリ触媒法が BDF 製造法として既に工業化されている．一方，生体触媒法はリパーゼを触媒として用いる．リパーゼは，遊離酵素を固定化することにより，繰り返し使用することができるため触媒コストの削減が可能である．リパーゼを産生する菌体を固定化して使用する菌体法も利用されている．

現在報告されている長期安定性に優れた固定化リパーゼは，*Candida antarctica*，*Thermomyces lanuginosa* 由来のものである．

5.2.4 エステル交換反応の利用[53]

油脂を構成するトリアシルグリセロール（TAG）の分子内あるいは分子間のアシル基交換により，脂肪酸の異なった TAG を生成できる（図 5.2）．油脂の改質で最も重要な反応の1つである．

このエステル交換反応には，触媒を用いる化学的エステル交換反応と，リパーゼを用いる酵素的エステル交換反応がある．化学法では，TAG の脂肪酸種やその結合位置に関わらないランダム型（無差別型）エステル交換反応が起こる．一方，酵素法では，位置特異性や脂肪酸特異性の異なるリパーゼを利用することによりディレクテッド型（指向型）エステル交換反応が可能であり，多様な油脂を製造できる．

1）モノまたはジアシルグリセロールの合成

日本で食品用乳化剤として使用できるのは，グリセリン脂肪酸エステル（モノまたはジアシルグリセロール），有機酸モノグリセリド，ポリグリセリン脂肪酸エステル，ショ糖脂肪酸エステル，レシチン，酵素分解レシチンなどである．グリセリン脂肪酸エステルは安価で応用範囲が広いため，乳化剤の中では工業的に最も多く使われている[54,55]．

グリセリン脂肪酸エステルは，油脂をグリセロールと混合し，アルカリ触媒の存在下でグリセロリシス反応を行う化学法で，工業的に生産されている．しかし，この方法では高温で反応を行うため，着色したり収率が悪いなどの課題がある．

リパーゼを用いたモノまたはジアシルグリセロール（MAG または DAG）の製造には，脂質分解反応（図 5.3）以外にも，エステル化反応やエステル交換反応を含めて多数の方法が報告されている[6]．いくつかの合成反応例を **図 5.6** に示す．

（a）MAG の合成方法（例）

① 脂肪酸／グリセロールを基質とした場合：エステル化（*Penicillium cyclopium* リパーゼ）

② TAG を基質とした場合：加水分解（*Rhizopus arrhizus* リパーゼ），アルコリシス（*R. arrhizus* リパーゼ）（図 5.6（A）），ディレクテッドグリセロリシス（*Pseudomonas cepacia* リパーゼ）（図 5.6（B））

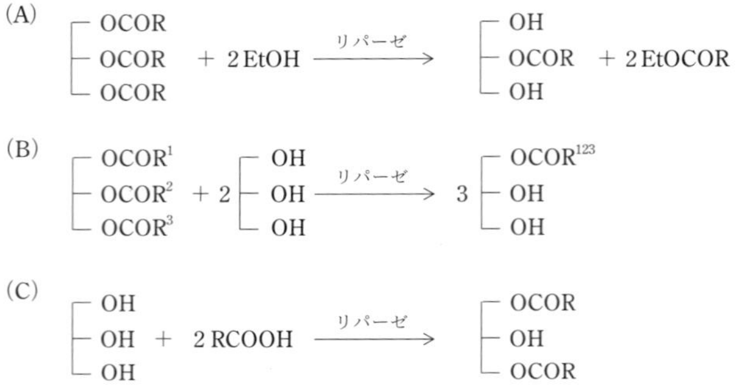

(A)
$$\begin{bmatrix} OCOR \\ OCOR \\ OCOR \end{bmatrix} + 2\,EtOH \xrightarrow{\text{リパーゼ}} \begin{bmatrix} OH \\ OCOR \\ OH \end{bmatrix} + 2\,EtOCOR$$

(B)
$$\begin{bmatrix} OCOR^1 \\ OCOR^2 \\ OCOR^3 \end{bmatrix} + 2 \begin{bmatrix} OH \\ OH \\ OH \end{bmatrix} \xrightarrow{\text{リパーゼ}} 3 \begin{bmatrix} OCOR^{123} \\ OH \\ OH \end{bmatrix}$$

(C)
$$\begin{bmatrix} OH \\ OH \\ OH \end{bmatrix} + 2\,RCOOH \xrightarrow{\text{リパーゼ}} \begin{bmatrix} OCOR \\ OH \\ OCOR \end{bmatrix}$$

(A) アルコリシス反応，(B) グリセロリシス反応
(C) 1,3 位選択的エステル化反応

図5.6 モノまたはジアシルグリセロールの合成反応例

(b)　DAG の合成方法（例）

① 脂肪酸／グリセロールを基質とした場合：1,3 位選択的エステル化（*Penicillium camembertii* リパーゼ）（図 5.6（C））

② TAG を基質とした場合：加水分解（*Penicillium roquefortii* リパーゼ），アルコリシス（*P. roquefortii* リパーゼ），ディレクテッドグリセロリシス（*Pseudomonas fluorescens* リパーゼ）

具体例として，*Candida antarctica* のリパーゼを用いて，魚油と過剰量（全脂肪酸に対して 20 モル以上）のエタノールでアルコリシス反応を行うと，2 位に PUFA を多くもつ 2-MAG を調製することができる[19]（図5.6（A））．また，リパーゼを用いて MAG を生産する酵素法として，一般的には TAG とグリセロールを反応させるグリセロリシス反応がある．*Pseudomonas* sp. リパーゼを用いて，反応温度 40℃以下で MAG の収率は 70〜90％になる[16]（図 5.6（B））．

2)　構造脂質の製造

現在利用されている機能性油脂の多くは天然油脂を加工した構造脂質である．構造脂質とは，特定の脂肪酸を特定の位置に結合させたトリアシルグリセロール（TAG）のことである．

構造脂質を構成する脂肪酸を A，B，C で示すと，グリセロールの *sn-*

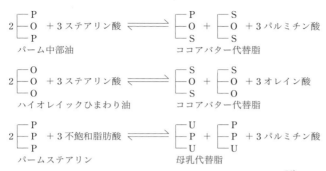

図 5.7 1,3 位特異的リパーゼによるエステル交換反応[56]
(注) 改訂編著者が一部改変

1,2,3 位に結合する位置によって，AAA 型，ABA 型，AAB 型，ABC 型の 4 種類に分類できる[17]．

AAA 型の TAG は，脂肪酸とグリセロールから，化学法あるいは酵素法により合成できる．一方，AAA 型以外の TAG については，位置特異的リパーゼの使用が有効である．

① ココアバター代替脂の製造

カカオ豆から得られるココアバターは，主にパルミチン酸 (P)，ステアリン酸 (S)，オレイン酸 (O) の 3 種類の脂肪酸で構成されており，TAG としては，そのほとんどが対称型 (POP, POS, SOS) として存在している．

酵素的エステル交換反応が注目され始めたのは，ココアバター (カカオ脂) 代替脂 (SOS, 1,3-stearoyl-2-oleoyl glycerol) の製造からである．図 5.7 に，1,3 位特異的リパーゼによるエステル交換反応を示す．製造には，例えば *Rhizomucor miehei* 由来の 1,3 位特異的リパーゼが使用される．

エステル交換反応において，油脂の加水分解をできるだけ少なくするためには，反応系の水分をできるだけ少なくし，かつ反応速度の低下を防ぐ条件を見出さねばならない．この目的で，固定化リパーゼを用いたリアクターが研究されている[14-16]．

196   5章　脂質関連酵素とその応用

② その他の代替脂の製造

トリパルミチン（PPP）と不飽和脂肪酸（U），例えばオレイン酸（O）を 1,3 位特異的にエステル交換して，OPO（1,3-oleoyl-2-palmitoyl glycerol）を含む消化吸収性に優れた母乳代替脂（乳幼児用油脂）を得ることができる（図 5.7）．

また，チョコレート用の機能性シード剤 BOB（1,3-behenoyl-2-oleoyl glycerol）も，ココアバター代替脂と同様に製造される．

3）　食用調理油の製造[15, 57-59]

中鎖脂肪酸は長鎖脂肪酸とは異なり，肝臓で直接代謝されてエネルギーになりやすい特徴がある．この中鎖脂肪酸の栄養特性を一般の食用油に導入するため，リパーゼによるエステル交換反応を行い，中鎖・長鎖トリアシルグリセロール（MLCT）構造をもつ食用油を製造することが可能になった．

中鎖脂肪酸トリアシルグリセロール（MCT）と長鎖脂肪酸トリアシルグリセロール（LCT）を混合し，リパーゼを用いてランダム型エステル交換反応を行わせると MLCT が製造される．この MLCT は，MCT と比較して発煙温度が 200℃ 程度もしくはそれ以上になり，調理時の発煙に問題がなかった．調理時の泡立ちも著しく改善された．また，MLCT は調理適性を有し，栄養特性（体脂肪量の減少）も兼ね備えている．

5.3　ホスホリパーゼの種類[1, 6, 60-63]

リン脂質（phospholipid）は，構造中にリン酸エステル部位をもつ脂質の総称である．グリセロールを骨格とするグリセロリン脂質（ホスファチジルコリンなど）と，スフィンゴシンを骨格とするスフィンゴリン脂質（スフィンゴミエリンなど）に大別される（図 5.1）．

レシチン（lecithin）は，もともとはリン脂質の一種であるホスファチジルコリンの別名（狭義のレシチン）であったが，現在では各種グリセロリン脂質を主体とする脂質製品のことを総称してレシチンと呼んでいる（広義のレシチン）．

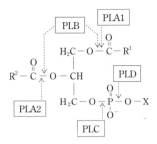

PLA1：ホスホリパーゼA₁, PLA2：ホスホリパーゼA₂
PLB：ホスホリパーゼB, PLC：ホスホリパーゼC
PLD：ホスホリパーゼD, X：塩基など

図 5.8 ホスホリパーゼの切断部位

グリセロリン脂質（glycerophospholipid）は，グリセロール部，脂肪酸部，リン酸部および塩基部からなる（**図 5.8**）．スフィンゴリン脂質には，グリセロールの代わりにスフィンゴシンが含まれる．

グリセロリン脂質の塩基として，コリン，エタノールアミン，セリンがあるが，塩基のほかにイノシトール，グリセロールも含まれる．また，脂肪酸は，飽和脂肪酸（ステアリン酸またはパルミチン酸など）や不飽和脂肪酸からなる．生体内には脂肪酸を1本しか持たないリン脂質が存在し，リゾリン脂質（lysophospholipid）と呼ばれている．

ホスホリパーゼ（phospholipase）は，リン脂質のカルボン酸エステル結合またはリン酸エステル結合を加水分解する酵素群の総称である．

ホスホリパーゼ類は，カルボン酸エステル加水分解酵素（Carboxylic Ester Hydrolases, EC 3.1.1），およびリン酸エステル加水分解酵素（Phosphoric Diester Hydrolases, EC 3.1.4）に分類される．グリセロリン脂質を加水分解するホスホリパーゼ類を，**表 5.4** に示す．このうち，加水分解の位置選択性により，ホスホリパーゼ A_1，A_2，B，C，D の5種類に分類される（図 5.8）．

① ホスホリパーゼ A_1，A_2（PLA1，PLA2）：sn-1位の脂肪酸エステル結合を加水分解する酵素をホスホリパーゼ A_1（PLA1），sn-2位の脂肪酸エステル結合を加水分解する酵素をホスホリパーゼ A_2

198 5章　脂質関連酵素とその応用

表 5.4　ホスホリパーゼの種類

EC 番号	常用名
カルボン酸エステル加水分解酵素（Carboxylic Ester Hydrolases）	
3.1.1.4	phospholipase A$_2$ ホスホリパーゼ A$_2$
3.1.1.5	Lysophospholipase（phospholipase B） リゾホスホリパーゼ（ホスホリパーゼ B）
3.1.1.32	phospholipase A$_1$ ホスホリパーゼ A$_1$
リン酸エステル加水分解酵素（Phosphoric Diester Hydrolases）	
3.1.4.3	phospholipase C ホスホリパーゼ C
3.1.4.4	phospholipase D ホスホリパーゼ D
3.1.4.11	phosphoinositide phospholipase C ホスホイノシチドホスホリパーゼ C
3.1.4.38	glycerophosphocholine cholinephosphodiesterase グリセロホスホコリンコリンホスホジエステラーゼ
3.1.4.39	alkylglycerophosphoethanolamine phosphodiesterase アルキルグリセロホスホエタノールアミンホスホジエステラーゼ
3.1.4.50	glycosylphosphatidylinositol phospholipase D グリコシルホスファチジルイノシトールホスホリパーゼ D
3.1.4.54	N-acetylphosphatidylethanolamine-hydrolysing phospholipase D N-アセチルホスファチジルエタノールアミン加水分解ホスホリパーゼ D

（PLA2）と呼ぶ．sn-2-アシル型あるいは sn-1-アシル型リゾリン脂質と，脂肪酸を生成する．

② ホスホリパーゼ B（PLB）：sn-1 位と sn-2 位の両方の脂肪酸エステル結合を加水分解する．常用名は，リゾホスホリパーゼである．

③ ホスホリパーゼ C（PLC）：グリセロールとの間のリン酸エステル結合を加水分解し、ジアシルグリセロールとリン酸基を有する塩基などを生成する．

④ ホスホリパーゼ D（PLD）：塩基などとの間のリン酸エステル結合を切断し，ホスファチジン酸と塩基などを生成する加水分解反応と，アルコール性ヒドロキシル基を有する化合物の存在下，ホス

ファチジル基転移反応を触媒する.

ホスホリパーゼ類は,動植物,糸状菌 (*Aspergillus oryzae*, *A. niger*),担子菌 (*Corticium* 属),放線菌 (*Actinomadura* 属,*Nocardiopsis* 属,*Streptomyces* 属),細菌 (*Bacillus* 属) など自然界に広く存在している.

産業用ホスホリパーゼとしては,*Aspergillus oryzae*,*Fusarium oxysporum* の PLA1,ブタ膵臓,*Streptomyces violaceoruber* の PLA2,*Actinomadura* sp.,*Streptomyces* sp. の PLD が利用されている.

なお,グリセロリン脂質には作用せず,スフィンゴリン脂質にのみ作用する酵素のうち,PLC タイプはスフィンゴミエリンホスホジエステラーゼ (sphingomyelin phosphodiesterase, EC 3.1.4.12),PLD タイプはスフィンゴミエリンホスホジエステラーゼ D (sphingomyelin phosphodiesterase D, EC 3.1.4.41) と呼ばれる.

5.4　ホスホリパーゼの食品加工への応用 [54, 55, 64-66]

グリセロリン脂質 (以下,リン脂質と略称) は,動植物組織や細菌などに広く分布する.脂質二重層を形成し,細胞膜の主な構成要素である.肉,魚,卵黄,大豆,トウモロコシ,ゴマなどの食品原料には,リン脂質 (PC, PE, PS, PI, PA など,図 5.1 参照) が含まれている.食品業界では,動植物由来のリン脂質抽出物をレシチンと呼んでおり,卵黄レシチンや植物レシチン (大豆レシチン,菜種レシチン) などが幅広く使われている.例えば,大豆レシチンの原料は粗レシチンとして,大豆油精製工程の副産物 (ガム) から得られる.

リン脂質は界面活性剤のような両親媒性を示すが,その種類により可溶化や乳化力などの物性が大きく異なるため,食品や健康食品,化粧品,医薬品などの様々な分野で利用されている.

5.4.1　リゾレシチンの製造 [67-70]

大豆や卵黄レシチン (PC, PE など) は,天然の乳化剤として食品分野で広く使われているが,他の乳化剤と大きく異なる多様な生理活性 (肺機

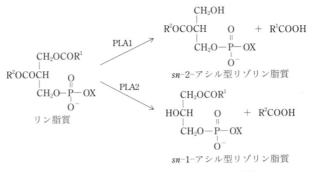

図 5.9 ホスホリパーゼ A_1 および A_2 の反応

能の改善，脂質代謝の改善，神経機能の改善・向上，動脈硬化の改善，美肌効果など）を持ち合わせている．

　リゾグリセロリン脂質（以下，リゾリン脂質あるいはリゾレシチンと略称）は，グリセロリン脂質の sn-1 位あるいは sn-2 位のアシル基が遊離したリン脂質の総称である．PLA1 の作用により sn-2-アシル型リゾリン脂質，および PLA2 の作用により sn-1-アシル型リゾリン脂質が生成する（図 5.9）．

　リゾレシチンは，酵素分解レシチンとして食品添加物に指定されている．市販品の主要なリゾレシチン組成は，sn-1-アシル型リゾレシチンである．

　リゾレシチンの特徴は，レシチンと比べて，乳化性に優れ，pH や温度変化に対しても安定なエマルションを形成すること，塩類の影響を受けにくいことである．そのほかの特徴として，離型作用（付着防止）が飛躍的に向上し，タンパク質やデンプンとの結合能にも優れていることなどである．

　リゾレシチンとして，リゾホスファチジルコリン（LPC）以外に，リゾホスファチジン酸（LPA），リゾホスファチジルセリン（LPS），リゾホスファチジルエタノールアミン（LPE），リゾホスファチジルイノシトール（LPI），リゾホスファチジルグリセロール（LPG）などの生理的機能や作用機序が報告されている[71]．

リゾレシチンの製造では，PLA2が一般的に使用されているが，PLA1を用いるリゾレシチンの製造法も報告されている[72,73]．リゾ化の反応率は，リゾ化率（％）＝（リゾリン脂質のモル数／リン脂質のモル数）×100，の指標が用いられている．

5.4.2 機能性グリセロリン脂質の製造
1) リン脂質極性基の変換反応[68,74,75]

前述のように，大豆や卵黄レシチン（主要組成はPC，PEなど）は，多様な生理活性を持ち合わせている．

一方，ホスファチジルセリン（PS）は脳に多く存在しているため，脳の機能改善，記憶力の向上，アルツハイマー病の改善などに効果があるとして，医薬品や機能性食品に応用されている．また，ホスファチジルグリセロール（PG）は，乳化安定性の優れた新しいタイプの乳化剤として注目されている．しかし，PS，PGなどの機能性グリセロリン脂質は，レシチン中に微量しか含まれていないため，高純度品を調製することは困難であった．

ホスホリパーゼD（PLD）は，リン脂質の極性部を加水分解する酵素で

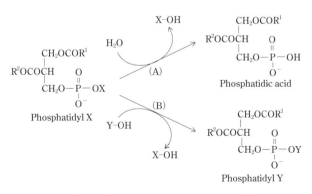

（A）加水分解，（B）ホスファチジル基転移

図5.10 ホスホリパーゼDの反応[74]
（注）改訂編著者が一部改変

表 5.5 ホスホリパーゼ D を用いたホスファチジル基転移反応による
機能性リン脂質の合成[76]

転移アルコール	合成物	機能性	合成率
各種核酸	Phosphatidylnucleosides	抗腫瘍	52～91%
L-アスコルビン酸	6-Phosphatidyl-L-ascorbic acid	抗酸化	80%
コウジ酸, アルブチン	Phosphatidylkojic acid, Phosphatidylarbutin	チロシナーゼ阻害活性	80%
グリセロール	Phosphatidylglycerol	乳化作用	72%
L-セリン	Phosphatidylserine	脳機能改善効果	80%
イノシトール	Phosphatidylinositol	情報伝達	$v : 1.08$ $mmol \cdot min^{-1} \cdot mg^{-1}$
各種テルペン	Phosphatidylated-terpene alcohols	癌細胞に対する増殖抑制活性	79～91%

(注) 改訂編著者が一部改変

あるが，反応系にヒドロキシル基を有する化合物が高濃度に存在すると，
ホスファチジル基転移反応を起こすことが知られている（**図 5.10**）.

　この転移反応を利用することで，大豆や卵黄から比較的容易に調製でき
るリン脂質から，任意の極性基をもつリン脂質を高純度に合成することが
できる.

　表 5.5 に，*Streptomyces* sp. の PLD を用いた天然型リン脂質，および非
天然型リン脂質の高効率な合成例を示す.

2) リン脂質への任意の脂肪酸の導入[77-79]

　天然物から調製したリン脂質は，その脂肪酸部分は一様でない. 脂肪酸
組成によってリン脂質の物性や機能が変化するため，リン脂質への任意の
脂肪酸の導入が行われている.

　エイコサペンタエン酸（EPA）やドコサヘキサエン酸（DHA）をアシ
ル基にもつ高度不飽和リン脂質（PUPL）は，高度不飽和脂肪酸（PUFA）
とリン脂質形態特有の機能を併せもつ多機能型の脂質である.

　生体内で優れた生理機能を発現する高度不飽和リン脂質の酵素的改変法
として，2 通りの方法が報告されている.

　図 5.11（A） には，リン脂質の *sn*-1 位に特異的なリパーゼを用いる高
度不飽和リン脂質の *sn*-1 位脂肪酸の交換反応を示す. よく用いられるリ

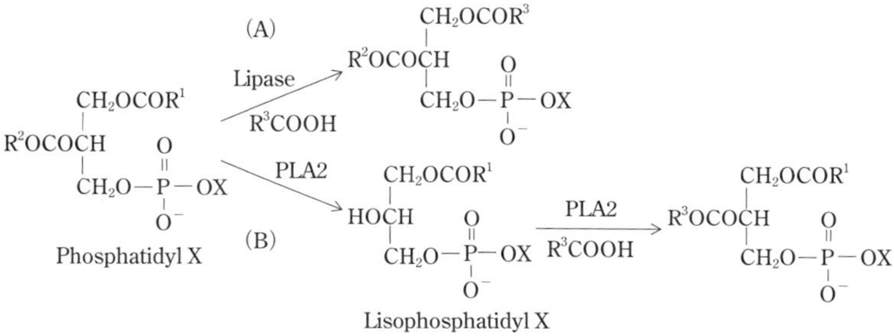

(A) sn-1 位脂肪酸の交換（アシドリシス）
(B) sn-2 位への脂肪酸の導入（エステル化）

図 5.11 リン脂質への任意の脂肪酸の導入[74]
（注）改訂編著者が一部改変

パーゼとして，*Rhizopus* 属や *Mucor* 属糸状菌由来の酵素が知られている．
図 5.11（B）には，PLA2 を用いるリン脂質 sn-2 位への高度不飽和脂肪酸の導入反応を示す．

　大豆あるいは卵黄ホスファチジルコリンにリパーゼを用いて，EPA，共役リノール酸，飽和脂肪酸（$C_{10:0}$, $C_{17:0}$）などを導入した例，および大豆あるいは卵黄リゾホスファチジルコリンに PLA2 を用いて，EPA，DHA，共役リノール酸，各種脂肪酸（$C_{6:0}$〜$C_{18:3}$）などを導入した例が報告されている[76]．

5.4.3　酵素脱ガム法 [80-82]

　大豆や菜種の採油工程で得られた粗油には様々な不純物が含まれているため，精製工程（脱ガム→脱酸→脱色→脱ろう→脱臭）の後に，製品（精製油）となる．

　精製工程の第一ステップは脱ガム工程である．粗油の主な不純物であるリン脂質（レシチンなど）や糖脂質などの極性脂質が水和すると膨張して水和ガムとして析出するので，この水和ガムを除去する（水脱ガム法）．しかし，ホスファチジン酸（PA）など難水和性のリン脂質は除去されにくいため，脱ガムが難しくなることが多い．油中に不純物が残存すると，

脱酸工程以降の精製が困難になる.

水脱ガム法より効率良い方法として, 水和処理の前にクエン酸やリン酸で処理する酸脱ガム法も用いられている.

脱ガム工程で得られた大豆レシチンは, 食品の乳化剤, 改良剤として利用される.

一方, 脱ガムに酵素を利用する方法が提案された. 酵素脱ガム法は, リン脂質をホスホリパーゼによりリゾリン脂質に変換して水和性を高め, 効率よく除去する方法である. 当初使用されたのはブタ膵臓由来 PLA2 であったが, 安定供給源の微生物 (*Thermomyces lanuginosa*, *Fusarium oxysporum*) 由来 PLA1 が実用化されている. 微生物 PLA1 は, コストが安く, 至適 pH が酸性領域にあり, Kosher や Halal 認定にも対応できる大きな利点がある.

酵素脱ガム法は世界各地で実績を積み重ねており, 経済性と環境調和性を兼ね備えた技術といえる. リゾリン脂質は回収し, 食品の乳化剤, 品質改良剤として利用できる.

5.4.4 卵黄の改質 [66, 83, 84]

リン脂質を豊富に含む食材の一つとして, 卵黄がある. 卵黄はホスホリパーゼにより物性を改善して, 商業的に用いられている.

PLA2 により卵黄のリン脂質をリゾリン脂質に変換 (リゾ化) することにより, 乳化安定性が増すこと, 固化温度上昇 (流動性の確保) による滅菌操作が容易になることなどが知られている. 流動性の確保が必要な卵黄のリゾ化には, PLA1 よりも PLA2 の方が優れているといえる.

卵黄のリゾ化は, 主にブタ膵臓 PLA2 を用いて行われていたが, 微生物 (*Streptomyces* 属放線菌) 起源の PLA2 が安定供給可能な酵素として用いられている. この微生物酵素は, 夾雑酵素が少ないこと, Kosher や Halal 認定に対応可能であること, 60℃, 10 分間という条件で容易に失活するためハンドリングが良いこと, などの利点がある.

PLA2 で改質したリゾ化卵黄は, 乳化安定性を向上させたマヨネーズ, 老化しにくい (生地が硬くならない) スポンジケーキ, その他各種食品の

製造に応用されている.

5.5　リポキシゲナーゼの応用[6, 85-88]

　リポキシゲナーゼ（lipoxygenase）は，リノール酸，リノレン酸，アラキドン酸などのような不飽和脂肪酸に酸素2原子を添加する酵素群（EC 1.13.11）である．大豆中のカロテンを酸化する酵素として報告され，大豆中に含まれていることが古くから知られていた.

　現在では，不飽和脂肪酸の種類や二重結合の位置などに対して，構造特異的あるいは立体特異的に働く種々の酵素が知られている.

　代表的なリポキシゲナーゼとして，系統名 linoleate:oxygen 13-oxidoreductase（EC 1.13.11.12）が挙げられる．常用名は linoleate 13S-lipoxygenase，別名は carotene oxidase などと呼ばれる.

　以前はマメ科植物にのみ存在するといわれていたが，微生物（*Pseudomonas* 属，*Fusarium* 属，*Rhizopus* 属など）により生産されることが認められている．動物組織にも，アラキドン酸を基質とする各種リポキシゲナーゼが存在している.

　大豆起源のリポキシゲナーゼは，小麦粉の漂白などに利用されている．リポキシゲナーゼにより，小麦粉中のリノール酸やリノレン酸などが酸化され，生成した過酸化脂質が，カロテノイドやクロロフィルなどの色素と反応して脱色が起こり，結果的に漂白作用を示す.

　またグルテンのチオール基を酸化することなどから，パン製造時のグルテン形成の促進や，香気の改善に役立つといわれている.

　小麦粉にリポキシゲナーゼを混合することで，パン，中華まんじゅう，ギョーザ，シューマイ，冷麦の色相改良効果が認められている．パンや中華まんじゅうの生地のように，水分が多くかつ混捏（こんねつ）時に空気を抱き込みやすい場合は効果が早く出るが，ギョーザや麺などのように，加水量が少なく，空気の抱き込みの少ない麺帯を短時間で成型する場合は，生地あるいは麺帯を15～30分間熟成させると酵素反応が進み，効果的である．また，水産練り製品に混合するデンプン類に微量配合すること

で，品質が改良される．

参考文献

1) 鹿山 光（編）（1989）『総合脂質科学』，恒星社厚生閣，東京．
2) 荻野圭三（2011）『オレオサイエンス―非石油系油脂の科学』，日刊工業新聞社，東京．
3) 原田一郎（原著），戸谷洋一郎（改訂編著）（2015）『改訂新版 油脂化学の知識』，幸書房，東京．
4) Desnuelle, P. (Boyer, P. D. (Ed.)) (1972) *"The Enzymes"*, 3rd edn., Vol. **7**, pp. 575-616, Academic Press, New York and London.
5) 岩井美枝子（1991）『リパーゼ―その基礎と応用』，幸書房，東京．
6) Bornscheuer, U. T. (Ed.) (2000) *"Enzymes in Lipid Modification"*, Wiley-VCH, Berlin.
7) Hou, C. T. (Ed.) (2005) *"Handbook of Industrial Biocatalysis"*, 1st edn. CRC Press, Florida.
8) Kademi, A., Leblanc, D. & Houde, A. (Pandey, A., Webb, C., Soccol, C. R. & Larroche, C. (Eds.)) (2006) *"Enzyme Technology"*, pp. 297-318, Springer, Berlin and Heidelberg.
9) 島田裕司（井上國世（監修））（2009）『フードプロテオミクス―食品酵素の応用利用技術―』，pp. 172-183，シーエムシー出版，東京．
10) 清水 昌（監修）（2013）『食品用酵素データ集―取り扱い手法と実践―』，シーエムシー出版，東京．
11) 蓑島良一（2001）オレオサイエンス，**1**(8), 857-862.
12) 都築和香子（2007）食糧―その科学と技術（食品総合研究所編），No.**45**, 1-18.
13) 小杉佳次（1993）化学と生物，**31**(1), 52-56.
14) 大門浩作（2001）オレオサイエンス，**1**(8), 851-856.
15) 根岸 聡（2004）オレオサイエンス，**4**(10), 417-423.
16) 山根恒夫（1991）油化学，**40**(10), 965-973.
17) 岩崎雄吾，山根恒夫（2001）オレオサイエンス，**1**(8), 825-833.
18) 根津 亨，荒川 浩（2006）オレオサイエンス，**6**(3), 145-151.
19) 島田裕司，永尾寿浩，渡辺 嘉（2008）オレオサイエンス，**8**(1), 3-9.
20) Okumura, S., Iwai, M. & Tsujisaka, Y. (1976) *Agric. Biol. Chem.*, **40**(4), 655-660.
21) Okumura, S., Iwai, M. & Tsujisaka, Y. (1981) *Agric. Biol. Chem.*, **45**(1), 185-189.
22) 斎藤政博，景山治夫，平野二郎（稲葉恵一，平野二郎（編著））（1990）『脂肪酸化学』，新版，pp. 13-39, 幸書房，東京．
23) 島田裕司，杉原耿雄，富永嘉男（1997）油脂，**50**(12), 66-70.
24) 島田裕司，杉原耿雄，富永嘉男（1998）油脂，**51**(1), 60-64.
25) Shimada, Y., Sugihara, A. & Tominaga, Y. (2001) *J. Biosci. Bioeng.*, **91**(6), 529-538.
26) 岡島伸浩（戸谷洋一郎（監修））（2012）『油脂の特性と応用』，pp. 378-387, 幸書房，東京．

27) 島田裕司（井上國世（監修））（2015）『産業酵素の応用技術と最新動向』，普及版，pp. 101-110，シーエムシー出版，東京.

28) 永尾寿浩，田中重光（2016）科学と工業，**90**(3), 85-92.

29) 町田伸夫（2007）月刊フードケミカル，**23**(3), 39-44.

30) 森本 猛（2007）食品と開発，**42**(10), 10-12.

31) 豊増敏久（小宮山眞（監修））（2010）『酵素利用技術大系：基礎・解析から改変・高機能化・産業利用まで』，pp. 779-782，エヌ・ティー・エス，東京.

32) 蟹沢恒好（荒井綜一，矢島 泉，川崎通昭，小林彰夫（編））（2012）『最新 香料の事典』，普及版，pp. 313-321，朝倉書店，東京.

33) Park, S. H., Maeda, T. & Morita, N. (2005) *J. Appl. Glycosci.*, **52**(4), 337-343.

34) 黒坂玲子（2016）食品の包装，**48**(1), 36-40.

35) 西本幸史（2016）食品の包装，**48**(1), 41-45.

36) 福永健三，栃尾 巧，柏倉雄一，安井 忍（2018）月刊フードケミカル，**34**(5), 51-56.

37) Hashimoto, T., Fujii, T., Kawase, T & Minagawa, M. (1985) *J. Jpn. Oil Chem. Soc.*, **34**(8), 606-612.

38) 坂口博脩（2003）洗剤用酵素の利点と機能，繊維製品消費科学，**44**(7), 377-382.

39) 皆川 基（皆川 基，藤井富美子，大矢 勝（編））（2007）『洗剤・洗浄百科事典』，新装版，pp. 241-249，朝倉書店，東京.

40) 戸部聖一（小宮山眞（監修））（2010）『酵素利用技術大系：基礎・解析から改変・高機能化・産業利用まで』，pp. 819-822，エヌ・ティー・エス，東京.

41) 鈴木陽一（2014）*Fragrance journal*, **42**(7), 36-42.

42) 岡村 浩，白井邦郎，川村 亮（1974）日本畜産学会報，**45**(11), 609-617.

43) 木崎康造，粂田浩史，佐藤深雪，山根雄一，金尾丞泰，福田 央，三上重明，若林三郎（2000）生物工学会誌，**78**(9), 377-381.

44) 石田祀朗（1985）油化学，**34**(4), 241-250.

45) 小林 敬（2007）FFI ジャーナル，**212**(4), 273-280.

46) 原 健次（2000）『共役リノール酸の生化学と応用』，幸書房，東京.

47) Nagao, T., Yamaguchi-Sato, Y., Sugihara, A., Iwata, T., Nagao, K., Yanagita, T., Adachi, S. & Shimada, Y. (2003) *Biosci. Biotechnol. Biochem.*, **67**(6), 1429-1433.

48) 岩田敏夫（佐藤清隆，柳田晃良，和田 俊（監修））（2004）『機能性脂質のフロンティア』，pp. 243-247，シーエムシー出版，東京.

49) 永尾寿浩，山内良枝，渡辺 嘉，田中重光，岸本憲明，山本隆也，岩田敏夫（2012）科学と工業，**86**(9), 309-317.

50) 山﨑正夫（2013）日本栄養・食糧学会誌，**66**(5), 241-247.

51) 横溝和久（日本油化学会（編））（2009）『油脂・脂質の基礎と応用―栄養・健康から工業まで―』，改訂第2版，pp. 191-193，日本油化学会，東京.

52) 益山新樹，渡辺 嘉，飯田重樹，渡邉 学（日本油化学会（編））（2012）『油脂・脂質・界面活性剤データブック』，pp. 575-589，丸善出版，東京.

53) 横山和明（日本油化学会（編））（2009）『油脂・脂質の基礎と応用―栄養・健康から工業まで―』，改訂第2版，pp. 232-236，日本油化学会，東京.

54) 日高 徹（1991）『食品用乳化剤』，第 2 版，幸書房，東京.

55) 戸田義郎，加藤友治，門田則昭（編）（1997）『食品用乳化剤－基礎と応用』，光琳，東京.

56) 高橋喜和（2001）油脂加工技術，オレオサイエンス，**1**(8), 871-875.

57) 笠井通雄，野坂直久，槇 英昭，鈴木佳恵，青山敏明（2003）オレオサイエンス，**3**(11), 635-637.

58) 笠井通雄（2006）脂質栄養学，**15**(1), 55-61.

59) 山内（佐藤）良枝，鈴木順子，根岸 聡（2008）科学と工業，**82**(10), 499-503.

60) Hanahan, D. J. (Boyer, P. D. (Ed.)) (1971) "The Enzymes", 3rd edn., Vol. **5**, pp. 71-85, Academic Press, New York and London

61) Dennis, E. A. (Boyer, P. D. (Ed.)) (1983) "The Enzymes", 3rd edn., Vol. **16**, pp. 307-353, Academic Press, New York and London.

62) 井上圭三（1988）油化学，**37**(10), 854-863.

63) 椎原美沙（井上國世（監修））（2015）『産業酵素の応用技術と最新動向』，普及版，pp. 299-307，シーエムシー出版，東京.

64) 菰田 衛（1991）『レシチン－その基礎と応用』，幸書房，東京.

65) 奈良部 均（1992）油化学，**41**(9), 897-902.

66) 石山大輔（2009）食品の包装，**40**(2), 46-49.

67) 青井暢之（1990）油化学，**39**(1), 10-15.

68) 高 行植，園 良治（2001）月刊フードケミカル，**17**(2), 45-54.

69) 藤田 哲（2004）月刊フードケミカル，**20**(12), 11-15.

70) 杉森大助（小宮山眞（監修））（2010）『酵素利用技術大系：基礎・解析から改変・高機能化・産業利用まで』，pp. 760-767，エヌ・ティー・エス，東京.

71) 濱 弘太郎，中永景太，青木淳賢（2009）化学と生物，**47**(10), 703-710.

72) 内田典芳，服部 惇（1995）特開平 7-222592，三共株式会社.

73) 白坂直輝，椎原美沙（2013）特許 5336688，長瀬産業株式会社.

74) 山根恒夫，岩崎雄吾（1995）油化学，**44**(10), 875-882.

75) 周東 智，松田 彰（1997）有機合成化学協会誌，**55**(3), 207-216.

76) 北本 大，細川雅史（日本油化学会（編））（2012）『油脂・脂質・界面活性剤データブック』，pp. 550-552，丸善出版，東京.

77) 細川雅史，高橋是太郎（2002）オレオサイエンス，**2**(1), 19-25.

78) 戸谷洋一郎，原 節子（2003）科学と工業，**77**(5), 225-232.

79) 岩崎雄吾（2013）オレオサイエンス，**13**(10), 465-469.

80) 生稲淳一（日本油化学会（編））（2009）『油脂・脂質の基礎と応用―栄養・健康から工業まで』，改訂第 2 版，pp. 215-219，日本油化学会，東京.

81) 安部京子（2002）BIO INDUSTRY，**19**(11), 62-71.

82) 八木 隆（2006）オレオサイエンス，**6**(3), 133-138.

83) 椎原美沙（2008）月刊フードケミカル，**24**(12), 66-69.

84) 坂口裕之，平松 肇，萱沼みのり，杉浦華代，劉 暁麗（2011）特許 4800911，キユーピー株式会社・ナガセケムテックス株式会社.

85) Sakai-Imamura, M.（1975）お茶の水女子大学自然科学報告，**26**(2), 109-125.

86) Ikediobi, C. O. (1977) *Agric. Biol. Chem.*, **41**(12), 2369-2375.

87) 小幡明雄, 松浦 勝 (1997) 日本食品科学工学会誌, **44**(11), 768-773.

88) 安部智子 (2018) 生物工学会誌, **96**(12), 710.

6章 植物組織崩壊酵素とその応用

6.1 植物組織崩壊酵素の種類

陸上植物の細胞壁には,一次細胞壁と二次細胞壁があり,細胞壁どうしは最外層の細胞間物質(中葉,あるいは中層ともいう)で接着している[1-4](**図6.1**).

植物の細胞壁を構成している成分はセルロース(cellulose),ヘミセルロース(hemicellulose),ペクチン(pectin)などが主であり,このほかに糖タンパク質,リグニン,下等植物では節足動物に存在するキチンを含むものもある.中葉は,主としてペクチンよりなり,リグニンも含む.

セルロースは高等植物の細胞壁の主成分であり,植物の骨格成分として重要である.植物体中でのセルロースの含有量は一定していない.木質部では約50%がセルロースである.セルロースのβ-1,4-グルコシド結合を切断する加水分解酵素を,セルロース分解酵素(セルラーゼ)と総称している.

一次細胞壁と中葉に多く含まれるペクチンは,ペクチン質またはペクチン性多糖とも呼ばれるもので,細胞壁を熱水やキレート剤を含む水溶液で抽出して得られる,酸性多糖の総称である.ペクチンに作用する酵素を総

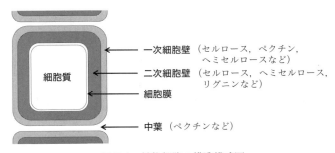

図6.1 植物細胞の構造模式図

称して，ペクチン質分解酵素（ペクチナーゼ）と呼んでいる．

また，植物の細胞壁成分のうち，細胞壁多糖類からペクチンを抽出した後に，アルカリ水溶液で抽出される多糖類の混合物をヘミセルロースと呼んでいる．これらの多糖類を加水分解する酵素群を，ヘミセルラーゼと総称している．

植物細胞壁を構成する物質の分解に関与する酵素群（セルラーゼ，ペクチナーゼおよびヘミセルラーゼなど）を含有する酵素製剤は，植物組織崩壊酵素製剤，細胞組織崩壊酵素製剤などと呼ばれている．

6.2 セルロース分解酵素（セルラーゼ）

セルロースは，数千〜数万の D-グルコース残基が β-1,4-グリコシド結合によって重合した直鎖状のホモ多糖，つまり 1,4-β-D-グルカンである[5,6]．

天然のセルロースは，結晶領域と非結晶領域からなるセルロース分子が平行に配列して，互いに水素結合で強固に結合している．これが直径 2〜20 nm のセルロース微小繊維（セルロースミクロフィブリル）を形成し，細胞壁の骨格をなしている．天然に存在するセルロース微小繊維は，すべてセルロース I 型（還元末端の向きが結晶中で全て同じ平行鎖構造）である．セルロース I 型を化学処理，特にアルカリ処理することで，不可逆的にセルロース II 型（隣り合う分子鎖の還元末端の向きが異なる逆平行鎖構造）になる．天然セルロースの分子量は 60 万〜150 万（重合度 3,500〜10,000）で，木材パルプでは 8 万〜34 万，レーヨン（再生セルロース繊維）は 5.7 万〜7.3 万といわれている．

セルロースはデンプン分子と異なり，グルコース分子内の OH 基は，分子内，分子外水素結合に関与し，遊離の形では存在しない．このことにより極めて強固な結晶構造をとりうると考えられる．

セルロース分解酵素には，次の 3 つの型の酵素がある[7,8]（図 6.2）．

1) エンドグルカナーゼ（EG）[8-11]

エンドグルカナーゼ（endoglucanase，EC 3.2.1.4）は，セルロースの非結晶領域をランダムに切断するエンド型酵素であり，セロビオース，セロ

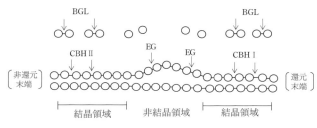

EG；エンドグルカナーゼ　　CBH I，CBH II；セロビオヒドロラーゼ
BGL；β-グルコシダーゼ

図6.2 セルロース分解酵素によるセルロースの分解モデル

トリオースなど様々な鎖長のセロオリゴ糖を生成する．カルボキシメチルセルロース (CMC) などの水溶性基質やアルカリ膨潤セルロースに良く作用し，単独では結晶性セルロースには作用しない．この酵素は誘導酵素で，セルロースが存在すると産生される．セルラーゼ，エンド-1,4-β-グルカナーゼ，Cx 酵素，CMCase とも呼ばれる．

2) セロビオヒドロラーゼ (CBH) [8, 12, 13]

セルロースの末端から逐次セロビオースを遊離するエキソグルカナーゼを，セロビオヒドロラーゼと呼んでいる．

セルロースの"還元末端"に作用してセロビオースを逐次遊離するセロビオヒドロラーゼ (CBH I, EC 3.2.1.176)（系統名；4-β-D-glucan cellobiohydrolase (reducing end)) と，セルロースの"非還元末端"に作用してセロビオースを逐次遊離するセロビオヒドロラーゼ (CBH II, EC 3.2.1.91)（系統名；4-β-D-glucan cellobiohydrolase (non-reducing end)) の2タイプのCBHがある．CBH II は，セルロース 1,4-β-セロビオシダーゼ，エキソセロビオヒドロラーゼ，アビセラーゼとも呼ばれる．

2タイプの CBH は，EG の共存下で相乗的に作用して，セルロースの結晶領域を崩壊する作用を示す．これらの酵素も誘導酵素である．

3) β-グルコシダーゼ (BGL) [8, 14]

β-グルコシダーゼ (β-glucosidase, EC 3.2.1.21) は，セロビオースの非還元末端グルコース残基に作用し，β-D-グルコースを遊離する酵素で，

セロビアーゼとも呼ばれる．セロトリオースやセロテトラオースも加水分解できる．また，β-D-galactosides，β-D-xylosides，β-D-fucosides などを加水分解する BGL もある．

セルラーゼは，動植物，糸状菌（*Acremonium* 属，*Aspergillus* 属，*Humicola* 属，*Trichoderma* 属），担子菌（*Corticium* 属，*Irpex* 属，*Pycnoporus* 属），放線菌（*Actinomyces* 属，*Streptomyces* 属），細菌（*Bacillus* 属）など自然界に広く存在している．また，*Trichoderma reesei*，*Trichoderma viride*，*Aspergillus niger* などの給源から商業生産されている．

先に示した 1）～3）の酵素単独ではセルロースの分解性は低いが，3 種類の酵素が協奏的，相乗的に働くことによってセルロースの分解が促進される．天然セルロースを分解する key enzyme は，CBH と考えられている．3 種類の酵素の産生比は微生物の種類によって著しく異なるが，CBH 生産菌は比較的少なく，*Trichoderma viride* は CBH 生産能が高い．

一般的に，*Trichoderma* 属糸状菌のセルラーゼは，主に EG と CBH を含み，*Aspergillus* 属糸状菌のセルラーゼは EG と BGL を含んでいる．したがって，*Trichoderma* 属糸状菌セルラーゼの方が，*Aspergillus* 属糸状菌セルラーゼよりもセルロース分解能が強力といわれている．

6.3　ペクチン質分解酵素（ペクチナーゼ）[15-23]

ペクチン質は，プロトペクチン（protopectin），ペクチン（pectin），ペクチン酸（pectic acid）などの一群の物質であるが，その主体は D-ガラクツロン酸（D-galacturonic acid，GalA）が α-1,4-グルコシド結合した直鎖状の酸性多糖（ポリガラクツロン酸，polygalacturonic acid）である．

ポリガラクツロン酸の 6 位のカルボキシル基のメチルエステル化度の高いものをペクチン，メチルエステル化度の低いもの（メチル基をほとんど含まないもの）をペクチン酸と呼ぶ．メチルエステル化度は植物によって異なり，高いもの（柑橘類，リンゴなど）は 50～90％に達する．

ペクチンの過半量（～65％）を占めているホモガラクツロナン（homogalacturonan）は，ポリガラクツロン酸の 6 位のカルボキシル基が

6.3 ペクチン質分解酵素（ペクチナーゼ） **215**

部分的にメチルエステル化，2位および3位の水酸基が部分的にアセチル化された構造をもつ．D-ガラクツロン酸とL-ラムノースが交互に結合した4-D-ガラクトシルウロン酸-2-L-ラムノシルの重合体を，ラムノガラクツロナンⅠ（rhamnogalacturonan I）という．

ペクチンは未熟果実などでは大部分が水に不溶性の形で存在し，これをプロトペクチンと呼んでいる．熟度が進むに従って可溶性のペクチンに変化する．不溶性のプロトペクチンを可溶化する酵素をプロトペクチナーゼと呼んでいる．

ペクチンはゼリー形成力を有しており，果物のジャム類を製造する際に重要な成分である．さらに熟度が進むと，ペクチンは脱メトキシ化されてペクチン酸になる．ペクチン酸にはもはやゼリー形成力はない．したがって，ジャム製造目的にはやや未熟果のうちに採取するのが好都合である．

ペクチン酸は高分子，高粘度であるために保護コロイド能を有し，果汁中で混濁状態を維持する役割を果たす．

ペクチン質の分解に関与する酵素としては，ペクチンのメチルエステル

表6.1 ペクチン質デポリメラーゼの種類[16]

使用基質	ヒドロラーゼ（加水分解酵素）	リアーゼ（脱離酵素）
ペクチン	ポリメチルガラクツロナーゼ（PMG） ① エンドポリメチルガラクツロナーゼ endo-PMG* ② エキソポリメチルガラクツロナーゼ exo-PMG*	ペクチンリアーゼ（PL） ③ エンドペクチンリアーゼ endo-PL（EC 4.2.2.10） ④ エキソペクチンリアーゼ exo-PL*
ペクチン酸	ポリガラクツロナーゼ（PG） ⑤ エンドポリガラクツロナーゼ endo-PG（EC 3.2.1.15） ⑥ エキソポリガラクツロナーゼ exo-PG（EC 3.2.1.67）	ペクチン酸リアーゼ（PAL） ⑦ エンドペクチン酸リアーゼ endo-PAL（EC 4.2.2.2） ⑧ エキソペクチン酸リアーゼ exo-PAL（EC 4.2.2.9）
	エキソポリ-α-ジガラクツロノシダーゼ（EC 3.2.1.82）	オリゴガラクツロン酸リアーゼ（EC 4.2.2.6） ペクチン酸トリサッカライドリアーゼ（EC 4.2.2.22）

* ①，②，④にはEC番号はない．（注）改訂編著者が一部改変

216　　　　　　　6 章　植物組織崩壊酵素とその応用

に作用して，このエステル結合を加水分解するペクチンメチルエステラー
ゼ（pectin methylesterase）と，ポリガラクツロン酸の主鎖の α-1,4-グル
コシド結合を分解するペクチン質デポリメラーゼ（pectin depolymerase）
に大別される．

　ペクチン質デポリメラーゼには，ヒドロラーゼ（加水分解酵素）（EC
3.2.1）およびリアーゼ（脱離酵素）（EC 4.2.2）が存在し，さらに作用す
る基質（ペクチンあるいはペクチン酸），および分解様式（エンド型ある
いはエキソ型）から 8 つのグループに分けられる（**表 6.1**，**図 6.3**）．

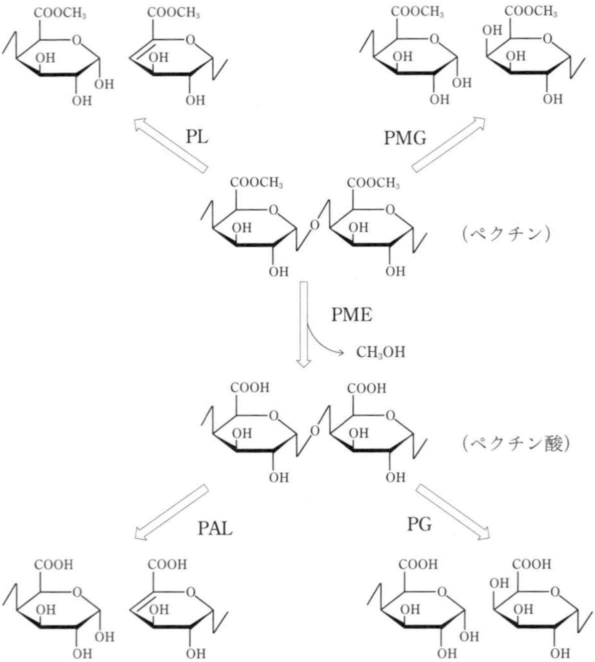

PME；ペクチンメチルエステラーゼ
PMG；ポリメチルガラクツロナーゼ　　　PG；ポリガラクツロナーゼ
PL；ペクチンリアーゼ　　PAL；ペクチン酸リアーゼ

図 6.3　ペクチン質分解酵素によるペクチン質の分解モデル

6.3 ペクチン質分解酵素（ペクチナーゼ）

1) プロトペクチナーゼ (PPase)[24, 25]

プロトペクチナーゼ（protopectinase）は，プロトペクチン（不溶性）をペクチン（可溶性）にする酵素であり，AタイプのPPaseとBタイプのPPaseに分類される．前者は，プロトペクチンの内部（ポリガラクツロン酸領域）を切断する．後者は，ポリガラクツロン酸の分解能をもたず，プロトペクチンの外部（ポリガラクツロン酸や細胞壁成分に隣接する多糖類領域）を切断して水溶性のペクチンを遊離させる機能をもつ．

2) ペクチンメチルエステラーゼ (PME)

ペクチンメチルエステラーゼ（pectin methylesterase, EC 3.1.1.11）は，ペクチン（ポリメチルガラクツロン酸）を構成するメトキシ化 D-ガラクツロン酸の C6 位のメチルエステルを加水分解し，メタノールを生成する酵素である．常用名はペクチンエステラーゼである．

糸状菌由来 PME は，ペクチン鎖内部のメチルエステルにエンド型で優先して作用し，続いて還元末端に向かって加水分解していく．植物由来 PME は，メチルエステルにエキソ型で作用する．

なお，ペクチンの D-ガラクツロン酸残基の C2 位，あるいは C3 位に結合しているアセチル基を加水分解するペクチンアセチルエステラーゼ（EC 3.1.1.-）は別の酵素である．

3) ヒドロラーゼ（加水分解酵素）

① ポリメチルガラクツロナーゼ (PMG)

ペクチン（ポリメチルガラクツロン酸）の α-1,4-グルコシド結合を加水分解する酵素（EC 3.2.1.-）であり，エンド型（endo-PMG）と，非還元末端から分解するエキソ型（exo-PMG）が考えられる．報告例は非常に少なく，PMG に酵素番号はない[26]．

② ポリガラクツロナーゼ (PG)

ペクチン酸（ポリガラクツロン酸）の α-1,4-グルコシド結合を加水分解する酵素であり，エンド型酵素（endo-polygalacturonase (endo-PG), EC 3.2.1.15）と，非還元末端から D-ガラクツロン酸 (GalA) 単位で分解するエキソ型酵素（exo-polygalacturonase (exo-PG), EC 3.2.1.67）がある．エキソ型酵素については，ペクチン

酸の非還元末端から2GalA単位で分解するエキソポリ-α-ジガラクツロノシダーゼ（exo-poly-α-digalacturonosidase, EC 3.2.1.82）が知られている.

4) リアーゼ（脱離酵素）

① ペクチンリアーゼ（PL）

ペクチンのα-1,4-グルコシド結合をβ脱離反応により切断するエンド型酵素（pectin lyase（endo-PL）, EC 4.2.2.10）である. 反応生成物の非還元末端は, 4,5-不飽和メトキシ化ガラクツロン酸となる.

エキソ型酵素としてエキソペクチンリアーゼ（exo-PL, EC 4.2.2.-）が考えられるが, 報告はない.

② ペクチン酸リアーゼ（PAL）

ペクチン酸のα-1,4-グルコシド結合をβ脱離反応により切断する酵素であり, エンド型酵素（pectate lyase（endo-PAL）, EC 4.2.2.2）と, 還元末端から2GalA単位で分解するエキソ型酵素（exopectate lyase（exo-PAL）, EC 4.2.2.9, 常用名；pectate disaccharide-lyase）がある. 反応生成物の非還元末端は, 4,5-不飽和ガラクツロン酸となる.

エキソ型酵素については, オリゴガラクツロン酸の還元末端からGalA単位で分解するオリゴガラクツロニドリアーゼ（oligogalacturonide lyase, EC 4.2.2.6）, およびペクチン酸の還元末端から3GalA単位で分解するペクチン酸トリサッカライドリアーゼ（pectate trisaccharide-lyase, EC 4.2.2.22）が知られている.

市販されているペクチナーゼ製剤の給源としては, 糸状菌（*Aspergillus*属, *Rhizopus*属など）が挙げられる. これらの酵素製剤は, その多くがペクチンメチルエステラーゼ（PME）, エンドポリガラクツロナーゼ（endo-PG）, エンドペクチンリアーゼ（endo-PL）などの複合酵素製剤であり, 製品ごとに酵素組成の比率は異なっている.

6.4 ヘミセルラーゼ[8, 27-31)]

植物の細胞壁からペクチンを抽出した後，アルカリ水溶液で抽出される多糖類を総称してヘミセルロース（hemicellulose）という．セルロースは含まれない．酸による加水分解で，ペントース，ヘキソース，ウロン酸などを生じる．

表 6.2 主なヘミセルロース関連酵素

ヘミセルラーゼ	エンド型	エキソ型
キシラナーゼ	endo-1,4-β-xylanase（β-xylanase）（EC 3.2.1.8）	exo-1,4-β-xylosidase（β-xylosidase）（EC 3.2.1.37） oligosaccharide reducing-end xylanase（EC 3.2.1.156）
	endo-1,3-β-xylanase（EC 3.2.1.32）	exo-1,3-β-xylosidase（EC 3.2.1.72）
ガラクタナーゼ	endo-1,4-β-galactanase（EC 3.2.1.89）	β-galactosidase（EC 3.2.1.23）
	endo-β-1,3-galactanase（EC 3.2.1.181）	galactan 1,3-β-galactosidase（EC 3.2.1.145）
	endo-1,6-β-galactanase（EC 3.2.1.164）	
マンナナーゼ	endo-1,4-β-mannanase（EC 3.2.1.78）	β-mannosidase（EC 3.2.1.25） exo-1,4-β-mannobiohydrolase（EC 3.2.1.100）
アラビナナーゼ	endo-1,5-α-L-arabinanase（EC 3.2.1.99）	α-L-arabinosidase（EC 3.2.1.55）
β-グルカナーゼ	endo-1,3(4)-β-glucanase（EC 3.2.1.6） endo-1,3-β-glucanase（EC 3.2.1.39）	glucan 1,3-β-glucosidase（EC 3.2.1.58）
	endo-1,2-β-glucanase（EC 3.2.1.71）	
	endo-1,6-β-glucanase（EC 3.2.1.75）	

ヘミセルロースには，キシラン，ガラクタン，マンナン，アラビナン，β-グルカンのようなホモ多糖もあるが，異なった種類の単糖（キシロース，ガラクトース，マンノース，アラビノース，グルコースなど）を含むヘテロ多糖である場合が多い．キシログルカン，グルコマンナン，アラビノキシラン，グルクロノキシラン，ガラクトマンナンなどがある．

これらのヘミセルロースに作用する加水分解酵素をヘミセルラーゼと慣用しているのであって，セルラーゼ，ペクチナーゼなどの名称よりも，かなり広範囲の酵素を含む名称であると考えねばならない．主な酵素として，キシラナーゼ，ガラクタナーゼ，マンナナーゼ，アラビナーゼ，β-グルカナーゼなどが挙げられる（**表6.2**）．

6.4.1 キシラナーゼ

ヘミセルラーゼのなかで比較的よく研究されているのはキシラナーゼである．

キシランは木質部，稲わら，もみ殻などの細胞壁の主成分であり，キシロースが β-1,4 結合で重合した多糖である．

キシランの β-1,4 結合を加水分解するキシラナーゼには，基質分子内部の結合に作用するエンド型（endo-1,4-β-xylanase，別名 β-xylanase，EC 3.2.1.8）と，非還元末端からキシロース残基を1個ずつ遊離するエキソ型（exo-1,4-β-xylosidase，あるいは β-xylosidase，EC 3.2.1.37）がある．

主なキシラナーゼ生産菌として，細菌（*Bacillus* 属），放線菌（*Streptomyces* 属），糸状菌（*Aspergillus* 属，*Penicillium* 属，*Trichoderma* 属）などが報告されている．

なお，海藻の 1,3-β-キシランに作用する endo-1,3-β-xylanase（EC 3.2.1.32）および exo-1,3-β-xylosidase（EC 3.2.1.72）が見いだされている．

キシラナーゼの産業への利用として，大麦糖化液のろ過促進，焼き菓子・製パンへの利用，製紙への利用（パルプ漂白），飼料への利用などが報告されている．また，他のオリゴ糖と比較し非常に高いビフィズス菌増殖活性をもつキシロオリゴ糖の製造に，キシラナーゼが利用されている[32-35]．

6.4.2 ガラクタナーゼ

　主にアラビノース残基とガラクトース残基からなるアラビノガラクタン（ヘテロ多糖）には，大きく分けてタイプ I とタイプ II がある．タイプ I は 1,4-β-D-ガラクタンを主鎖とし，タイプ II はアラビノ-3,6-ガラクタンとも呼ばれ，1,3-β-D-ガラクタンを主鎖とする．ホモ多糖のガラクタンは少ない．

　アラビノガラクタンは，多くの植物（大豆など）や微生物の細胞壁から得られ，乳酸菌などの腸内細菌を増やす効果や免疫機能の改善，また高い保湿性や食感改良の性能があるため食品添加物として使われている．

　ガラクタナーゼは，アラビノガラクタンに作用することからアラビノガラクタナーゼとも呼ばれ，β-1,4-ガラクトシド結合を分解する endo-1,4-β-galactanase（EC 3.2.1.89）と，β-1,3-ガラクトシド結合を分解する endo-β-1,3-galactanase（EC 3.2.1.181）がある．

　また，β-1,6-ガラクトシド結合を分解する endo-1,6-β-galactanase（EC 3.2.1.164）も知られている．

　ガラクタナーゼ生産菌として，*Aspergillus* 属糸状菌，*Penicillium citrinum*，*Bacillus subtilis*，*Streptomyces avermitilis* などが知られている．ガラクタナーゼを用いたアラビノガラクタンの分解，ガラクトオリゴ糖の合成について報告がある[36,37]．

6.4.3 マンナナーゼ

　マンナンは，マンノースからなる直線状の主鎖（1,4-β-D-マンノシド結合）をもつ多糖類の総称であり，マンノースのみからなるものもあるが，ガラクトースあるいはグルコースを含むものもある．これらはガラクトマンナン，グルコマンナンと呼ばれ，こんにゃく芋，海藻，ゾウゲヤシの実などに多く含まれる．

　マンノースの重合体に作用する酵素をマンナナーゼあるいはマンナーゼと呼んでいるが，基質特異性の点で幾つかの種類が知られている．マンナン，ガラクトマンナン，グルコマンナンの 1,4-β-D-マンノシド結合をランダムに分解する酵素は，endo-1,4-β-mannanase（EC 3.2.1.78）である．

また，β-D-マンノシドの非還元末端からマンノースを分解するβ-mannosidase（EC 3.2.1.25），マンナンの非還元末端からマンノビオースを逐次遊離する exo-1,4-β-mannobiohydrolase（EC 3.2.1.100）がある．

Rhizopus niveus や *Aspergillus niger* から得られるマンナナーゼを用いた，コーヒー豆の酵素処理の報告がある．また，マンナナーゼを用いて各種コーヒーの品質改善につながる製造方法の検討もなされている[38-40]．

6.4.4 アラビナナーゼ

アラビナンは，L-アラビノース残基が主に α-1,5 結合でつながった中性多糖で，アラバンとも呼ばれる．リンゴ，落花生，テンサイなどの植物から得られる．

アラビナンの 1,5-α-L-アラビノフラノシド結合をランダムに分解する酵素は，endo-1,5-α-L-arabinanase（EC 3.2.1.99）と呼ばれ，*Bacillus subtilis* から得られている[41]．α-L-アラビノシドの非還元末端から α-L-アラビノフラノシド残基を逐次遊離する α-arabinosidase（EC 3.2.1.55）は，*Aspergillus* 属糸状菌のものが報告されている[42]．また，*Penicillium chrysogenum* から，6 種のアラビナン分解酵素（エキソアラビナナーゼ，3 種のアラビノフラノシダーゼ，2 種のエンドアラビナナーゼ）が見出されている[43]．

6.4.5 β-グルカナーゼ

β-グルカンとは，通常グルコースが β-1,3 結合で連なった多糖（1,3-β-グルカン）を指す．植物，コンブ，キノコ，酵母，糸状菌，細菌などの細胞壁の構成成分で，自然界に広く分布する．また，オーツ麦，大麦の β-グルカン（分岐のない直鎖構造で β-1,3 結合と β-1,4 結合を有する 1,3-1,4-β-グルカン）や，コンブ，キノコ類，酵母の β-グルカン（β-1,3 結合（主鎖）と β-1,6 結合（側鎖）を有する 1,3-1,6-β-グルカン）などがある．コンブ属（*Laminaria*）の β-グルカンは，その属名によりラミナリン（ラミナランともいう）と呼ばれている．キノコ類の β-グルカンは，強い免疫賦活作用，制がん作用をもつとして特に注目が集まっている．

β-グルカナーゼは，β-グルカンを加水分解する酵素の総称である[44]．通常は，β-グルカンのβ-1,3結合またはβ-1,4結合をランダムに分解するエンド型の酵素（endo-1,3(4)-β-glucanase，EC 3.2.1.6），あるいはβ-グルカンのβ-1,3-結合のみをランダムに分解するエンド型の酵素（endo-1,3-β-glucanase，あるいはlaminarinase，EC 3.2.1.39）を指す．

また，1,2-β-グルカンのβ-1,2結合をランダムに分解するエンド型の酵素（endo-1,2-β-glucanase，EC 3.2.1.71），1,6-β-グルカンのβ-1,6結合をランダムに分解するエンド型の酵素（endo-1,6-β-glucanase，EC 3.2.1.75）も知られている．

β-グルカナーゼの給源として，糸状菌（*Aspergillus*属，*Penicillium*属，*Trichoderma*属），細菌（*Bacillus*属）などがある．

β-グルカナーゼは，酵母エキスの製造に用いられている[45, 46]．

ビール醸造においては，大麦由来のβ-グルカンによって麦汁の粘度が上がるため，β-グルカナーゼによりβ-グルカンを分解することでろ過性を改善させることができる．また，果実・野菜や穀物類の加工処理にも用いられている．

6.5 植物組織崩壊酵素の応用

セルラーゼ，ペクチナーゼ，ヘミセルラーゼなどの植物組織崩壊酵素が，酵素製剤として市販されており，食品加工分野で幅広く利用されている[47]．

植物組織の分解（マセレーション）では，いくつかの基質特異性の異なる酵素の反応を利用するので，実用化にあたっては，酵素製剤および使用条件を基質の性質に合わせて選択しなければならない．

表6.3に，植物組織崩壊酵素の食品加工分野への応用例を示す．

6.5.1 バイオマスの糖化[31, 49-52]

バイオマスとは，再生可能な生物由来の有機性資源であり，糖質系バイオマス，デンプン質系バイオマスおよびセルロース系バイオマスがある．

表 6.3 食品加工に用いられるセルラーゼなどの応用分野と使用目的[48]

分　野	用　途	酵　　素	使用目的など
糖質加工	オリゴ糖製造	ヘミセルラーゼ (キシラナーゼ)	キシロオリゴ糖製造
		β-グルコシダーゼ	ゲンチオオリゴ糖製造
油脂加工	油脂抽出	ヘミセルラーゼ, ペクチナーゼ	収率向上, 工程・品質改善
製菓製パン	製粉	ヘミセルラーゼ	品質・収量向上
	製パン	ヘミセルラーゼ (キシラナーゼ)	ボリュームアップ, ソフトネス・シェルフライフ向上
醸造	ビール	β-グルカナーゼ	ろ過工程改善
	ワイン	ペクチナーゼ, ヘミセルラーゼ	工程改善, 清澄化
	清酒	セルラーゼ	液化・糖化促進
	焼酎	セルラーゼ, ペクチナーゼ	粘度低下, 収量向上
	醤油・味噌	セルラーゼ, ヘミセルラーゼ	原料処理, 熟成促進, 色調改善, 収率向上
果実野菜加工	野菜処理	ヘミセルラーゼ, ペクチナーゼ, セルラーゼ	エキス・ピューレ・スープ製造, 色素抽出
	ジュース	ペクチナーゼ類	工程改善, 収量向上, 清澄化
		β-グルコシダーゼ	香気付与
		アントシアナーゼ	ジャム製造
		ペクチンメチルエステラーゼ	果実の型保持
	缶詰	ナリンギナーゼ	苦味除去
		ヘスペリジナーゼ	白濁物質可溶化
その他	調味料製造	β-グルカナーゼ	酵母エキス抽出
	紅茶・烏龍茶・緑茶	β-グルコシダーゼ, キシロシダーゼ	香気増強
	珈琲	ガラクトマンナナーゼ	抽出率向上, 沈殿防止, 収率向上
	その他	β-グルコシダーゼ	色素製造, 甘味料改質
		セルラーゼ, ペクチナーゼ	豆乳・豆腐製造
		セルラーゼ, ヘミセルラーゼ	コーンスープ製造, 飲料製造

　糖質系バイオマスとしては, グルコースやフルクトースなどの単糖やオリゴ糖から構成されるサトウキビ, テンサイなどが挙げられる. デンプン質系バイオマスとしては, アミロースやアミロペクチンから構成されるト

ウモロコシ，米，小麦などが挙げられる．

セルロース系バイオマスは，セルロース，ヘミセルロース，フェノール共重合体であるリグニンの3成分から主に構成されている．さらに，リグニン含量が6〜13％と低い草本系バイオマス（稲わら，スイッチグラスなど），リグニン含量がそれ以上の木質系バイオマス（木材など）に分類される．リグノセルロース系バイオマスは，自然界に最も多く存在する多糖資源の1つである．

植物細胞壁中のリグノセルロースは，おおよそ50％セルロース，30％ヘミセルロース，20％リグニンから構成されている．これらのうちヘミセルロースは，ヘキソース（グルコース，ガラクトース，マンノース），ペントース（キシロース，アラビノース）および糖酸（グルクロン酸，ガラクツロン酸）などからなるヘテロ多糖であり，その主成分はキシランである．

バイオリファイナリーとは，バイオマス資源からのバイオ燃料や化学品製造に関する技術や産業を指している．バイオマス資源を利用して，メタン，バイオエタノール，バイオブタノール，生分解性プラスチック（ポリ乳酸など），バイオディーゼル燃料（BDF），合成ガスなどの製造技術の開発が進められている．

セルロース系バイオマス（非食バイオマス）からバイオ燃料の1つであるバイオエタノールの生産は，化石燃料の涸渇防止／炭酸ガス排出量の削減のことを考えると，再生産性のある有益な技術であると認識されている．**図6.4**に，バイオマスの種類とバイオエタノール生産工程の概略を示す．

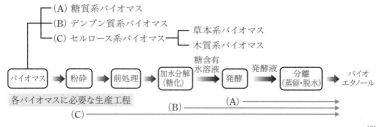

図6.4 バイオマスの種類と各バイオマスからのバイオエタノール生産工程の概要[49]

226　　　　6章　植物組織崩壊酵素とその応用

　セルロース系バイオマスからバイオエタノールを作るためには，始めにセルロースの加水分解によりグルコースを得て，次にグルコースを発酵によりエタノールに変換する必要がある．発酵は現行の技術を流用できるため，バイオエタノール生産における技術的問題の多くは，セルロースの加水分解にある．

　デンプン質・糖質系を原料とする第一世代バイオエタノール製造技術は既に確立されている．現在は，リグノセルロース系セルロースを原料とする第二世代バイオエタノール製造技術の検討が主流になっている．

　この技術において重要な点は，①原料をいかに前処理して酵素作用を受けやすくさせるかということと，②最も適した酵素を生産する菌株の選択とその培養である．

　セルロース系バイオマスの前処理技術として，化学的処理によりリグニンを部分的に除去し，酵素糖化を進めやすくする手法と，物理的処理によりセルロース表面のリグニンをセルロースから剥離し，酵素糖化を進めやすくする手法がある．

　前処理が済んだセルロース系バイオマスに作用させるセルロース分解酵素（セルラーゼ）の研究には長い歴史がある．

　商業的に用いられているセルロース・ヘミセルロース分解酵素の給源は，主に *Trichoderma reesei*（*Hypocrea jecorina*）や *Aspergillus niger* である．酵素の生産コストを減らすためには，これらの分解酵素生産制御の分子メカニズムを理解し，その知見を利用して糸状菌を育種することが有効である．

　セルロース系バイオマスからのバイオエタノール生産は，食料と競合しない画期的なバイオ燃料製造プロセスとして世界中で期待されている．しかし現在のところ，このプロセスは研究開発段階であり，いまだ工業生産に至っていない．その大きなボトルネックの一つがセルラーゼの分解速度であるため，高活性セルラーゼの開発が望まれる．

6.5.2　果汁の清澄化 [16, 53-55]

　果実を破砕，搾汁して得られた果汁中には，かなり高分子のペクチン質

が残っており，これにより粘性が保たれ，混濁している粒子の保護コロイドとなっている．したがって，このような果汁から清澄な果汁を得るには，ペクチナーゼの作用によってコロイド系の保持能力をなくしてやれば，果汁の清澄化がはかれる．

図 6.3 に示したように，加水分解反応による場合は，まずペクチンメチルエステラーゼ（PME）が作用して，ペクチンのメチルエステル結合を分解してペクチンをペクチン酸に変える（同時にメタノールを生成するが，この量は極微量で健康上の問題はない）．次いで，ペクチン酸にエンドポリガラクツロナーゼ（endo-PG）が作用して低分子化するという 2 段階を経る．

一方，β脱離反応による場合は，エンドペクチンリアーゼ（endo-PL）を用いて 1 段階でペクチンを分解する（メタノールの生成が全くないのが特徴である）．

ペクチンの分解には 2 つの分解経路があるが，endo-PL，PME，endo-PG の協同作用でペクチンの低分子化が進むと考えられている．

最も一般的な清澄化方法は，果汁を加熱殺菌し 50〜60℃に冷却した後に，市販ペクチナーゼ製剤を 0.01〜0.15％量添加し，50〜60℃で 1〜4 時

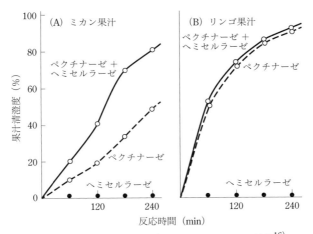

図 6.5 果汁清澄化に及ぼすヘミセルラーゼの効果[16]

間作用させ，次いで清澄化処理（限外ろ過膜によるろ過処理）工程に入る．果汁中のデンプンを分解するために，アミラーゼ製剤を同時に添加する．

リンゴ果汁やブドウ果汁の場合は上記の機構であるが，ミカン果汁の場合は，ペクチナーゼに加えてヘミセルラーゼ（キシラナーゼ）を作用させると清澄化を促進できる（**図 6.5**）．

果汁の清澄化においては，酵素単独の作用よりも，ペクチナーゼ，ヘミセルラーゼ，セルラーゼなどの協同作用によって目的が達成される．

6.5.3　野菜エキスの製造[56-59]

天然系調味料の野菜エキス（4 章 4.3.1 項の図 4.2 を参照）は，加工食品の製造において欠かせない素材となっている．野菜エキスの用途は，ソース・たれ・スープ・つゆ，ドレッシング，畜魚肉缶詰，菓子，ベビーフード・機能性食品など，多岐にわたっている．

野菜エキスは，原材料産物の性状により，加熱（ブランチング），破砕，抽出，酵素分解，分離，濃縮などの処理工程を組み合わせて製造される．

野菜のもつ栄養素や，色，香りなどを劣化させることなく，植物組織崩壊酵素を用いて野菜エキスの製造が可能である．野菜混濁ジュース・ピューレなどの製造において，ペクチナーゼが主役で，ヘミセルラーゼが補助役をしていると考えられる．

こうして製造したものに粉化助剤を配合して，スプレードライ，ドラムドライ，あるいはフリーズドライなどの乾燥方法により，良質な野菜パウダーが製造されている．

6.5.4　タンナーゼの応用[60-65]

タンナーゼ（tannase，系統名 tannin acylhydrolase，EC 3.1.1.20）は，タンニン酸のエステル結合およびデプシド結合（フェノールカルボン酸相互間のエステル結合）を加水分解して，没食子酸（gallic acid）とポリアルコールを生成する酵素であり，糸状菌，酵母，細菌から生産される．

Aspergillus oryzae 由来の酵素は，基質特異性が非常に厳密で，フェノー

6.5 植物組織崩壊酵素の応用　　**229**

ルカルボン酸エステルの酸基側が没食子酸である基質のみに高度の特異性を示す.

タンニン酸　━━▶　没食子酸　＋　グルコース

カテキンガレート　━━▶　没食子酸　＋　カテキン

　茶カテキンの主要成分は，エピカテキンとそのヒドロキシ体のエピガロカテキン，およびそれらの没食子酸エステルであるエピカテキンガレートとエピガロカテキンガレートの4種類である.

　エピガロカテキンガレートを基質とした場合のタンナーゼの反応原理を，**図6.6**に示す.

　タンナーゼの用途として，没食子酸の製造，リンゴやブドウなどの果実飲料，果実酒の香味改善（渋味がまろやかになる），コーヒー豆抽出液の嗜好性向上（渋味，苦味の軽減），紅茶，ウーロン茶などのクリームダウン防止（白濁防止），柿の渋抜きなどがある.

　紅茶やウーロン茶などの冷却時の白濁は，タンニンと他の成分が結合して生じる複合体の不溶化にあるようで，タンナーゼで処理することにより，紅茶の風味を損なうことなく白濁防止が可能である.

　A. oryzae 由来のタンナーゼは pH 3.5〜6.5 で作用し，至適 pH は 5.5 である．作用温度は 30〜45℃，至適温度は 40℃である．耐熱性が弱く，60℃以上，10分間の加熱処理で失活するので，茶飲料等の製造でタンナーゼを利用する場合，任意の時点で反応を停止させることもできる.

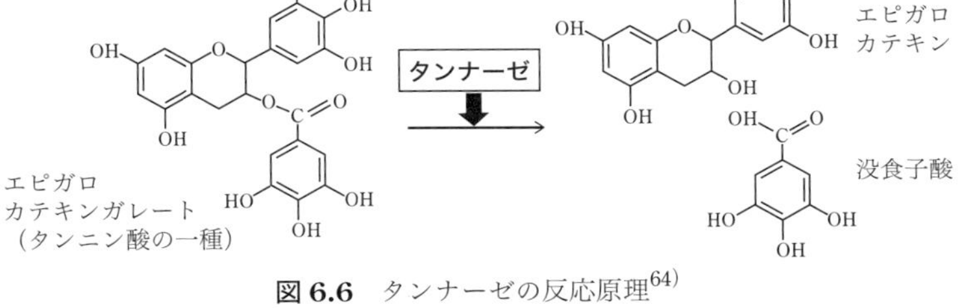

図6.6　タンナーゼの反応原理[64]

230　　　　　　6 章　植物組織崩壊酵素とその応用

なお，クロロゲン酸を分解するクロロゲン酸ヒドロラーゼ（EC 3.1.1.42）は別の酵素である．

6.5.5　ヘスペリジナーゼの応用[66-70)]

ヘスペリジン（hesperidin，フラボノイド配糖体）は，温州ミカン，ハッサク，ダイダイなどの果皮および薄皮に多く含まれる，無味無臭で難溶性の成分である．柑橘類の果肉シロップ漬缶詰などで，ミカン果肉中に含まれている難溶性のヘスペリジンがシロップ中に溶出し，白濁や白色の沈殿物が生じて商品価値を落とすことがある．

ヘスペリジンは，アグリコンのヘスペレチン（hesperetin）に糖部分のルチノース（rutinose，6-O-α-L-ラムノシル-D-グルコース）がβ-1,7 結合したもの（hesperetin 7-O-rutinoside）である（**図 6.7 (A)**）．

ヘスペリジンに作用して L-ラムノース（L-rhamnose）を遊離するヘスペリジナーゼ（α-L-ラムノシダーゼ（α-L-rhamnosidase），EC 3.2.1.40）により，ヘスペリジンはヘスペレチン-7-O-β-D-グルコシド（シロップ中で透明）になる．さらにβ-グルコシダーゼ（β-glucosidase，EC 3.2.1.21）が作用すると，D-グルコース（D-glucose）を遊離してヘスペレチンとなる．

$$\text{hesperidin} + H_2O \xrightarrow{\alpha\text{-L-rhamnosidase}} \text{hesperetin-7-}O\text{-}\beta\text{-D-glucoside} + \text{L-rhamnose}$$

$$\text{hesperetin-7-}O\text{-}\beta\text{-D-glucoside} + H_2O \xrightarrow{\beta\text{-glucosidase}} \text{hesperetin} + \text{D-glucose}$$

α-L-ラムノシダーゼと β-グルコシダーゼの混合物をヘスペリジナーゼと呼ぶ場合もある．

一方，ヘスペリジンに作用して，一段階で糖部分のルチノースを遊離する hesperidin 6-O-α-L-rhamnosyl-β-D-glucosidase（EC 3.2.1.168）も報告されている．

柑橘類の果肉シロップ漬缶詰製造において，ヘスペリジンによる白濁や白色の沈殿物を除去する目的で，ヘスペリジナーゼは β-グルコシダーゼと共に用いられている．酵素製剤中には，果肉組織に作用して軟化崩壊させるような，ペクチナーゼなどの植物組織崩壊酵素が含まれていてはなら

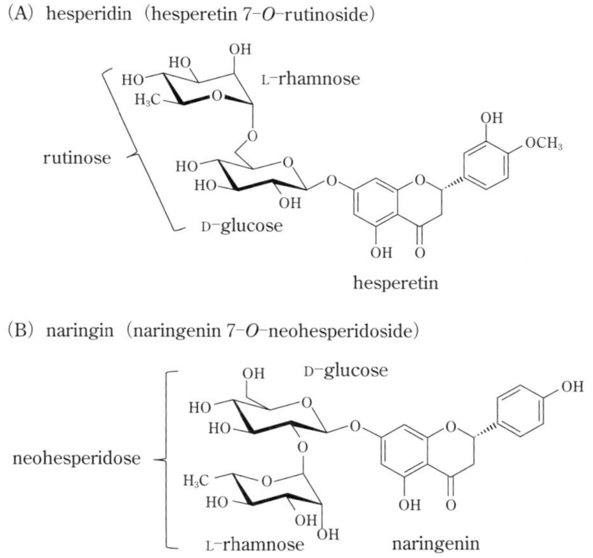

(A) hesperidin（hesperetin 7-O-rutinoside）

rutinose

L-rhamnose

D-glucose

hesperetin

(B) naringin（naringenin 7-O-neohesperidoside）

neohesperidose

D-glucose

L-rhamnose

naringenin

図 6.7 ヘスペリジンとナリンギンの構造

ない.

　ヘスペリジナーゼの給源として，糸状菌（*Aspergillus* 属，*Penicillium* 属）などが利用されている.

　一方，ヘスペリジンには多様な生理活性が報告されていたが，難溶性であるため利用に制限があった．そこで，ヘスペリジンの溶解性を改善するため，デンプンを糖の供与体としてシクロマルトデキストリングルカノトランスフェラーゼ（CGTase）により，糖転移ヘスペリジン（モノグルコシルヘスペリジン）が製造され（3 章 3.1.8 項を参照），食品添加物として認可を受けている．糖転移ヘスペリジンには，血流改善，リウマチ症状改善，血圧降下，血清コレステロール低減など多くの機能性が期待されている.

6.5.6 ナリンギナーゼの応用 [67, 68, 71, 72]

ナリンギン（naringin, フラボノイド配糖体）は，夏ミカン，グレープフルーツ，ハッサクなどの柑橘類果皮付近に多く含まれる，苦味や刺激感を呈する成分である．このナリンギンの苦味のため，果汁の利用性が限られる場合がある．

ナリンギンはヘスペリジンとよく似た構造で，アグリコンのナリンゲニン（naringenin）に糖部分のネオヘスペリドース（neohesperidose, $2\text{-}O\text{-}\alpha\text{-}L\text{-}$ラムノシル$\text{-}D\text{-}$グルコース）が$\beta\text{-}1,7$結合したもの（naringenin $7\text{-}O\text{-}$neohesperidoside）である（図 **6.7（B）**）．

ナリンギンに作用してL-ラムノースを遊離するナリンギナーゼ（$\alpha\text{-}L$-ラムノシダーゼ（$\alpha\text{-}L$-rhamnosidase），EC 3.2.1.40）により，ナリンギンはプルニン（prunin, ナリンゲニン $7\text{-}O\text{-}\beta\text{-}D\text{-}$グルコシド）と呼ばれる無味の成分になる．さらに$\beta$-グルコシダーゼ（EC 3.2.1.21）が作用すると，D-グルコースを遊離してナリンゲニン（無味）になる．

$$\text{naringin} + \text{H}_2\text{O} \xrightarrow{\alpha\text{-}L\text{-rhamnosidase}} \text{prunin} + \text{L-rhamnose}$$

$$\text{prunin} + \text{H}_2\text{O} \xrightarrow{\beta\text{-glucosidase}} \text{naringenin} + \text{D-glucose}$$

$\alpha\text{-}L$-ラムノシダーゼと β-グルコシダーゼの混合物を，ナリンギナーゼと呼ぶ場合もある．

夏ミカンなどナリンギンによる苦味のある柑橘類缶詰製造において，苦味を除去する目的でナリンギナーゼが用いられている．ナリンギナーゼの給源として，糸状菌（*Aspergillus* 属，*Penicillium* 属）などが利用されている．

参考文献

1) 桜井直樹，山本良一，加藤陽治（共著）（1991）『植物細胞壁と多糖類』，培風館，東京.
2) 西谷和彦，梅澤俊明（編著）（2013）『植物細胞壁』，講談社，東京.
3) 筑波大学生物学類ホームページ － 植物の細胞
（www.biol.tsukuba.ac.jp/~algae/BotanyWEB/cell.html）

4) 横山隆亮, 鳴川秀樹, 工藤光子, 西谷和彦 (2015) 化学と生物, **53**(2), 107-114.

5) セルロース学会 (編) (2008)『セルロースの事典』, 新装版, 朝倉書店, 東京.

6) 堀川祥生, 杉山淳司 (2012) 日本ゴム協会誌, **85**(12), 382-387.

7) 村尾沢夫, 荒井基夫, 阪本礼一郎 (1987)『セルラーゼ』, 講談社, 東京.

8) 小宮山眞 (監修) (2010)『酵素利用技術大系：基礎・解析から改変・高機能化・産業利用まで』, pp. 867-872 (植田充美, 黒田浩一), pp. 873-878 (中島一紀, 近藤昭彦), pp. 879-892 (岡田宏文), エヌ・ティー・エス, 東京.

9) Larner, J. (Boyer, P. D., Lardy, H. & Myrbäck, K. (Eds.)) (1960) *"The Enzymes"*, 2nd edn., Vol. **4**, pp. 369-378, Academic Press, New York and London.

10) Whitaker, D. R. (Boyer, P. D. (Ed.)) (1971) *"The Enzymes"*, 3rd edn., Vol. **5**, pp. 273-290, Academic Press, New York and London.

11) Yamane, K., Suzuki, H., *et al.* (Wood, W. A. & Kellogg, S. T. (Eds)) (1988) *"Methods Enzymol."*, Vol. **160**, pp. 200-391, Academic Press, New York and London.

12) Ohmiya, K., Shimizu, S., *et al.* (Wood, W. A. & Kellogg, S. T. (Eds)) (1988) *"Methods Enzymol."*, Vol. **160**, pp. 391-408, Academic Press, New York and London.

13) Barr, B. K., Hsieh, Y., Ganem, B. & Wilson, D. B. (1996) *Biochemistry*, **35**(2), 586-592.

14) Ohmiya, K., Shimizu, S., *et al.* (Wood, W. A. & Kellogg, S. T. (Eds)) (1988) *"Methods Enzymol."*, Vol. **160**, pp. 408-443, Academic Press, New York and London.

15) 真部孝明 (2001)『ペクチン―その科学と食品のテクスチャー』, 幸書房, 東京.

16) 石井茂孝 (一島英治 (編)) (1983)『食品工業と酵素』, pp. 73-89, 朝倉書店, 東京.

17) Sakai, T., *et al.* (Wood, W. A. & Kellogg, S. T. (Eds)) (1988) *"Methods Enzymol."*, Vol. **161**, pp. 335-385, Academic Press, New York and London.

18) Sakai, T., Sakamoto, T., Hallaert, J. & Vandamme, E. J. (1993) *Adv. Appl. Microbiol.*, **39**, 213-294.

19) Jayani, R. S., Saxena, S. & Gupta, R. (2005) *Process Biochemistry*, **40**(9), 2931–2944.

20) Favela-Torres, E., Aguilar, C., Contreras-Esqiver, J. C. & Viniegra-Gonzalez, G. (Pandey, A., Webb, C., Soccol, C. R. & Larroche, C. (Eds.)) (2006) *"Enzyme Technology"*, pp. 273-296, Springer, Berlin and Heidelberg.

21) 澤田雅彦 (井上國世 (監修)) (2009)『フードプロテオミクス―食品酵素の応用利用技術』, 普及版, pp. 48-59, シーエムシー出版, 東京.

22) 阪本龍司 (井上國世 (監修)) (2011)『食品酵素化学の最新技術と応用 II ―展開するフードプロテオミクス』, pp. 32-44, シーエムシー出版, 東京.

23) 宮入一夫 (井上國世 (監修)) (2015)『産業酵素の応用技術と最新動向』, 普及版, pp. 48-57, シーエムシー出版, 東京.

24) 坂井拓夫 (1999) 繊維機械学会誌, **52**(10), 397-404.

25) Sakai, T., Takao, M. & Nagai, M. (1999) *Mem. Fac. Agr. Kinki Univ.*, **32**, 1-19.

26) Sakai, T., Sirasaka, N., Hirano, H., Kishida, M. & Kawasaki, H. (1997) *FEBS Lett.*, **414**(2), 439-443.

27) 山本泰, 東和男, 好井久雄 (1981) 日本食品工業学会誌, **28**(9), 496-501.

28) 山本 泰，東 和男，好井久雄（1982）日本食品工業学会誌，**29**(6), 347-352.

29) McCleary, B. V., *et al.* (Wood, W. A. & Kellogg, S. T. (Eds)) (1988) *"Methods Enzymol."*, Vol. **160**, pp. 572-725, Academic Press, New York and London.

30) 石原光朗（1995）木材保存，**21**(6), 278-289.

31) 近藤昭彦，天野良彦，田丸 浩（監修）（2018）『バイオマス分解酵素研究の最前線－セルラーゼ・ヘミセルラーゼを中心として－』，普及版，シーエムシー出版，東京.

32) 森 茂治（1999）月刊フードケミカル，**15**(10), 29-33.

33) 佐々木 勝，信國康典，澤 昇三，山内 仁，金谷宗昭，宮嶋俊吉，堰口義明（2002）*BIO INDUSTRY*，**19**(11), 30-37.

34) 石原光朗（2001）*BIO INDUSTRY*，**18**(12), 35-44.

35) 藤川茂昭（小宮山眞（監修））（2010）『酵素利用技術大系：基礎・解析から改変・高機能化・産業利用まで』，pp. 712-715，エヌ・ティー・エス，東京.

36) 中野博文（1993）澱粉科学，**40**(2), 87-93.

37) Ichinose, H., Kotake, T., Tsumuraya, Y. & Kaneko, S. (2008) *J. Appl. Glycosci.*, **55**(2), 149-155.

38) 橋本揚之助（1970）日本農芸化学会誌，**44**(7), 287-292.

39) 岩井和也，福永泰司（2006）*BIO INDUSTRY*，**23**(10), 32-39.

40) 酒井杏匠，嶺澤美帆，志水元亨，加藤雅士（2016）明日の食品産業，2016(10), 36-43.

41) Kaji, A. & Saheki, T. (1975) *Biochim. Biophys. Acta*, **410**, 354-360.

42) 木村 功，大島久華，香川典子（2007）日本醸造協会誌，**102**(12), 872-878.

43) 阪本龍司（2008）*J. Appl. Glycosci.*, **55**(1), 45-50.

44) 松田茂樹（2001）日本醸造協会誌，**96**(8), 520-525.

45) 牧野洋介（2012）月刊フードケミカル，**28**(10), 35-37.

46) 阿孫健一，福田典典（2014）特開 2014-79179，興人ライフサイエンス株式会社.

47) 月刊フードケミカル編集部（2018）月刊フードケミカル，**34**(9), 95-108.

48) 森 茂治（近藤昭彦，天野良彦，田丸 浩（監修））（2018）『バイオマス分解酵素研究の最前線－セルラーゼ・ヘミセルラーゼを中心として』，普及版，pp. 306-311，シーエムシー出版，東京.

49) 荻野千秋，田中 勉，福田秀樹，近藤昭彦（2008）*BIO INDUSTRY*，**25**(4), 11-19.

50) 神谷典穂（2011）化学と生物，**49**(1), 40-47.

51) 森川 康，他（2013）生物工学会誌，**91**(10), 554-575.

52) 福山志朗，Harris, P. V.（2015）バイオサイエンスとインダストリー，**73**(1), 14-19.

53) 岡田茂孝，井上雅資，福本寿一郎（1969）日本農芸化学会誌，**43**(2), 99-104.

54) 井上雅資，岡田茂孝，福本寿一郎（1970）日本農芸化学会誌，**44**(1), 8-14.

55) 岡戸信夫（2009）食品の包装，**40**(2), 39-42.

56) 卯津羅健作（2002）*BIO INDUSTRY*，**19**(11), 38-44.

57) 岡戸信夫（2003）月刊フードケミカル，**19**(9), 72-75.

58) 富永一哉，槇 賢治（2011）北海道立総合研究機構・食品加工研究センター研究報

告 No.9, 45-48.

59) 螺澤七郎（2015）ジャパンフードサイエンス，**54**(9), 21-27.

60) Haslam E. & Stangroom J. E. (1966) *Biochem. J.* **99**(1), 28-31.

61) Iibuchi S., Minoda, Y. & Yamada, K. (1972) *Agric. Biol. Chem.*, **36**(9), 1553-1562.

62) Lagemaat, J. & Pyle, D. L. (Pandey, A., Webb, C., Soccol, C. R. & Larroche, C. (Eds.)) (2006) "*Enzyme Technology*", pp. 381-398, Springer, Berlin and Heidelberg.

63) 水澤 清（1994）月刊フードケミカル，**10**(2), 36-41.

64) 荒井あゆみ，中森 薫（2003）食品と開発，**38**(2), 70-72.

65) 田中伸一郎（2016）ジャパンフードサイエンス，**55**(12), 32-36.

66) 辻阪好夫，岡田茂孝（辻阪好夫，山田秀明，鶴 大典，別府輝彦（編））（1979）『応用酵素学』，pp. 173-181，講談社，東京．

67) Yanai, T. & Sato, M. (2000) *Biosci. Biotechnol. Biochem.* **64**(10), 2179-2185.

68) Yadav, V., Yadav, P. K., Yadav, S. & Yadav, K. D. S. (2010) *Process Biochemistry*, **45**(8), 1226–1235.

69) 沢山善二郎，下田吉夫，奥 正和，松本熊市（1966）園芸学会雑誌，**35**(1), 29-35.

70) 岡田茂孝（1979）科学と工業，**53**(6), 200-207.

71) 津坂辰男（1965）日本食品工業学会誌，**12**(5), 167-172.

72) 久保 進，別所康守，真部孝明，児玉雅信（1966）日本食品工業学会誌，**13**(12), 511-517.

7章　各種の酵素の応用（1）

7.1　核酸分解酵素（ヌクレアーゼ）の種類[1-3]

　核酸分解酵素（ヌクレアーゼ, nuclease）は, 広義には核酸やその分解物であるヌクレオチド, ヌクレオシドを加水分解する酵素群の総称である. 狭義には, 高分子量の核酸の3′,5′-ホスホジエステル結合を加水分解するホスホジエステラーゼ（ヌクレオデポリメラーゼ（nucleodepolymerase）もしくはポリヌクレオチダーゼ（polynucleotidase）, （EC 3.1.11〜EC 3.1.31））を指す（**表7.1**）.

　ヌクレオデポリメラーゼは, 基質（デオキシリボ核酸（DNA）あるいはリボ核酸（RNA））に対する特異性によって, ① DNAだけに作用する

表7.1　核酸分解酵素（ヌクレアーゼ）の種類

ヌクレアーゼの種類	EC番号	分　類	酵素の例
ヌクレオデポリメラーゼ（ポリヌクレオチダーゼ）	3.1.11〜3.1.31	デオキシリボヌクレアーゼ（DNase）	exodeoxyribonuclease I deoxyribonuclease I
		リボヌクレアーゼ（RNase）	exoribonuclease II ribonuclease III
		両者（RNA, DNA）に作用するヌクレアーゼ	venom exonuclease *Aspergillus* nuclease S_1（nuclease P_1）
ヌクレオチダーゼ	3.1.3	ヌクレオチドのリン酸エステル結合を加水分解	5′-nucleotidase 3′-nucleotidase
ヌクレオシダーゼ	3.2.2	ヌクレオシドの *N*-グリコシド結合を加水分解	purine nucleosidase adenosine nucleosidase
ヌクレオチド脱アミノ酵素 ヌクレオシド脱アミノ酵素	3.5.4	ヌクレオチドの塩基を脱アミノ ヌクレオシドの塩基を脱アミノ	AMP deaminase adenosine deaminase

デオキシリボヌクレアーゼ（DNase），②RNA だけに作用するリボヌクレアーゼ（RNase），③DNA にも RNA にも作用するヌクレアーゼ，の3種類に大別される.

分解様式で分類すると，ポリヌクレオチド鎖の 5′末端または 3′末端からヌクレオチドを逐次 1 個ずつ切断していくエキソヌクレアーゼ（exonuclease）と，鎖内部の 3′,5′-ホスホジエステル結合を切断するエンドヌクレアーゼ（endonuclease）に分けられる.

分解産物からは，5′末端にリン酸基をもつヌクレオチドを生成する 5′-p 生成酵素と，3′-末端にリン酸基をもつヌクレオチドを生成する 3′-p 生成酵素に分けられる.

また，二本鎖や一本鎖を特異的に切断するもの，あるいは核酸が切断される位置の塩基配列に高い特異性のあるもの（制限酵素）や，反対に特異性が低いものなど，その切断の様式はさまざまである.

7.1.1　ヌクレアーゼ P$_1$[4-6)]

ヌクレアーゼ P$_1$（nuclease P$_1$，EC 3.1.30.1）は，國中らが 1957 年に *Penicillium citrinum* から見出した核酸分解酵素で，RNA や DNA の内部の 3′,5′-ホスホジエステル結合をランダムに切断し，5′-モノヌクレオチドや 5′-オリゴヌクレオチドを生成するエンドヌクレアーゼである.

本酵素の特長として，RNA を完全に分解し 4 種類の 5′-モノヌクレオチドを生成すること，また至適温度は 70℃であり高温の反応に適していることから，核酸系うま味物質や核酸高含有酵母エキスの製造に使用される（本章 7.1.3 項を参照）.

7.1.2　AMP デアミナーゼ[7, 8)]

AMP デアミナーゼ（AMP deaminase，EC 3.5.4.6）は，アデニル酸デアミナーゼ，AMP アミナーゼ，アデニルデアミナーゼなどとも呼ばれ，5′-アデニル酸（5′-AMP）を加水分解的に脱アミノ化して 5′-イノシン酸（5′-IMP）とアンモニアを生成する.

本酵素は，核酸系うま味物質である 5′-IMP の製造に使用される.微生

物（*Aspergillus* 属糸状菌，*Streptomyces* 属放線菌など）由来の酵素が工業的に利用されている．

7.1.3 酵母エキスの製造[10-13]

一般の酵母エキスは，ビール酵母・パン酵母（*Saccharomyces cerevisiae*），トルラ酵母（*Candida utilis*）を原料にして，自己消化法や酵素を応用した方法によって製造される．菌株により，高グルタミン酸蓄積型，高核酸蓄積型，高有機酸蓄積型などを使い分ける．

酵素を用いて酵母エキスを製造する工程の概略を，**図 7.1** に示す．

① 生酵母菌体の加熱処理
② 酵母細胞壁の破壊（溶菌）
・プロテアーゼ，β-グルカナーゼの相乗作用
③ 酵素による核酸の分解
・ヌクレアーゼ P_1 による核酸（主に RNA）の分解 → 5′-モノヌク

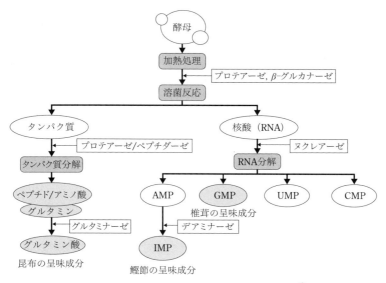

図 7.1 酵素による酵母エキス製造工程の概略[9]

レオチド（5′-AMP，5′-GMP，5′-UMP，5′-CMP）生成
・AMP デアミナーゼによる 5′-AMP の分解 → 5′-IMP の生成
④ 酵素によるタンパク質の分解
・プロテアーゼ，ペプチダーゼによるタンパク質の分解 → アミノ
酸，ペプチドの生成
・グルタミナーゼによるグルタミンの分解 → グルタミン酸の生成
以上の工程により，呈味性 5′-ヌクレオチド（5′-GMP，5′-IMP）やア
ミノ酸（グルタミン酸）などを含有する酵母エキスを製造できる．

7.1.4 核酸系うま味物質の製造

核酸系うま味物質（5′-イノシン酸（5′-IMP）および 5′-グアニル酸
（5′-GMP））は，以下のような様々な方法[14, 15]のうち，主に④と⑤の方
法により工業的に生産されている．
① RNA の酵素的分解法（図 7.1）
② グルコースから 5′-IMP を直接発酵する方法[16, 17]
③ 発酵法で生産したヌクレオシド（イノシン（HxR）およびグアノシ
ン（GR））を有機化学的にリン酸化して 5′-IMP および 5′-GMP を
生産する方法[18]
④ 発酵法で生産したキサンチル酸（XMP）を酵素的にアミノ化して
5′-GMP を生産する方法[19-22]
　直接発酵法で糖質から生産される XMP を原料とし，*Corynebac-
terium*（旧名 *Brevibacterium*）*ammoniagenes* のもつ ATP 生合
成能と，同菌が合わせもつ ATP 要求性の GMP 合成酵素（GMP

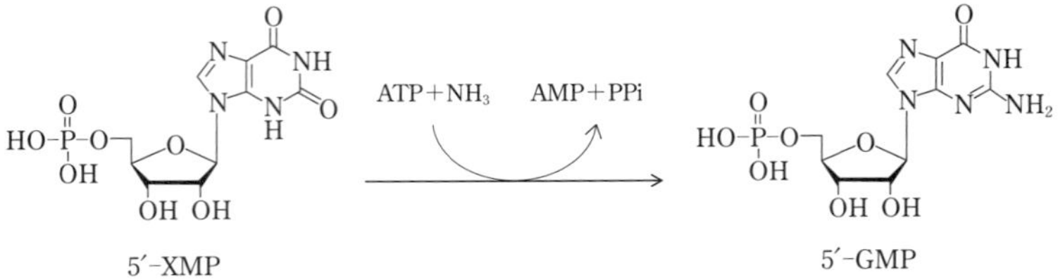

図 7.2　GMP 合成酵素による 5′-GMP の製造方法

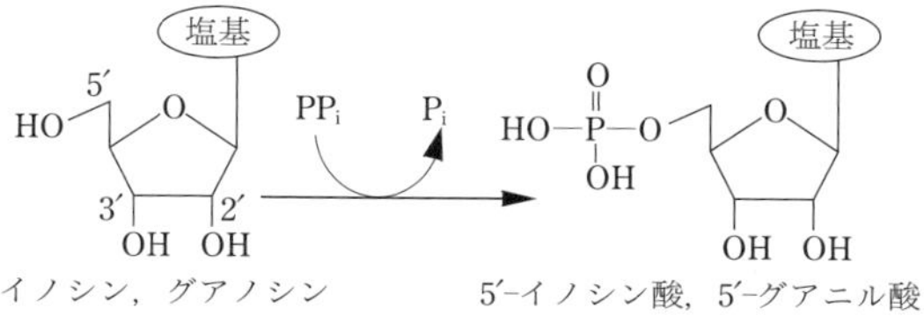

図 7.3 5′位選択的ピロリン酸-ヌクレオシドリン酸基転移反応[26]

synthase（glutamine–hydrolysing），EC 6.3.5.2）による 1 段階の酵素反応を利用した自己共役反応法による GMP の製造方法が開発されている（**図 7.2**）．また，異菌体間共役反応法（*C. ammoniagenes* と *Escherichia coli*）による製造法も報告されている．

⑤ 発酵法で生産したヌクレオシド（HxR および GR）を酵素的にリン酸化して 5′-IMP および 5′-GMP を生産する方法[23-26]

酵素的リン酸化法として，イノシンキナーゼ（inosine–guanosine kinase，EC 2.7.1.73）を用い ATP を再生させながら，HxR から 5′-IMP を生成する方法が開発された．

また新たに，*Morganella morganii* 由来の 5′位選択的ピロリン酸-ヌクレオシドリン酸基転移酵素（acid phosphatase，別名　acid nucleoside diphosphate phosphatase，EC 3.1.3.2）を用いる 5′-IMP および 5′-GMP の新製法が工業化されている（**図 7.3**）．

7.2　酸化還元酵素の応用

7.2.1　グルコースオキシダーゼの応用

グルコースオキシダーゼ（glucose oxidase，EC 1.1.3.4）は，β-D-グルコースを酸化して，D-グルコノ-1,5-ラクトンと過酸化水素を生成する酵素である[27]．D-グルコノ-1,5-ラクトンは，水溶液中で非酵素的に D-グルコン酸に加水分解される．

$$\beta\text{-D-glucose} + O_2 \xrightarrow{\text{グルコースオキシダーゼ}} \text{D-glucono-1,5-lactone} + H_2O_2$$

市販のグルコースオキシダーゼ（GOD）製剤にはカタラーゼも含まれているので，生成した過酸化水素は水と酸素に分解される（本章 7.2.2 項を参照）．

GOD は，*Aspergillus niger*, *Penicillium chrysogenum*, *P. amagasakiense* などから生産される．

GOD には下記の用途が考えられる[28, 29]．

① グルコースは，加熱時にアミノ化合物（アミノ酸など）と反応して褐変反応を起こし，変質を伴う原因となる場合がある．例えば，卵白にはわずかながらグルコースが含まれており，卵白を加熱乾燥しようとするとき，このグルコースが原因となって着色や溶解性の低下などの好ましくない現象が起こる．乾燥工程に入る前に GOD でグルコースを酸化しておくと，褐変反応が起こらず乾燥時の変質を防止できる．

② 製パンでは，GOD によるグルコースの酸化によって生成する過酸化水素がパン生地のグルテン中に含まれるシステインに作用し，ジスルフィド結合（S-S 結合）を形成させ，グルテンネットワークを強化する．グルテンネットワークが強化されたグルテンは，伸縮性に比べて弾力性が強くなり，焼かれたパンはもっちりとした食感になる．製パン用の酵素（α-アミラーゼ，ヘミセルラーゼ）とグルコースオキシダーゼを併用することで，短所を補い合うことができる．

③ GOD は，酸素を除く目的に使用できる．ビール，酒，ジュースなどの飲料や各種包装商品は，溶液中あるいは空気中の酸素によって酸化されて変質を伴うことが多い．わずかのグルコースが存在すれば，GOD の働きによって酸素を除くことができる．

④ GOD の基質特異性は非常に高く，グルコース以外の単糖類，二糖類にはほとんど作用しないため，種々の食品や生体試料（尿，血液

など）中のグルコースの定量に用いられる．

7.2.2 カタラーゼの応用

カタラーゼ（catalase，EC 1.11.1.6）は，過酸化水素を分解して酸素と水にする酵素である[30, 31]．

$$2 H_2O_2 \xrightarrow{\text{カタラーゼ}} O_2 + 2 H_2O$$

ペルオキシダーゼ（peroxidase，EC 1.11.1.7）は，同じく過酸化水素を分解する酵素であるが，電子供与体が必要である点が異なる[32]．

$$\text{電子供与体} + H_2O_2 \xrightarrow{\text{ペルオキシダーゼ}} \text{電子供与体（酸化型）} + 2 H_2O$$

カタラーゼは，嫌気的に生育する細菌などを除く，ほとんどの生物に存在する．本酵素の実用的な給源は，動物の肝臓，*Micrococcus lysodeikticus*，*Aspergillus niger* などである．

過酸化水素は，製紙の際のパルプ漂白や廃水処理，衣料用の漂白剤や食品用包装容器の殺菌剤などに使われる．一方，現在では食品への過酸化水素の使用は厳しく規制されている．2016 年（平成 28 年）に使用基準が「釜揚げしらす及びしらす干しにあっては，その 1 kg につき 0.005 g 以上残存しないように使用しなければならない．その他の食品にあっては，最終食品の完成前に過酸化水素を分解し，又は除去しなければならない．」と改められた（生食発 1027 第 1 号（平成 28 年 10 月 27 日））．

食品業界では，カタラーゼはカズノコなど加工製造後に残留する過酸化水素の分解，除去に使用される[33, 34]．

7.2.3 L-アスコルビン酸オキシダーゼの応用

L-アスコルビン酸オキシダーゼ（L-ascorbate oxidase，EC 1.10.3.3）はL-アスコルビン酸（ビタミン C）を酸化し，モノデヒドロアスコルビン酸を生成する酵素である[35, 36]．

$$4\text{ L-ascorbate } + \text{ O}_2 \xrightarrow{\text{L-アスコルビン酸オキシダーゼ}} 4\text{ monodehydroascorbate } + 2\text{ H}_2\text{O}$$

キュウリやカボチャから抽出して精製されている. 至適 pH は 6.0, 至適温度は 40℃である.

水産練り製品におけるゲル強度の増強や, 小麦粉の"ドウ (dough)"などの品質改良に L-アスコルビン酸が応用されている. その機構は, 添加した L-アスコルビン酸が酵素的または化学的に酸化されて, モノデヒドロアスコルビン酸になり, これが魚肉アクトミオシンや小麦グルテン中のスルフヒドリル (SH) 基を酸化し, ジスルフィド (S-S) 結合を形成することにより弾力性を付与する. そこで, L-アスコルビン酸オキシダーゼを主体とした酵素製剤を L-アスコルビン酸と併用することにより, 効果向上が期待される[37, 38].

7.3　アミノ酸関連酵素の応用

7.3.1　アスパラギナーゼの応用

アスパラギナーゼ (asparaginase, 系統名 L-asparagine amidohydrolase, EC 3.5.1.1) は, L-アスパラギンを加水分解して L-アスパラギン酸とアンモニアを生成する酵素である[39].

アスパラギナーゼは, L-アスパラギン要求性の腫瘍細胞を栄養欠乏状態にすることにより抗腫瘍効果を発揮するとされ, 急性リンパ性白血病の治療薬として販売されてきた.

2002 年に, L-アスパラギンとグルコースなどの還元糖を多く含む農作物を高温加工した食品 (ジャガイモ加工品, 穀物加工品, インスタントコーヒーなど) に, 発がん性が懸念されるアクリルアミド ($CH_2=CHCONH_2$) が生成されることが初めて報告された (**図 7.4**).

国際がん研究機関 (IARC) では, 食品中に含まれるアクリルアミドを摂取した際のヒトに対する発がん性についてまだ解明していない. しかし, 食品中のアクリルアミド濃度を低減する取り組みを推奨している.

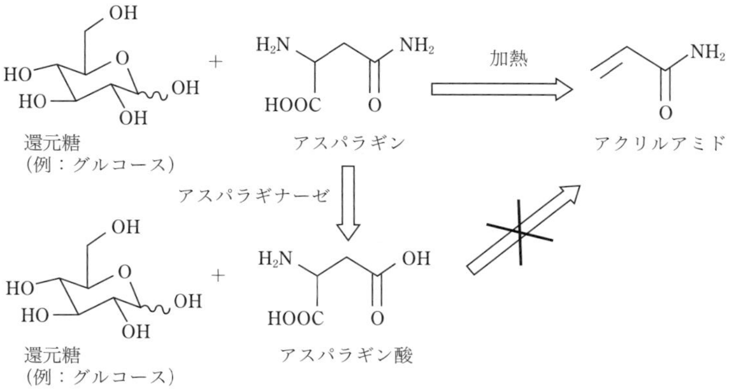

7.3 アミノ酸関連酵素の応用 **245**

図 7.4 アクリルアミド生成とアスパラギナーゼによる食品中のアクリルアミド
低減の原理[40]

食品中のアクリルアミド含有量を低減する方法が種々検討された中で，
食品加工の過程で食品にアスパラギナーゼを添加して L-アスパラギン量
をあらかじめ低減することにより，アクリルアミド生成を抑制できること
が明らかになった（図 7.4）．

アスパラギナーゼ製剤として，ノボザイムズ（Novozymes）社「アクリ
ルアウェイ」と，ディー・エス・エム（DSM）社「プリベンターゼ」が
販売されている[41, 42]．これらの製剤により，加工食品（ビスケット，ク
ラッカー，ポテトスナック，ブレッドなど）のアクリルアミド量を低減で
きることが報告されている．

アスパラギナーゼの給源としては，糸状菌（*Aspergillus oryzae*，*A. niger*）
が知られている．

7.3.2 グルタミナーゼの応用

グルタミナーゼ（glutaminase，系統名 L-glutamine amidohydrolase，
EC 3.5.1.2）は，L-グルタミンを加水分解して L-グルタミン酸とアンモニ
アを生成する酵素である[43, 44]．

グルタミナーゼには，加水分解反応以外に γ-グルタミル基転移反応を

触媒する活性（γ-グルタミルトランスフェラーゼ活性）があり，食品および医薬品工業から注目されている．

グルタミナーゼは醤油や味噌の主要な旨味成分であるL-グルタミン酸を生成することから，醤油や味噌醸造において最も重要な酵素の一つである．醤油諸味中で麹菌のプロテイナーゼやペプチダーゼにより，大豆タンパク質からペプチドを経てL-グルタミン酸とL-グルタミンが遊離する．次いで，このL-グルタミンは，pH 6.5〜7.5でグルタミナーゼにより速やかにL-グルタミン酸に変換される．ところがpH 4.5以下では，L-グルタミンから非酵素的にピログルタミン酸への転化が速やかに進行する（図7.5）．

分解型調味料（植物性タンパク質をプロテアーゼなどで酵素分解したもの，酵母エキスなど）を生産する場合に，グルタミナーゼを併用することで，呈味成分のL-グルタミン酸含量を増加させる効果がある（4章4.3.1項を参照）．

グルタミナーゼは，動物，植物，微生物に広く存在し，微生物の給源として，細菌（*Bacillus amyloliquefaciens, B. subtilis*），糸状菌（*Aspergillus oryzae*），酵母（*Candida famata*）が知られている．酵素製剤として，耐塩性，耐アルコール性，高い分解能に優れた*B. amyloliquefaciens*由来のグルタミナーゼが販売されている[46]．

一方，糸状菌（*Penicillium roqueforti*）由来グルタミナーゼのγ-グルタ

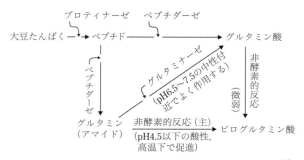

図7.5 醤油諸味中でのグルタミン酸関連物質の生成反応[45]

ミル基転移反応を利用して，有用な γ-グルタミル化合物が合成されている[47]．また，細菌（*Pseudomonas nitroreducens*）由来グルタミナーゼの γ-グルタミル基転移反応を利用し，L-グルタミンとエチルアミンを基質として，高純度の L-テアニン（γ-glutamylethylamide，茶の旨味成分の一つ）を安価に高収率で生産する工業的生産技術が確立されている[48]．

7.3.3 ペプチド合成酵素の応用

ジペプチドやトリペプチドは，単体アミノ酸にない物理的性質や新たな機能を有している．例えば，甘味（Asp-Phe-OMe），塩味（Ala-Lys·HCl），血圧降下作用（Tyr-Pro，Val-Tyr，Arg-Phe，Ile-Trp），鎮静作用（Tyr-Arg（キョートルフィン），Ser-His，Ile-His），抗酸化作用（β-Ala-His（カルノシン），β-Ala-*N*-methyl-His（アンセリン）），医療用輸液成分（Ala-Gln），溶解性の高いチロシン（Ala-Tyr），グルタチオン（γ-Glu-Cys-Gly）などが知られている[49-51]．

しかし，従来の化学合成法や化学-酵素合成法を中心としたペプチド合成技術には，汎用性や経済的生産性に乏しいという課題があった[52]．

1) L-アミノ酸 α-リガーゼを用いるペプチド合成

従来ジペプチドを合成する酵素として，glutamate-cysteine ligase（EC 6.3.2.2），D-alanine-D-alanine ligase（EC 6.3.2.4）および D-alanine-D-serine ligase（EC 6.3.2.35）が知られていたが，L-アミノ酸の α-ジペプチドを合成する酵素は確認されていなかった[52]．

2005 年に *Bacillus subtilis* 168 株から，新たに ATP 依存的に α-L-ジペプチドを合成する L-アミノ酸 α-リガーゼ（Lal）（L-amino-acid α-ligase，EC 6.3.2.28；2015 年から L-alanine-L-anticapsin ligase，別名 *ywfE*（gene name），EC 6.3.2.49 に移転登録）が見出された[53]．

Lal の特徴として，① ジペプチドのみを生成（トリペプチド等の長鎖ペプチドは生成しない），② L-アミノ酸のみと反応（D-アミノ酸とは反応しない），③ L-アミノ酸に対して広い基質特異性をもつため様々なジペプチドの合成が可能，④ 不可逆反応，⑤ 反応過程で ATP は ADP とリン酸に分解，などが挙げられる．

Lal を用いて，溶液状態で安定な L-Ala-L-Gln（医療用の輸液成分）の生成が確認された．

L-アミノ酸 α-リガーゼ

$$ATP + L\text{-}Ala + L\text{-}Gln \longrightarrow ADP + Pi + L\text{-}Ala\text{-}L\text{-}Gln$$

また，溶解性や溶液状態での安定性が高い L-Ala-L-Tyr も合成された．

2009 年には *Bacillus subtilis* NBRC3134 から，L-arginine-specific L-amino acid ligase（EC 6.3.2.48）が見出された[54]．また，Lal の変異酵素については多数の報告がある[55]．

なお，工業生産スケールでも目的産物を効率的に純度高く発酵生産できる生産菌および培養技術（ジペプチド直接発酵法の構築と工業化）が完成している[56, 57]．

2) アミノ酸エステルアシルトランスフェラーゼを用いるペプチド合成

2005 年に，*Empedobacter brevis* 由来の新規酵素（amino acid ester acyl transferase）を用いるペプチド生産様式が開発された．すなわち，カルボキシ成分として N-無保護のアミノ酸メチルエステル（AA-OMe）と，アミン成分としては無保護のアミノ酸（AA）を基質とする方法が採用されている[58, 59]．

(a) ジペプチド（AA_2-AA_1）の生産

$$AA_2\text{-}OMe + AA_1 \longrightarrow AA_2\text{-}AA_1 + MeOH$$

(b) トリペプチド（AA_3-AA_2-AA_1）の生産

$$AA_3\text{-}OMe + AA_2\text{-}AA_1 \longrightarrow AA_3\text{-}AA_2\text{-}AA_1 + MeOH$$

この様式で，L-Ala-OMe と L-Gln から L-Ala-L-Gln が，短時間の反応で高い収率を伴って合成される．

本酵素の利点は，① 高収率・高生産性，② 種々のジペプチド合成に利用可能，③ 鎖長 3 以上のオリゴペプチドの生産も可能，④ 非天然型アミノ酸を含むジペプチド合成にも応用可能，などが挙げられる．

また，アスパルテーム（Asp-Phe-OMe）も同様な生産様式で工業化さ

れている[60].

(a) 酵素反応

MeO–β–Asp–α–OMe + Phe ⟶ MeO–β–Asp–Phe + MeOH

(b) 化学反応と精製

MeO–β–Asp–Phe ⟶ Asp–Phe–OMe・HCl ⟶ Asp–Phe–OMe

（β–メチルエステルは塩酸酸性下で自発的に Phe のカルボキシル基に転移）

　さらに工業化に適した酵素を生産する *Sphingobacterium siyangensis* を選出し，アスパルテームの効率生産に適した変異型酵素の取得にも成功している[61].

7.4　タンパク質関連酵素の応用

7.4.1　トランスグルタミナーゼの応用

　トランスグルタミナーゼ（TGase）（protein–glutamine γ–glutamyltransferase，別名 transglutaminase，EC 2.3.2.13）は，図 **7.6** に示す 3 つの反応を触媒する酵素である[62, 63].

　①　アシル基転移反応；タンパク質およびペプチド中に存在するグル

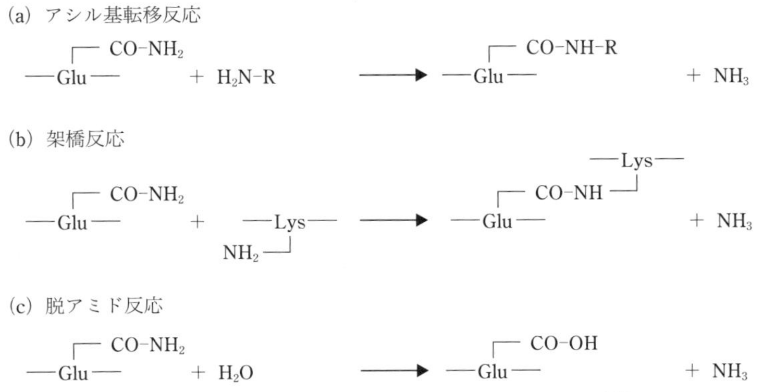

(a) アシル基転移反応

```
      ┌─ CO–NH₂                              ┌─ CO–NH–R
── Glu ──          + H₂N–R     ⟶     ── Glu ──              + NH₃
```

(b) 架橋反応

```
      ┌─ CO–NH₂                                          ── Lys ──
── Glu ──          +   ── Lys ──    ⟶     ┌─ CO–NH
                        NH₂                ── Glu ──              + NH₃
```

(c) 脱アミド反応

```
      ┌─ CO–NH₂                              ┌─ CO–OH
── Glu ──          + H₂O      ⟶     ── Glu ──              + NH₃
```

図 7.6　トランスグルタミナーゼが触媒する反応[63]

タミン（Gln）残基のγ-カルボキシアミド基と種々の第一級アミン
（R-NH$_2$）との間のアシル基転移反応を触媒する.

② 架橋反応；アシル受容体としてタンパク質中のリシン（Lys）残基
のε-アミノ基が作用して，分子間あるいは分子内にε-（γ-グルタ
ミル）リシンのイソペプチド結合（架橋結合）を形成する.

③ 脱アミド反応；一級アミンが存在しない場合は水がアシル受容体と
して機能し，Gln 残基が脱アミド化される.

TGase は，動植物や微生物に至るまで幅広く存在するが，食品用酵素
としては微生物（*Streptoverticillum mobaraense* S-8112）の酵素（タンパ
ク質架橋酵素ともいう）が利用されている.TGase は，商品名アクティ
バ・シリーズとして味の素から販売されている.

TGase の応用分野として，水産加工品，畜肉加工品，乳製品，麺類，
その他（小麦粉製品，大豆製品）などの食品加工が挙げられる.機能とし
ては，食感改良，結着性・保水性向上，歩留り向上，冷凍耐性などが期待
される[64, 65].

7.4.2 プロテイングルタミナーゼの応用

1971 年に，*Bacillus circulans* の 2 種類のペプチドグルタミナーゼが報
告された.1 つはペプチジル-グルタミナーゼ（peptidyl-glutaminase，EC
3.5.1.43）で，オリゴペプチドの C 末端のグルタミン（Gln）残基を脱アミ
ドしてグルタミン酸（Glu）残基に変換する酵素である.もう 1 つはプロ
テイン-グルタミングルタミナーゼ（protein-glutamine glutaminase，EC
3.5.1.44）で，トリペプチドの N 末端から 2 番目の Gln 残基を脱アミドし
て Glu 残基に変換する酵素である.インシュリン A 鎖（酸化型）のよう
なポリペプチド中の Gln 残基にも作用する[66].

タンパク質中の Gln 残基を脱アミドする酵素は，これまで存在する可
能性が指摘されていたが，プロテイン-グルタミングルタミナーゼは分子
量 5,000 以下の低分子ペプチドにしか作用せず，高分子タンパク質に作用
する酵素は知られていなかった.

しかし 2000 年に，*Chryseobacterium proteolyticum* からタンパク質脱ア

ミド酵素（プロテイングルタミナーゼと呼称）が新たに見いだされた[67]．高分子タンパク質（カゼイン，小麦グルテンなど）の Gln 残基を効率的に脱アミドする酵素であるが，トランスグルタミナーゼのようなタンパク質分子間の架橋重合反応は認められない．

$$\text{タンパク質中の Gln 残基} + H_2O \xrightarrow{\text{プロテイングルタミナーゼ}} \text{タンパク質中の Glu 残基} + NH_3$$

本酵素の食品工業への新しい応用として，タンパク質の機能性改善（溶解性，乳化特性，泡沫特性，ゲル特性），グルテンドウの物性改善（伸展性の向上），カルシウム・タンパク質の溶解性の向上などが期待される[68, 69]．

7.5 その他の酵素の応用

7.5.1 キチナーゼ，キトサナーゼの応用

キチン（chitin）は，工業的には主としてカニやエビなどの甲殻類の外骨格から，アルカリによる脱タンパク工程，および酸による脱カルシウム工程を経て得られる．キトサン（chitosan）は，キチンを濃 NaOH 中で加熱処理により脱アセチル化して得られる[70]．

1) キチン，キトサンの分解に関与する酵素群

キチン，キトサンの分解に関与する酵素群[71-73]を，図 **7.7** に示す．

キチナーゼ（chitinase，EC 3.2.1.14）は，キチン（ポリ β-1,4-N-アセチ

図 7.7 キチン，キトサンの酵素分解

ルグルコサミン）の β-1,4-グルコシド結合をランダムに加水分解する酵素である．β-N-アセチルヘキソサミニダーゼ（β-N-acetylhexosaminidase, EC 3.2.1.52）は，キチンオリゴ糖（N-アセチルグルコサミド）の β-1,4-グルコシド結合を非還元末端から逐次切断する酵素である．

キチナーゼの給源としては，植物（オオムギ），糸状菌（Trichoderma 属），細菌（Aeromonas 属）などが知られている．

また，キチンの N-アセチルグルコサミン残基の N-アセトアミド基を加水分解して，キトサン（ポリ β-1,4-グルコサミン）と酢酸を生成するキチンデアセチラーゼ（chitin deacetylase, EC 3.5.1.41）が知られている．キチンジサッカライドデアセチラーゼ（chitin disaccharide deacetylase, EC 3.5.1.105）は，N,N'-ジアセチルキトビオースを加水分解して，N-アセチルグルコサミン-β-1,4-グルコサミンと酢酸を生成する酵素である．

キトサナーゼ（chitosanase, EC 3.2.1.132）は，キトサン（ポリ β-1,4-グルコサミン）のグルコサミドの β-1,4-グルコシド結合をランダムに加水分解する酵素である．エキソ-1,4-β-D-グルコサミニダーゼ（exo-1,4-β-D-glucosaminidase, EC 3.2.1.165）は，キトサンあるいはキトサンオリゴ糖（オリゴグルコサミド）の非還元末端からグルコサミンを逐次遊離する酵素である．

キトサナーゼの給源としては，細菌（Bacillus 属），放線菌（Streptomyces 属），糸状菌（Aspergillus 属）などが知られている．

2) キチン，キトサンの工業的な製造法[74, 75]

キチンオリゴ糖，N-アセチルグルコサミン，グルコサミンの工業的な製造法として，化学法（濃 HCl による加水分解）あるいは酵素法（キチナーゼなどによる加水分解）が利用されている．

キトサンオリゴ糖の工業的な製造法としては，酵素法（キトサナーゼによる加水分解）と化学法（濃 HCl による加水分解）が利用されている．

7.5.2　リゾチームの応用

リゾチーム（lysozyme, 系統名 peptidoglycan N-acetylmuramoylhydrolase, EC 3.2.1.17）は，真正細菌の細胞壁ペプチドグリカン中の N-アセチ

ルムラミン酸と N-アセチルグルコサミンの間の β-1,4 結合を加水分解する酵素（別名 muramidase）である．この作用が，あたかも細菌を溶かしているように見えることから溶菌酵素とも呼ばれる[76]．

多くの動植物，微生物がリゾチームを生産するが，食品用途に利用されているのはニワトリ卵白のリゾチームである．

リゾチームの応用として，加工食品，水産品，クリーム類の日持ち向上，食品製造時の微生物制御，静菌・溶菌作用などがあり，粉末食品や液状食品の保存製剤として広く利用されている[77-80]．

保存料・日持ち向上剤を使用する際に，実際の食品では製剤を単独で使用することは少なく，効果を高めるために複数の製剤を併用することが多い．例えば，リゾチームとナイシン，リゾチームとショ糖脂肪酸エステルなどで相乗効果が認められている．

7.5.3 ウレアーゼの応用

ウレアーゼ（urease，EC 3.5.1.5）は，尿素を加水分解して二酸化炭素とアンモニアにする酵素である[81, 82]．

$$\text{CO(NH}_2)_2 + \text{H}_2\text{O} \xrightarrow{\text{ウレアーゼ}} \text{CO}_2 + 2\,\text{NH}_3$$

ウレアーゼ生産菌として，乳酸菌（*Lactobacillus fermentum*）または細菌（*Arthrobacter* 属）などが使われている．

種々の酒類中には，微量の尿素が含まれており，これが原因で酒質が劣化する．尿素はエタノールと共に加熱されると反応して，カルバミン酸エチル（ウレタンまたはエチルカルバメートともいう，$\text{H}_2\text{NCOOC}_2\text{H}_5$）が生成される．したがって，火入れ殺菌を行う前にウレアーゼで酒類中の尿素を分解しておくことで，カルバミン酸エチルの生成を防ぐことができる．

このカルバミン酸エチルは，国際がん研究機関（IARC）による発がん性分類において，ウレタンとして"グループ 2A（おそらくヒトに対する発がん性がある）"に分類されている[83-86]．

7.5.4 フィターゼの応用

　フィチン酸（phytic acid）は，*myo*-イノシトールにリン酸が 6 分子結合した有機リン酸化合物であり，*myo*-イノシトール-1,2,3,4,5,6-六リン酸（*myo*-inositol-1,2,3,4,5,6-hexaphosphate または hexakisphosphate，略称IP6）ともいう．

　フィチン酸は，穀物（トウモロコシ），豆類（ダイズ），塊茎（ジャガイモ）など多くの植物組織に存在する主要なリンの貯蔵形態であり，キレート作用が強く，金属イオン（カルシウム，マグネシウム，亜鉛など）と結合して，水不溶性のフィチン（phytin）の形態で多く存在する．

　フィターゼ（phytase）は，フィチン酸のリン酸エステルを加水分解して無機リン酸を遊離する酵素であり，*myo*-イノシトールリン酸中間体（*myo*-イノシトール五リン酸～*myo*-イノシトール一リン酸）を経て，最終的にフィチン酸 1 分子から *myo*-イノシトール 1 分子とリン酸 6 分子を生成する（**図 7.8**）．

　触媒するリン酸エステルの位置の違いにより，3-フィターゼ（別名 1-フィターゼ，EC 3.1.3.8），4-フィターゼ（別名 6-フィターゼ，EC 3.1.3.26），マルチプルイノシトールポリリン酸ホスファターゼ（EC 3.1.3.62），5-フィターゼ（EC 3.1.3.72）に分類されている．

　フィターゼは，微生物，植物などに存在するが，一般的には，3-フィターゼは微生物が生産し，4-フィターゼは植物由来である．フィターゼの生産菌として，糸状菌（*Aspergillus* 属），細菌（*Bacillus* 属），酵母（*Saccharomyces* 属）などが報告されている．

　フィターゼの主要な応用例として，飼料用途が挙げられる[88, 89]．単胃動物の濃厚飼料では，フィチン態リン含量が全リンの 50～80 ％を占めて

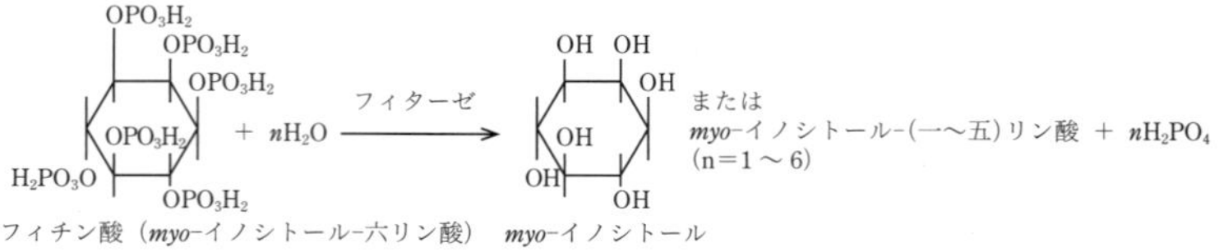

フィチン酸（*myo*-イノシトール-六リン酸）　　　*myo*-イノシトール

図 7.8　フィターゼによるフィチン酸の分解[87]

いるが，家畜の消化管内でほとんど利用できず排泄される．フィターゼは，フィチンあるいはフィチン酸のリン酸エステル部分を加水分解するので，家畜（ブタ，ニワトリなど）は遊離されたリン酸や金属イオン（ミネラル）を利用できるようになり，リンの排泄量も低減されることになる．

食品用途としては，清酒やしょう油などの製造，製パンにおいて，フィターゼが利用されている[90, 91]．

参考文献

1) 國仲 明（一島英治（編））（1983）『食品工業と酵素』，pp. 157-180，朝倉書店，東京．

2) T. E. クレイトン（編），太田次郎（監訳）（2006）『分子生物学大百科事典』，pp. 761-770，朝倉書店，東京．

3) (a) 村松正實（編集代表）（2008）『分子細胞生物学辞典』，第2版，p. 666，東京化学同人，東京；(b) 巖佐 庸，倉谷 滋，斎藤成也，塚谷裕一（編）（2013）『岩波 生物学辞典』，第5版，p. 1049，岩波書店，東京．

4) Fujimoto, M., Kuninaka, A. & Yoshino, H. (1974) *Agric. Biol. Chem.*, **38**(4), 777-783, 785-790.

5) 藤本 正，國中明（1979）発酵と工業，**37**(4), 311-320.

6) 國中明（1985）発酵と工業，**43**(2), 114-121.

7) 藤島鉄郎，吉野 宏（1967）発酵と代謝，**16**, 45-55.

8) 森口充瞭（2006）特開 2006-25688，天野エンザイム株式会社．

9) 豊増敏久（2010）月刊フードケミカル，**26**(11), 39-42.

10) 石田賢吾（2017）JAS 情報，**52**(3), 1-5.

11) 小林富二男，加戸久生（今中忠行（監修））（2002）『微生物利用の大展開』，pp. 905-913，エヌ・ティー・エス，東京．

12) 後藤千奈津（小宮山眞（監修））（2010）『酵素利用技術大系：基礎・解析から改変・高機能化・産業利用まで』，pp. 788-791，エヌ・ティー・エス，東京．

13) 池田咲子（2011）ジャパンフードサイエンス，**50**(9), 30-36.

14) 秋山峻一（1985）有機合成化学協会誌，**43**(7), 717-724.

15) 柴井博四郎（今中忠行（監修））（2002）『微生物利用の大展開』，pp. 689-699，エヌ・ティー・エス，東京．

16) アミノ酸・核酸集談会（編）（1976）『核酸発酵』，講談社，東京．

17) 手柴貞夫，古屋 晃（1984）発酵と工業，**42**(6), 488-498.

18) Yoshikawa, M., Kato, T. & Takenishi, T. (1969) *Bull. Chem. Soc. Jpn.*, **42**(12), 3505-3508.

19) 藤尾達郎，古屋 晃（1984）発酵と工業，**42**(7), 570-580.

20) 藤尾達郎，丸山明彦，杉山喜好，古屋 晃（1992）日本農芸化学会誌，**66**(10), 1457-1465.

21) 藤尾達郎，丸山明彦，森 英郎（1998）バイオサイエンスとインダストリー，**56**(11), 737-742.

22) 藤尾達郎，丸山明彦，青山良秀，河原 伸，西 達也（1999）生物工学会誌，**77**(3), 104-112.

23) Mori, H., Iida, A., Fujio, T. & Teshiba, S. (1997) *Appl. Microbiol. Biotechnol.*, **48**(6), 693-698.

24) Mihara Y., Utagawa, T., Yamada, H. & Asano, Y. (2000) *Appl. Environ. Microbiol.*, **66**(7), 2811-2816.

25) Mihara Y., Utagawa, T., Yamada, H. & Asano, Y. (2001) *J. Biosci. Bioeng.*, **92**(1), 50-54.

26) 三原康博，城下欣也，横山正人（2007）日本農芸化学会大会講演要旨集（農芸化学技術賞），受16-受17.

27) Bentley, R. (Boyer, P. D., Lardy, H. & Myrbäck, K. (Eds.)) (1963) *"The Enzymes"*, 2nd ed., Vol. **7**, pp. 567-586, Academic Press, New York and London.

28) 西本幸史（2016）食品の包装，**48**(1), 41-45.

29) 金 春花，前川昌子（2003）繊維学会誌，**59**(8), 334-338.

30) Nicholls, P. & Schonbaum, G. R. (Boyer, P. D., Lardy, H. & Myrbäck, K. (Eds.)) (1963) *"The Enzymes"*, 2nd ed., Vol. **8**, pp. 147-225, Academic Press, New York and London.

31) Schonbaum, G. R. & Chance, B. (Boyer, P. D. (Ed.)) (1976) *"The Enzymes"*, 3rd ed., Vol. **13**, pp. 363-408, Academic Press, New York and London.

32) Paul, K. G. (Boyer, P. D., Lardy, H. & Myrbäck, K. (Eds)) (1963) *"The Enzymes"*, 2nd ed, Vol. **8**, pp. 227-274, Academic Press, New York and London.

33) 伊藤誉志男，外海泰秀，豊田正武，小川俊次郎，慶田雅洋（1981）食品衛生学雑誌，**22**(4), 312-316.

34) 梅本菊子（1986）調理科学，**19**(2), 104-105.

35) Stark, G. R. & Dawson, C. R. (Boyer, P. D., Lardy, H. & Myrbäck, K. (Eds)) (1963) *"The Enzymes"*, 2nd ed, Vol. **8**, pp. 297-311, Academic Press, New York and London,

36) Lee, M. H. & Dawson, C. R. (McCormick, D. B. & Wright, L. D. (Eds.)) (1979) *"Methods Enzymol."*, Vol. **62**, pp. 30-39, Academic Press, New York and London.

37) 手塚俊彦，小谷佐知（2007）特開2007-325515，株式会社片山化学工業研究所.

38) 佐藤弘明，中越裕行，小谷正男，小林芳江（2015）再表2015-105112，味の素株式会社.

39) Wriston, J. C., Jr. (Boyer, P. D. (Ed.)) (1971) *"The Enzymes"*, 3rd ed., Vol. **4**, pp. 101-121, Academic Press, New York and London.

40) 中嶋康之（2016）ジャパンフードサイエンス，**55**(12), 37-41.

41) 中嶋康之（2009）食品の包装，**40**(2), 35-38.

42) 渡辺景子，古川裕考（2015）月刊フードケミカル，**31**(12), 82-85.

43) Roberts, E. (Boyer, P. D., Lardy, H. & Myrbäck, K. (Eds.)) (1960) *"The Enzymes"*, 2nd ed., Vol. **4**, pp. 285-300, Academic Press, New York and London.

44) Hartman, S. C. (Boyer, P. D. (Ed.)) (1971) *"The Enzymes"*, 3rd ed., Vol. **4**, pp. 79-100, Academic Press, New York and London.

45) 原山文徳（1992）日本醸造協会誌, **87**(7), 503-509.

46) 吉宗一晃, 森口充瞭（2005）日本醸造協会誌, **100**(1), 9-16.

47) 冨田憲史（1991）日本農芸化学会誌, **65**(6), 1027-1028.

48) ジュネジャ・レカ・ラジュ, 朱 政治, 大久保 勉, 小関 誠（2009）日本農芸化学会大会講演要旨集（農芸化学技術賞）, 受 11-受 14.

49) 矢ヶ崎誠, 田畑和彦, 池田 創, 橋本信一（2006）*BIO INDUSTRY*, **23**(9), 26-34.

50) 山田康枝（2010）食品加工技術, **30**(3), 93-99.

51) 木野邦器, 木野はるか（2017）化学と生物, **55**(3), 182-188.

52) 橋本信一（2007）バイオサイエンスとインダストリー, **65**(2), 61-66.

53) Tabata, K., Ikeda, H. & Hashimoto, S. (2005) *J. Bacteriol.*, **187**(15), 5195-5202.

54) Kino, K., Kotanaka, Y., Arai, T. & Yagasaki, M. (2009) *Biosci. Biotechnol. Biochem.*, **73**(4), 901-907.

55) Kino, H. & Kino, K. (2015) *Biosci. Biotechnol. Biochem.*, **79**(11), 1827–1832.

56) 協和発酵バイオ（2014）日本農芸化学会大会講演要旨集（農芸化学技術賞）, 受 11-受 12.

57) 田畑和彦（2015）化学と生物, **53**(8), 547-552.

58) Yokozeki, K. & Hara, S. (2005) *J. Biotechnol.*, **115**(2), 211-220.

59) 横関健三（2006）バイオサイエンスとインダストリー, **64**(2), 75-81.

60) 味の素（2017）日本農芸化学会大会講演要旨集（農芸化学技術賞）, 受 9-受 10.

61) Hirao, Y., Mihara, Y., Kira, I., Abe, I. & Yokozeki, K. (2013) *Biosci. Biotechnol. Biochem.*, **77**(3), 618-623.

62) Ando, H., Adachi, M., Umeda, K., Matsuura, A., Nonaka, M., Uchio, R., Tanaka H. & Motoki M. (1989) *Agric. Biol. Chem.*, **53**(10), 2613-2617.

63) 鷲津欣也, 梅田幸一, 丹尾式希, 本木正雄（2002）バイオサイエンスとインダストリー, **60**(1), 11-16.

64) 添田孝彦（2006）*BIO INDUSTRY*, **23**(10), 7-14.

65) 神谷典穂（2006）バイオサイエンスとインダストリー, **64**(12), 683-686.

66) Kikuchi, M. & Sakaguchi, K. (1973) *Agric. Biol. Chem.*, **37**(4), 719-724 ;**37**(8), 1813-1821.

67) Yamaguchi, S., Jeenes, D. J & Archer, D. B. (2001) *Eur. J. Biochem.*, **268**(5), 1410-1421.

68) 山口庄太郎（2008）月刊フードケミカル, **24**(12), 62-65.

69) 山口庄太郎, 天野 仁, 佐藤公彦, 松原寛敬（2010）日本農芸化学会大会講演要旨集（農芸化学技術賞）, 受 15-受 17.

70) キチン, キトサン研究会（編）（1995）『キチン, キトサンハンドブック』, 技報堂出版, 東京.

71) Fischer, E. H. & Stein, E. A. (Boyer, P. D., Lardy, H. & Myrbäck, K. (Eds)) (1960) *"The Enzymes"*, 2nd ed., Vol. **4**, pp. 301-312, Academic Press, New York and London.

72) Austin, P. R., *et al.* (Wood, W. A., Kellogg, S. T. (Eds.)) (1988) *"Methods Enzymol."*, Vol. **161**, pp. 403-529, Academic Press, New York and London.

73) 深溝 慶, 佐々木千絵, 小島美紀（2001）化学と生物, **39**(6), 377-383.

74) 佐々木千絵, 深溝 慶 (2001) ニューフードインダストリー, **43**(12), 7-14.

75) 平野茂博 (監修) (2009)『キチン・キトサン開発技術』(2004年『キチン・キトサンの開発と応用』普及版), 第4章 分解分野, pp. 51-86, シーエムシー出版, 東京.

76) 林 勝哉, 井本泰治 (1974)『リゾチーム』, 南江堂, 東京.

77) 松岡芳隆 (1971) 栄養と食糧, **24**(6), 311-316.

78) 吉田一也 (高野光男, 横山理雄 (監修)) (1991)『新殺菌工学実用ハンドブック』, pp. 135-142, サイエンスフォーラム, 千葉.

79) 野崎一彦 (食品腐敗変敗防止研究会 (編)) (2006)『食品変敗防止ハンドブック』, pp. 142-143, サイエンスフォーラム, 千葉.

80) 小磯博昭 (2014) 日本食品微生物学会雑誌, **31**(2), 70-75.

81) Varner, J. E. (Boyer, P. D., Lardy, H. & Myrbäck, K. (Eds.)) (1960) *"The Enzymes"*, 2nd ed., Vol. **4**, pp. 247-256, Academic Press, New York and London.

82) Reithel, F. J. (Boyer, P. D. (Ed.)) (1971) *"The Enzymes"*, 3rd ed., Vol. **4**, pp. 1-21, Academic Press, New York and London.

83) 吉沢 淑, 高橋康次郎 (1988) 日本醸造協会誌, **83**(2), 142-144.

84) 向井伸彦, 木曽邦明 (2005) 日本醸造協会誌, **100**(10), 705-714.

85) 樋口知一, 伊豆英恵, 松丸克己 (2012) 酒類総合研究所報告, 第184号 (No. 03), 26-28.

86) 国税庁ホームページ (酒類中のカルバミン酸エチルについて) (https://www.nta.go.jp/taxes/sake/anzen/joho/joho01.htm)

87) 滝澤 昇 (1999) *BIO INDUSTRY*, **16**(1), 72-77.

88) 武政正明, 高木久雄 (2001) 日本家禽学会誌, **38**(5), J96-J100.

89) 斎藤 守 (2001) 日本畜産学会報, **72**(8), J177-J199.

90) 花田洋一, 佐藤潤一 (2003) 日本醸造協会誌, **98**(5), 329-332.

91) 松尾亜希子, 佐藤健司, 中村考志, 大槻耕三 (2005) 日本栄養・食糧学会誌, **58**(5), 267-272.

8章 各種の酵素の応用 (2)

　有用物質生産のための工業的プロセスとして酵素を利用することは，化学合成法や発酵法で困難な有機化合物の生産に有効である（**表8.1**，**表8.2**）．

　酵素法には，①酵素そのものを利用する場合と，②微生物菌体そのままを "enzyme bag" として用いる場合，③さらに，これらの生化学的反応

表 8.1　酵素反応と化学反応の比較[1]

	酵素反応	化学反応
反応条件	常温，常圧	高温，高圧
反応エネルギー	酵素分子の配座の変化に基づくエネルギー	熱エネルギー
溶媒	水（まれに水を含む有機溶媒）	水または有機溶媒
特異性		
反応特異性	高 い	低 い
基質特異性	高 い	低 い
位置特異性	高 い	低 い
立体特異性	高 い	低 い
基質または生成物濃度	低 い	高 い

表 8.2　酵素法と発酵法の比較[1]

	酵 素 法	発 酵 法
微 生 物	生育菌体，休止菌体，処理菌体，胞子など	生育菌体
反　　応	触媒反応（1〜数段反応）	生命現象（多段階反応）
反応時間	短 い	長 い
原　　料	基質（高価）	炭素源，窒素源など（安価）
生 成 物	天然物，非天然物	天然物
生成物濃度	高 い	低 い
生成物の単離	容 易	困 難

と化学的反応とを組合せて，それぞれの長所を活用する方法がある[1-9]．

酵素や微生物菌体は，固定化酵素や固定化菌体として通常使用されるが，酵素の安定性を高めること，カラムに詰めれば連続酵素反応も可能であること，また酵素反応終了後に容易に反応液から分離できることなどの利点がある．

酵素法の実用化の例として，アミノ酸，有機酸，オリゴ糖，甘味料，ビタミン，抗生物質など多数の製造例があるが，化学的な方法では合成が困難な場合や安全性の観点から，食品や医薬品の業界での製造例がほとんどである（1章1.6.4項の表1.9を参照）．汎用化成品としては，アクリルアミドの実用例が挙げられる．

本章では，アミノ酸，有機酸，および化成品の実用例を紹介する．なお，オリゴ糖，甘味料（3章，4章），食品用乳化剤，構造脂質（5章），核酸系うま味物質(7章)に関連する酵素法については，各章を参照されたい．

8.1 酵素法によるアミノ酸の製造

アミノ酸のうち最も生産量が多いのは L-グルタミン酸ナトリウム（発酵法；うま味調味料）で，さらに L-リシン塩酸塩（発酵法；飼料添加物），DL-メチオニン（合成法；飼料添加物）などが多く生産されている[10,11]．

アミノ酸の製造法には，発酵法のほかにも，酵素法，合成法，抽出法などがある．酵素法は，1種類もしくは2種類の酵素を利用してアミノ酸になる手前の化合物を，目的のアミノ酸に変換させる方法であり，直近の化合物が安価に供給されるときなどに威力を発揮する，"chemico-enzymatic process" と称される化学合成法と酵素合成法を融合させた方法である．酵素法によるアミノ酸の製造法は，次の4通りに分類される[12,13]．

8.1.1 ラセミ体アミノ酸の酵素的光学分割[2-6]

固定化酵素が工業的に初めて応用された例（田辺製薬，1969年）であるが，糸状菌（*Aspergillus oryzae*）の生産する L-アミノアシラーゼ（*N*-acyl-aliphatic-L-amino acid amidohydrolase，EC 3.5.1.14）を用いて，化学

L-アミノアシラーゼ
DL-R−CH−COOH＋H2O
NHCOR′
L-R−CH−COOH＋R′COOH＋D-R−CH−COOH
NH2
NHCOR′
N-アシル-DL-アミノ酸
L-アミノ酸
N-アシル-D-アミノ酸
(ラセミ化)

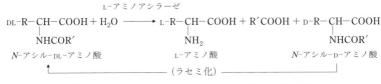

図 8.1　L-アミノアシラーゼによる L-アミノ酸の製造

合成された *N*-アシル-DL-アミノ酸を不斉加水分解することで，L-アミノ酸を得る方法である（**図 8.1**）.

L-フェニルアラニン，L-メチオニン，L-バリンなどの各種光学活性アミノ酸が効率よく連続生産されている.

一方，中性 D-アミノ酸の *N*-アシル体に作用する基質特異性の広い D-アミノアシラーゼ（*N*-acyl-D-amino acid amidohydrolase，EC 3.5.1.81）を利用した D-アミノ酸の製造法についても開発が進行している[14, 15].

8.1.2　アミノ酸前駆体の酵素的変換[2-6)]

アミノ酸生合成経路上に位置する前駆体を，酵素的に L-アミノ酸に変換する方法である.

実用例として，L-アスパルターゼを含む微生物菌体を固定化して，フマル酸から L-アスパラギン酸を製造する方法がある．次いで，この L-アスパラギン酸を原料にして，連続的に L-アラニンを製造することが可能になった.

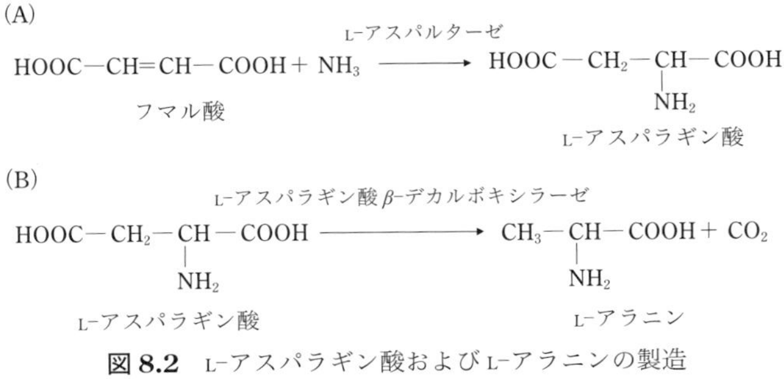

(A)
L-アスパルターゼ
HOOC−CH=CH−COOH＋NH3
HOOC−CH2−CH−COOH
NH2
フマル酸
L-アスパラギン酸
(B)
L-アスパラギン酸 β-デカルボキシラーゼ
HOOC−CH2−CH−COOH
NH2
CH3−CH−COOH＋CO2
NH2
L-アスパラギン酸
L-アラニン

図 8.2　L-アスパラギン酸および L-アラニンの製造

最初の反応（**図 8.2 (A)**）の触媒となる L-アスパルターゼ（L-aspartate ammonia-lyase, EC 4.3.1.1）は，*Escherichia coli* から生産される菌体内酵素である．この菌体を固定化し，連続反応で L-アスパラギン酸が生産された[16]（田辺製薬，1973 年）．

次の反応（**図 8.2 (B)**）の触媒となる L-アスパラギン酸 β-デカルボキシラーゼ（L-aspartate β-decarboxylase, EC 4.1.1.12）は，*Pseudomonas dacunhae* の菌体内に生産される．この菌体を固定化して，L-アラニンの連続製造法が実用化された[16]（田辺製薬，1982 年）．

8.1.3 アミノ酸代謝に関与する酵素の逆反応の利用[2-6]

アミノ酸代謝経路上の酵素の逆反応を利用する方法であり，トリプトファナーゼ（EC 4.1.99.1），チロシンフェノールリアーゼ（EC 4.1.99.2），フェニルアラニンアンモニアリアーゼ（EC 4.3.1.24），メチオニン γ-リアーゼ（EC 4.4.1.11），L-システインデスルフィダーゼ（EC 4.4.1.28）などが用いられる．

実用例として，チロシンフェノールリアーゼ（L-tyrosine phenol-lyase（deaminating; pyruvate-forming），別名；β-チロシナーゼ）の α, β-脱離反応の逆反応を利用したアミノ酸の製造法を示す．

1) L-チロシンの製造

ピリドキサールリン酸（PLP）を補酵素とするチロシンフェノールリ

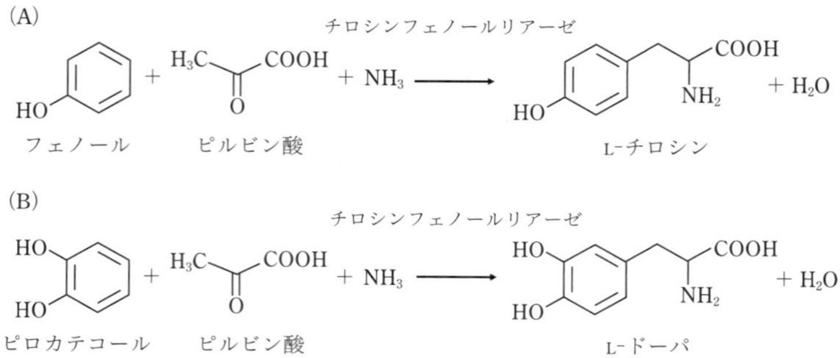

図 8.3 L-チロシンおよび L-ドーパの製造

アーゼ (TPL) により,3つの基質を同時に脱水縮合して,L-チロシンを不斉合成する製造法である.*Erwinia herbicola* を TPL 生産培地で培養して,TPL 含有菌体をそのまま酵素触媒として用いる(図 8.3 **(A)**).

2) L-ドーパの製造

L-ドーパ (L-DOPA, L-3,4-dihydroxyphenylalanine) は,ドーパミン(神経伝達物質)やアドレナリン(ホルモン)などの前駆物質として重要なアミノ酸である.

特に,血液脳関門を通過できる性質を活用してパーキンソン病患者の治療薬として使用されている.血液脳関門を通過した L-ドーパは,脳内で L-DOPA デカルボキシラーゼ (EC 4.1.1.28) の作用によりドーパミンになり,これが神経伝達物質として働く.

L-ドーパは,前述の TPL 含有菌体により,3つの基質を同時に脱水縮合して不斉合成される[17,18](図 8.3 **(B)**).

8.1.4 化学合成中間体から光学活性アミノ酸への変換[2-6]

化学合成されたラセミ中間体を光学活性アミノ酸へ変換する方法である.次に,4つの実用例を示す.

1) L-リシンの製造

このリシン製造法は,福村によって開発されたもので,1978年から実用化された(東レ,宝酒造).

化学合成された DL-α-アミノ-ε-カプロラクタム (DL-ACL) に,L-ACL

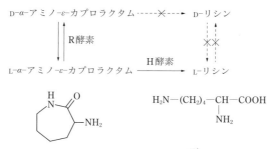

図 8.4 L-リシンの製造[19]

を加水分解する酵素（L-ACL ヒドロラーゼ，H 酵素）と ACL のラセミ化酵素（ACL ラセマーゼ，R 酵素）を同時に作用させて，DL-ACL から一気に L-リシンを生成させる製造法である（**図 8.4**）．

　H 酵素として *Cryptococcus laurentii* の菌体，R 酵素として *Achromobacter obae* の菌体そのものを使用する．

　このリシン製造法の特長として，①両酵素（H・R）生産菌ともに D-ACL を加水分解する酵素をもたない，②同じく L-リシンをラセミ化する酵素をもたない，③ L-ACL と L-リシンの平衡は圧倒的に L-リシン側に傾いており，反応が完結した時点では L-ACL は残存しない，という 3 点が挙げられる．

2）　L-システインの製造

　化学合成で得られた DL-2-アミノ-2-チアゾリン-4-カルボン酸（DL-ATC）から，*Pseudomonas thiazolinophilum* の菌体内酵素（ATC ラセマーゼ，L-ATC ヒドロラーゼ，および S-カルバモイル-L-システイン（SCC）ヒドロラーゼ）を用いて不斉加水分解し，L 体のみのシステインを合成する方法が開発された（**図 8.5**）．ATC のラセミ化は，ATC ラセマーゼにより酵素的に起こっており，アミノ酸ラセマーゼとは性質が異なるものと考えられている．

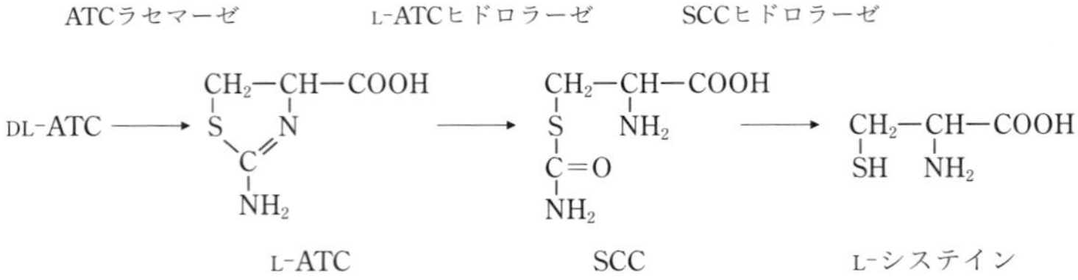

図 8.5　L-システインの製造[20]

3）　L-トリプトファンの製造

　化学合成された DL-インドリルメチルヒダントイン（DL-IMH）から，*Flavobacterium* sp. AJ-3912 の菌体内酵素（ヒダントインヒドロラーゼ（EC 3.5.2.4）および N-カルバモイル-L-アミノ酸ヒドロラーゼ（EC 3.5.1.87））を用いる L-トリプトファンの製造法が確立されている（**図 8.6**）．微生物

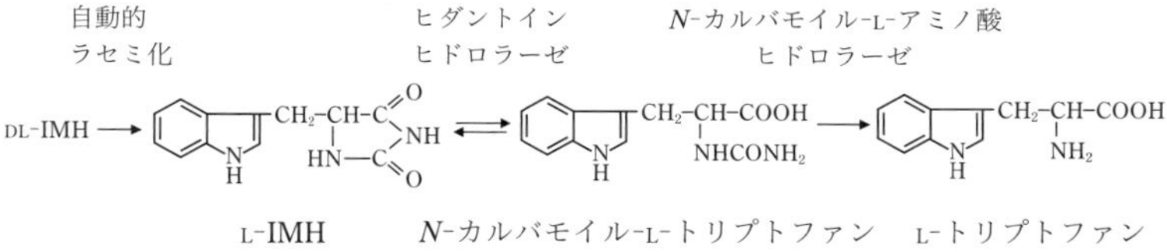

8.1 酵素法によるアミノ酸の製造

図8.6 L-トリプトファンの製造[21]

のヒダントインヒドロラーゼは，基質特異性が広い酵素である．

連続反応において副生する N-カルバモイル-D-トリプトファンはヒダントインヒドロラーゼの逆反応により D-IMH に戻され，自動的なラセミ化で L 体に変換される．

4) D-p-ヒドロキシフェニルグリシンの製造

D-アミノ酸は，β-ラクタム系抗生物質，農薬，生理活性ペプチドなどの合成原料として工業的に重要な化合物である．

化学合成した DL-5 置換ヒダントインから D-アミノ酸への合成は，2段階の反応工程からなる．L-5 置換ヒダントインは，自動的にラセミ化される（図 8.7）．

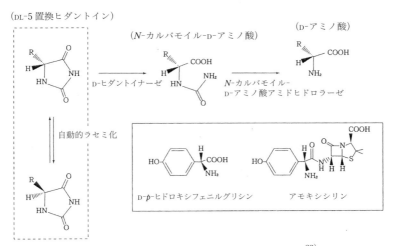

図 8.7 D-p-ヒドロキシフェニルグリシンの製造[22]

Pseudomonas 属細菌の D-ヒダントイナーゼ（常用名；ジヒドロピリミジナーゼ，EC 3.5.2.2）により DL-5 置換ヒダントインの不斉加水分解を行い，次の脱カルバモイル工程では，*Agrobacterium* 属細菌の N-カルバモイル-D-アミノ酸アミドヒドロラーゼ（別名；D-N-カルバモイラーゼ，EC 3.5.1.77）により N-カルバモイル-D-アミノ酸を加水分解して，目的の D-アミノ酸を合成する[22, 23]．

この 2 段階の反応工程で，DL-5-(p-ヒドロキシフェニル）ヒダントインから，D-p-ヒドロキシフェニルグリシン（D-HPG）を製造できる．D-HPG は β-ラクタム系（ペニシリン系，セフェム系）抗生物質の側鎖として，例えば半合成ペニシリンのアモキシシリンの合成に利用されている．

D-ヒダントイナーゼの基質特異性は広く，D-フェニルアラニン，D-バリン，D-アラニンなどの各種 D-アミノ酸の合成にも応用できる．

8.2　酵素法による有機酸の製造

有機酸は，発酵法と同様に酵素法で生産されており，清涼飲料水，医薬品，化学工業品などの原料として使用されている．

8.2.1　L-リンゴ酸の製造[2-6]

前節の L-アスパルターゼは，フマル酸を基質とし，二重結合の部位に NH_3 を付加したが，フマラーゼ（fumarate hydratase, EC 4.2.1.2）を用いると，H_2O が付加され L-リンゴ酸（L-malic acid）になる（**図 8.8**）．固定化菌体（*Brevibacterium ammoniagenes*）による連続法が実用化されている[24]（田辺製薬，1974 年）．

$$\text{HOOC—CH=CH—COOH} + H_2O \xrightarrow{\text{フマラーゼ}} \text{HOOC—CH}_2\text{—CH—COOH}$$

フマル酸　　　　　　　　　　　　　　　　　　　　　　　　　　　　　　　OH

L-リンゴ酸

図 8.8　L-リンゴ酸の製造

8.2.2 酒石酸の製造[2-6]

L-(+)-酒石酸は，ワイン（ブドウ酒）の生産時に副生する酒石から単離される．

図 **8.9** に示すように，化学合成技術と L-酒石酸エポキシダーゼ（*trans-epoxysuccinate hydrolase*，別名 tartrate epoxidase，EC 3.3.2.4）を組み合わせて，マレイン酸から L-(+)-酒石酸の製造が可能である．

また，細菌（*Acromobacter* 属，*Aerobacter* 属，*Alcaligenes* 属など）を固定化して，L-(+)-酒石酸をつくるという報告もある．

一方，D-(-)-酒石酸は，酵素法および選択資化法による製造法が研究されており，食品添加物や医薬中間体などの用途に用いられている．

酵素法では，細菌（*Achromobacter* 属，*Alcaligenes* 属など）の菌体内 D-酒石酸エポキシダーゼによりシスエポキシコハク酸を加水分解し高収率で D-(-)-酒石酸を製造する[25,26]．

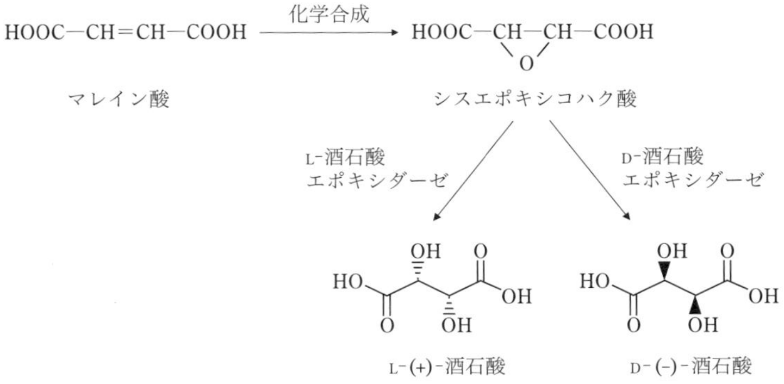

図 8.9 酒石酸の製造

8.3 酵素法による化成品の製造

ニトリル（nitrile）は，R−C≡N で表される構造をもつ有機化合物の総称である．微生物転換反応を利用して，ニトリルからアクリルアミド，ニコチン酸アミドの製造が工業化されている．汎用化成品の分野で酵素法が

268　　　　　　　8章　各種の酵素の応用（2）

応用された例として注目される．

ニトリルは，次の2つの経路で代謝される[27-29]．

$$R-C{\equiv}N \xrightarrow[2\,H_2O]{\text{ニトリラーゼ}} R-COOH + NH_3 \qquad (1)$$

$$R-C{\equiv}N \xrightarrow[H_2O]{\text{ニトリルヒドラターゼ}} R-CONH_2 \xrightarrow[H_2O]{\text{アミダーゼ}} R-COOH + NH_3 \quad (2)$$

反応式（1）では，ニトリラーゼ（nitrilase，EC 3.5.5.1）によってニトリルがモノカルボン酸とアンモニアに直接加水分解される．反応式（2）では，ニトリルヒドラターゼ（nitrile hydratase，EC 4.2.1.84）によってニトリルが一度水和反応を受けてアミドを生成した後，アミダーゼ（amidase，EC 3.5.1.4）によってモノカルボン酸とアンモニアに加水分解される．

8.3.1　アクリルアミドの製造[30, 31]

アクリルアミドは，高分子凝集剤，紙力増強剤，石油回収剤などのポリマー原料として多種の用途を有する重要なモノマーである．

1970年代初め，アクリルアミドの製造法として銅触媒法が開発された．この方法は，優れた触媒性能とプロセスの合理性から画期的な製法として，現在も世界的に採用されている．

一方，アクリロニトリルの水和反応を触媒するニトリルヒドラターゼ（NHase）生産菌がスクリーニングされて，*Rhodococcus rhodochrous* J-1 あるいは *Pseudomonas chlororaphis* B23 の固定化菌体（NHase）が，工業的なアクリルアミド製造プロセスに用いられている．

$$CH_2{=}CH-C{\equiv}N + H_2O \xrightarrow{\text{ニトリルヒドラターゼ}} CH_2{=}CH-CONH_2$$
アクリロニトリル　　　　　　　　　　　　　　　　　　　　　アクリルアミド

本酵素法が銅触媒法を凌ぐ技術として普及してきた要因として，常温・中性域の製法であること，NHase がアクリルアミド耐性能に優れている

こと,バッチ反応プロセスでなく連続反応プロセスを適用できたこと,が考えられる.

8.3.2 ニコチン酸アミドおよびニコチン酸の製造[32, 33]

ニコチン酸アミド(ニコチンアミド)とニコチン酸は水溶性ビタミンであり,ナイアシン(ビタミン B_3)と総称される.ニコチン酸アミドは生体内で NAD^+,$NADP^+$ に生合成され,種々の脱水素酵素の補酵素として酸化還元反応に関与する.

R. rhodochrous J-1 は,脂肪族ニトリルに良く作用する低分子量のニトリルヒドラターゼ(L-NHase)と,芳香族ニトリルに良く作用する高分子量のニトリルヒドラターゼ(H-NHase),の2種類の酵素を誘導生成するため,芳香族ニトリルの水和反応も触媒する.

3-メチルピリジンから化学合成された3-シアノピリジンに,*R. rhodochrous* J-1 の菌体内酵素(H-NHase)を作用させて,ニコチン酸アミドを効率よく製造することができる(図 8.10).アミダーゼ活性は検出されないため,ニコチン酸は全く副生しない.

また,ニコチン酸は,*R. rhodochrous* J-1 の菌体内酵素(ニトリラーゼを誘導生成)により 3-シアノピリジンを直接加水分解して製造する.

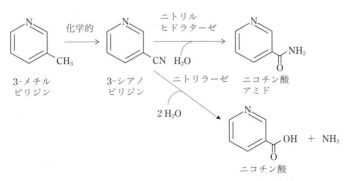

図 8.10 ニコチン酸アミドおよびニコチン酸の製造

参考文献

1) 清水 昌, 山田秀明 (1986) 化学と生物, **24**(7), 452-464.
2) 千畑一郎 (編) (1986) 『固定化生体触媒』, 講談社, 東京.
3) 山田秀明 (編) (1987) 『酵素の新機能開発』, 講談社, 東京.
4) 魚住武司, 太田隆久 (編) (1993) 『酵素工学』, 丸善, 東京.
5) 田中渥夫, 松野隆一 (1995) 『酵素工学概論』, コロナ社, 東京.
6) 栃倉辰六郎, 山田秀明, 別府輝彦, 左右田健次 (監修), バイオインダストリー協会発酵と代謝研究会 (編) (2001), 『発酵ハンドブック』, 共立出版, 東京.
7) 清水 昌 (1997) 化学と生物, **35**(3), 221-224.
8) 西橋秀治 (2007) *DIC Technical Review*, No.13, 21-35.
9) 千畑一郎 (2010) 化学と生物, **48**(11), 785-790.
10) 味の素株式会社 (編) (2003) 『アミノ酸ハンドブック』, pp. 98-105, 工業調査会, 東京.
11) 木村英一郎, 伊藤久生 (鳥居邦夫, 門脇基二 (監修)) (2014) 『アミノ酸科学の最前線－基礎研究を活かした応用戦略－』, pp. 118-121, シーエムシー出版, 東京.
12) 清水 昌, 山田秀明 (1983) 有機合成化学協会誌, **41**(11), 1064-1075.
13) 横関健三 (1988) 日本醸造協会誌, **83**(4), 230-237.
14) 吉宗一晃, 広瀬芳彦, 森口充瞭 (2003) バイオサイエンスとインダストリー, **61**(4), 235-240.
15) 吉宗一晃, 若山 守 (2014) *BIO INDUSTRY*, **31**(3), 41-48.
16) 高松 智, 土佐哲也, 千畑一郎 (1983) 日本化学会誌, **18**(9), 1369-1376.
17) 江井 仁, 中沢英次, 土田隆康, 滑川俊雄, 熊谷英彦 (1996) バイオサイエンスとインダストリー, **54**(1), 11-15.
18) 熊谷英彦 (2012) 化学と生物, **50**(2), 127-130.
19) 福村 隆, 加藤嵩一 (1980) 日本農芸化学会誌, **54**(8), 647-653.
20) 佐野孝之輔, 山本 泰, 楠本勇夫, 横関健三 (1985) 日本農芸化学会誌, **59**(8), 823-829.
21) 横関健三 (1988) 日本農芸化学会誌, **62**(4), 775-778.
22) 上島孝之 (1999) 『酵素テクノロジー』, pp. 76-81, 幸書房, 東京.
23) 高橋里美, 難波弘憲, 池中康裕, 矢島麗嘉 (2000) 日本農芸化学会誌, **74**(9), 961-966.
24) Chibata, I., Tosa, T. & Takata, I. (1983) *Trends Biotechnol.*, **1**(1), 9-11.
25) 生田ミキ, 阪本 剛 (2000) 特開 2000-14391, 三菱化学株式会社.
26) 佐藤治代 (中井 武, 大橋武久 (監修)) (2004) 『キラルテクノロジー』, 普及版, pp. 112-128, シーエムシー出版, 東京.
27) Asano, Y., Fujishiro, K., Tani, Y. & Yamada, H. (1982) *Agric. Biol. Chem.*, **46**(5), 1165-1174.
28) 山田秀明, 浅野泰久, 谷 吉樹 (1983) 化学と工業, **36**(2), 101-103.
29) 長沢 透, 山田秀明 (1990) 有機合成化学協会誌, **48**(11), 1072-1073.
30) 中井公忠, 渡辺一郎, 佐藤好昭, 榎本兼彦 (1988) 日本農芸化学会誌, **62**(10), 1443-1450.

参考文献　　　**271**

31) Yamada, H. & Kobayashi, M. (1996) *Biosci. Biotech. Biochem.*, **60**(9), 1391-1400.

32) 長沢 透，山田秀明（1988）バイオサイエンスとインダストリー，**46**(8), 3516-3518.

33) 上島孝之（1999）『酵素テクノロジー』，pp. 81-84，幸書房，東京.

【酵素名索引】

ア

L-アスコルビン酸オキシダーゼ
（L-ascorbate oxidase）　243
アスパラギナーゼ（asparaginase）　244
L-アスパラギン酸 β-デカルボキシラーゼ
（L-aspartate β-decarboxylase）　262
L-アスパルターゼ
（L-aspartate ammonia-lyase）　262
β-N-アセチルヘキソサミニダーゼ
（β-N-acetylhexosaminidase）　251, 252
アミダーゼ（amidase）　268
L-アミノアシラーゼ（N-acyl-aliphatic-L
-amino acid amidohydrolase）　260
D-アミノアシラーゼ（N-acyl-D-amino
acid amidohydrolase）　261
L-アミノ酸 α-リガーゼ
（L-amino-acid α-ligase（EC 6.3.2.28）；
L-alanine-L-anticapsin ligase
（EC 6.3.2.49）に移転登録）　247
アミノ酸エステルアシルトランス
フェラーゼ（amino acid ester acyl
transferase）　248
アミノ酸関連酵素　10, 244
アミラーゼ　70
α-アミラーゼ（4-α-D-glucan
glucanohydrolase）　5, 70, 73
　液化型——　77
　糖化型——　77
　デンプン液化酵素　73
β-アミラーゼ
（4-α-D-glucan maltohydrolase）　70, 81
アミログルコシダーゼ
（amyloglucosidase）　84
アミロマルターゼ　93, 99
アラビナナーゼ（arabinanase）　219, 222
L-arginine-specific L-amino acid ligase
　248

イソアミラーゼ
（glycogen α-1,6-glucanohydrolase）90

イソプルラナーゼ（isopullulanase）　102
イソマルツロースシンターゼ
（isomaltulose synthase）　104
イヌロスクラーゼ（イヌリン合成酵素）
　136
イノシンキナーゼ
（inosine-guanosine kinase）　241
インベルターゼ　102

ウレアーゼ（urease）　4, 253

AMP デアミナーゼ（AMP deaminase）
　238
エキソ-1,4-β-D-グルコサミニダーゼ
（exo-1,4-β-D-glucosaminidase）
　251, 252
エキソペクチン酸リアーゼ
（exopectate lyase, exo-PAL）215, 218
エキソポリガラクツロナーゼ（exo-
polygalacturonase, exo-PG）215, 217
枝切り酵素（プルラナーゼ, イソアミラー
ゼ）（debrancing enzyme）　70, 88
枝作り酵素（ブランチングエンザイム）
　100
エンドグルカナーゼ
（endoglucanase, EG）　212
エンドペクチン酸リアーゼ
（pectate lyase, endo-PAL）215, 218
エンドペクチンリアーゼ
（pectin lyase, endo-PL）　215, 218
エンドポリガラクツロナーゼ
（endo-polygalacturonase, endo-PG）
　215, 217

カ

核酸分解酵素（ヌクレアーゼ）　10, 237
カタラーゼ（catalase）　243
活性型酵素　53, 54
ガラクタナーゼ（galactanase）219, 221
α-ガラクトシダーゼ（melibiase）
　104, 143

β-ガラクトシダーゼ (β-D-galactoside
 galactohydrolase) 103, 132
N-カルバモイル-L-アミノ酸ヒドロラーゼ
 264
N-カルバモイル-D-アミノ酸アミドヒドロ
 ラーゼ 266
カルボン酸エステル加水分解酵素
 (Carboxylic Ester Hydrolases) 182, 197

キシラナーゼ (xylanase) 219, 220
キチナーゼ (chitinase) 251
キチンデアセチラーゼ (chitin deacetylase)
 251, 252
キトサナーゼ (chitosanase) 251, 252
キモシン (chymosin) 167, 169
Q-酵素 100
凝乳酵素 (レンネット) 167
金属活性化酵素
 (metal-activated enzyme) 51
金属酵素 (metalloenzyme) 51

β-グルカナーゼ (β-glucanase)
 141, 219, 222
4-α-グルカノトランスフェラーゼ
 (4-α-glucanotransferase) 99
1,4-α-グルカンブランチングエンザイム
 (1,4-α-glucan branching enzyme) 100
グルコアミラーゼ (4-α-D-glucan
 glucohydrolase) 70, 84, 119
グルコースイソメラーゼ
 (xylose isomerase) 95, 123
グルコースオキシダーゼ
 (glucose oxidase) 241
α-グルコシダーゼ
 (α-D-glucoside glucohydrolase) 70, 91
β-グルコシダーゼ
 (β-glucosidase, BGL) 213, 230, 232
D-グルコシルトランスフェラーゼ (1,4-
 α-glucan 6-α-glucosyltransferase) 92
グルタミナーゼ (glutaminase) 245

工業用酵素 8
酵素前駆体 (チモーゲン) 53, 54
糊精化酵素 73

サ

サーモライシン (thermolysin) 153, 176
酸化還元酵素 10, 241

ジアスターゼ (diastase) 3
GMP 合成酵素 (GMP synthase
 (glutamine-hydrolysing)) 240
シクロマルトデキストリングルカノトラ
 ンスフェラーゼ (CGTase) 93, 126,
脂質関連酵素 181
脂質分解酵素 9
L-酒石酸エポキシダーゼ
 (trans-epoxysuccinate hydrolase) 267
食品用酵素 8
植物組織崩壊酵素 9, 211

スクロースα-グルコシダーゼ 102
スクロースグルコシルムターゼ
 (sucrose glucosylmutase) 104, 133
ズブチリシン (subtilisin) 153, 174

セルロース分解酵素 (セルラーゼ) 212
セロビオヒドロラーゼ
 (cellobiohydrolase, CBH) 213
洗剤用プロテアーゼ 172, 174

タ

タカジアスターゼ 5
単純タンパク質型酵素 12
タンナーゼ (tannin acylhydrolase) 228
タンパク質関連酵素 10, 249
タンパク質分解酵素 9, 151

チマーゼ (zymase) 4
チロシンフェノールリアーゼ 262

D-酵素 93, 99
デキストラナーゼ (6-α-D-glucan 6-
 glucanohydrolase) 105
デキストランスクラーゼ (sucrose 6-
 glucosyltransferase) 105

糖質関連酵素 8, 69

酵素名索引

トランスグルタミナーゼ（protein-
glutamine γ-glutamyltarnsferase） 249
トリアシルグリセロールリパーゼ
（triacylglycerol lipase） 182
トレハロース遊離酵素（malto-
oligosyltrehalose trehalohydrolase） 134

ナ

ナガーゼ（Nagarse） 155
ナリンギナーゼ（α-L-rhamnosidase） 232

ニトリラーゼ（nitrilase） 268
ニトリルヒドラターゼ
（nitrile hydratase） 268

ヌクレアーゼ（nuclease） 237
ヌクレアーゼ P$_1$（nuclease P$_1$） 238
ヌクレオデポリメラーゼ
（nucleodepolymerase） 237

ハ

パパイン（papain） 153, 165

D-ヒダントイナーゼ 266
ヒダントインヒドロラーゼ 264
5′位選択的ピロリン酸-ヌクレオシドリン
酸基転移酵素（acid phosphatase） 241

フィシン（ficin） 153, 165
フィターゼ（phytase） 254
複合タンパク質型酵素 12
D-プシコース 3-エピメラーゼ
（D-psicose 3-epimerase） 137
フマラーゼ（fumarate hydratase） 266
ブランチングエンザイム（BE） 100
β-フルクトフラノシダーゼ
（β-D-fructofuranoside
fructohydrolase） 102, 131
プルラナーゼ（pulluan 6-α-
glucanohydrolase） 88
プロテアーゼ（protease） 151
アスパラギン酸——（アスパルティッ
クプロテアーゼ） 153
外来性—— 165
内在性—— 164

金属—— 153
システイン—— 153
植物由来—— 165
スレオニン—— 154
セリン—— 151
微生物由来—— 154, 166
コウジ菌由来—— 156
Bacillus 属細菌由来—— 154
プロテイナーゼ（proteinase） 151
プロテイングルタミナーゼ
（タンパク質脱アミド酵素） 250
プロトペクチナーゼ
（protopectinase，PPase） 217
ブロメライン（bromelain） 153, 165

ペクチン酸リアーゼ（PAL） 215, 218
ペクチン質デポリメラーゼ
（pectin depolymerase） 216
ペクチン質分解酵素（ペクチナーゼ） 214
ペクチンメチルエステラーゼ
（pectin methylesterase，PME） 217
ペクチンリアーゼ（PL） 215, 218
ヘスペリジナーゼ（α-L-rhamnosidase）
230
ペプシン 3, 153
ペプチダーゼ（Peptidases） 151
アミノ——（aminopeptidase） 151
エキソ——（Exopeptidases） 151
エンド——（Endopeptidases） 151
カルボキシ——（carboxypeptidase）
151
ペプチド合成酵素 247
ヘミセルラーゼ 212, 219
ペルオキシダーゼ（peroxidase） 243

ホスホリパーゼ（phospholipase） 196
——A$_1$（PLA1） 197
——A$_2$（PLA2） 197
——B（PLB） 198
——C（PLC） 198
——D（PLD） 198
ポリガラクツロナーゼ（PG） 215, 217
ポリメチルガラクツロナーゼ（PMG）
215, 217

マ

マルトオリゴシルトレハロース生成酵素
（malto-oligosyltreharose synthase）134
マルトオリゴ糖生成アミラーゼ　　98
　G2 生成アミラーゼ（glucan 1,4-α-
　　maltohydrolase）　　99
　G3 生成アミラーゼ（glucan 1,4-α-
　　maltotriohydrolase）　　99
　G4 生成アミラーゼ（glucan 1,4-α-
　　maltotetraohydrolase）　　99
　G6 生成アミラーゼ（glucan 1,4-α-
　　maltohexaosidase）　　99
マルトテトラオース生成アミラーゼ　75
マルトトリオース生成アミラーゼ　74
マルトヘキサオース生成アミラーゼ　75
マンナナーゼ（mannanase）　219, 221

ムコールペプシン（mucorpepsin）　169

メリビアーゼ　　143

ユ

有用物質製造用酵素　　11

ラ

ラクターゼ　　104

リゾチーム（lysozyme）　13, 252
リパーゼ（lipase，脂質分解酵素）　181
リポキシゲナーゼ（lipoxygenase）　205
リン酸エステル加水分解酵素
　（Phosphoric Diester Hydrolases）　197

レンネット（rennet）　5, 167
　遺伝子組換え――　　169
　微生物――　　169

【 事 項 索 引 】

あ

アクリルアミド	244
——の製造	268
L-アスコルビン酸 2-グルコシド	94
アスパルテーム（aspartame）	176, 248
α-アノマー	71, 74, 97, 98
β-アノマー	71, 81, 98
アミロース	69, 79, 81
アミロペクチン	69, 79, 80
——の分岐構造	81
アラキドン酸	183, 187, 188
アルコール発酵	1, 142
アルコリシス反応	183, 193
アルファ（α）化	107, 139
異性化糖の製造	123
異性化反応装置	126
異性化反応の諸条件	124
異性化率（Fructose Efficiency）	124
イソマルツロース（パラチノース）	
	104, 109
——の製造と利用	133
イソマルトオリゴ糖	105
位置特異性	182, 185
遺伝子工学的手法	17
イヌリンの製造と利用	135
5′-イノシン酸（5′-IMP）	238, 240, 241
う蝕と糖	137
液化（liquefaction）	73
エキソ型	49, 71, 151, 217, 219
エステル化反応の利用	191
エステル交換反応の利用	193
エンド型	49, 71, 151, 217, 219

か

架橋反応	249
核酸系うま味物質の製造	240
果汁の清澄化	226

活性化エネルギー	44
活性中心（active center）	15
活性の発現	15
活性部位（active site）	15
カップリングシュガー	94, 109
——の製造と利用	129
ガラクトオリゴ糖	104, 109, 221
——の製造と利用	132
カルバミン酸エチル	253
柑橘類果肉シラップの白濁防止	230
柑橘類の苦味除去	232
基質結合部位（substrate-binding site）	
	15
基質特異性（substrate specificity）	
	1, 45, 47
希少糖（rare sugar）	136
キシロオリゴ糖	220
キチン（chitin）	251
キチン，キトサンの工業的な製造法	252
キトサン（chitosan）	251
機能性グリセロリン脂質の製造	201
共役リノール酸（conjugated linoleic acid）の分画	191
金属イオン	13, 51
5′-グアニル酸（5′-GMP）	240, 241
クラッカーなどの製造	163
グリセロリシス反応	193, 194
グリセロリン脂質（glycerophospholipid，リン脂質と略称）	181, 196, 199
グルコースの製造	118
α-1,4-グルコシド結合	70, 73, 81, 84, 91
α-1,6-グルコシド結合	70, 85, 89, 90
グルコシルスクロース	129
γ-グルタミル基転移反応	245, 247
クロマトグラフィー	24
系統名（systematic name）	65
β-限界デキストリン（β-limit dextrin）	
	80, 81

コウジ菌	156	高度不飽和脂肪酸（polyunsaturated	
黄コウジ菌	5, 139	fatty acid）の精製	187
黒コウジ菌	139	高度不飽和リン脂質	202
酵素（enzyme）	4	高度分岐環状デキストリン（Highly	
——の活性化，安定化	53	Branched Cyclic Dextrin）	100
——の生産	16	酵母エキスの製造	239
——の精製	20	国際生化学分子生物学連合（IUBMB）	
——の阻害	55		1, 60, 63
——の測定条件	62	国際生化学連合（IUB）	60, 63
——の単位	60	国際単位（international unit）	61
——の特異性	47	ココアバター代替脂	195
——の働き	43	糊精化（dextrinization）	73
——の発見	2	枯草菌	73, 77
——の分類法	64	固体触媒	43
——の変性と失活	55	固定化酵素（immobilized enzyme）	27, 29
——の名称	65	固定化生体触媒	34
——の命名法	63	小麦粉の漂白	205

酵素委員会（Enzyme Commission）

さ

	1, 60, 63		
構造脂質の製造	194	最大反応速度（V_{max}）	45
酵素–基質複合体（ES 複合体，ES		細胞壁	211
complex）	45		
酵素合成法	176	ジェットクッカー法	
酵素産業の流れ	4	（超耐熱性 α-アミラーゼ液化法）	111
酵素センサー	36	シクロデキストリン（CD）	93, 109
酵素脱ガム法	203	——の製造と利用	126
酵素単位（katal）	61	脂質除去反応の利用	190
酵素単位（unit）	61	脂質の分類と種類	181
酵素タンパク質	13, 24	脂質分解反応の利用	186
酵素糖化法	118	L-システインの製造	264
酵素の構造と活性発現	12	至適温度（optimum temperature）	52
アポ酵素（apoenzyme）	12	至適 pH（optimum pH）	52
ホロ酵素（holoenzyme）	12	脂肪酸特異性	182
酵素番号（Enzyme Commission		脂肪酸の製造	186
Number，EC 番号）	64	脂肪酸メチルエステル	
酵素反応速度論	44	（fatty acid methyl ester，FAME）	192
酵素反応と活性化エネルギー	44	充填層型反応装置	33, 126
酵素反応の至適条件	51	酒税法	139, 141
酵素分解レシチン	200	酒石酸の製造	267
酵素法	259	醸造工業への応用	138
——によるアミノ酸の製造	260	常用名（accepted name）	65
——による化成品の製造	267	食肉の軟化	164
——による有機酸の製造	266	触媒効率（catalytic efficiency）	62
酵素利用技術	28	触媒部位（catalytic site）	15
		食品加工への応用	156

食用調理油の製造	196
初速度（initial velocity）	45
人為的な変異	17
スクリーニング	17
製飴用麦芽（糖化酵素剤）	5
生活機能的発酵説	3
製剤化	25
清酒の醸造	139
生体触媒	43
生体模倣技術（biomimetics）	26, 33
生体利用技術	26
製パンへの応用	189
セルロース（1,4-β-D-グルカン，cellulose）	211, 212
繊維工業におけるデンプン糊の糊抜き	142
洗剤への応用	170, 190
洗剤用酵素の歴史	170

た

第9版食品添加物公定書	38
大豆レシチン	199
多分岐グルカン（Highly Branched α-Glucan）	101
タンパク質	12
チーズの製造	167
チーズフレーバー	189
茶飲料などの白濁防止	229
調味料の製造	157
L-チロシンの製造	262
L-テアニン（γ-glutamylethylamide）	247
デキストラン	105
デンプン加工への応用	106
デンプンの液化	107
デンプンの糊化（gelatinization，アルファ化）	107
糖化液中の残存オリゴ糖	122
糖化度（dextrose equivalent，DE）	113, 115, 117
糖転移ヘスペリジン（モノグルコシルヘスペリジン）	94, 231

L-ドーパ（L-DOPA）の製造	263
トリアシルグリセロール（triacylglycerol，TAG）	181
L-トリプトファンの製造	264
トルラ酵母	239
トレハロース（α, α-trehalose）	7, 109
——の製造と利用	133

な

ナイアシン（ビタミン B_3）	269
生デンプンの分解能	86, 88
ナリンギン（naringin）	232
難消化性デンプン（resistant starch，RS）	110
難溶性デンプン粒子（insoluble starch particle, ISSP）	110
ニコチン酸アミドおよびニコチン酸の製造	269
ニトリル (nitrile)	267
乳製品フレーバーの製造	188
ニワトリ卵白	13, 253

は

バイオセンサー（biosensor）	36
バイオディーゼル燃料（biodiesel fuel，BDF）の生産	192
バイオテクノロジー（biotechnology）	26
バイオマスの糖化	223
バイオリアクター（bioreactor）	33
バイオリファイナリー	225
培地組成, 培養条件	19
ハイマルトースシラップ	114
培養方式（固体培養法, 液体培養法）	18
バターフレーバー	189
発酵酸素説	3
発酵触媒説	4
発酵生物説	3
発酵素（ferment）	3
発酵素説	3
パラチノース（palatinose）	105, 133
反応特異性（reaction specificity）	1, 47
ビール酵母・パン酵母	239
ビールの醸造	141

比活性（specific activity）	62
必須イオン	12
D–p–ヒドロキシフェニルグリシンの製造	265
ピログルタミン酸	246
フィチン（phytin）	254
フィチン酸（phytic acid）	254
D–プシコース（D–アルロース）の製造と利用	136
フルクトース／グルコース（F/G）分離	126
フルクトオリゴ糖	103, 108
──の製造と利用	131
プルラン	88
プロテオリシス（proteolysis）	164
プロトペクチン（protopectin）	214
分子活性（molecular activity）	62
分子間転位	93, 108
分子内転位	93, 108
ペクチン（pectin）	211, 214
ペクチン酸（pectic acid）	214
ヘスペリジン（hesperidin）	230
別名（other name）	65
ペプチド結合	13
ペプチドの呈味性	158
ペプチドリシス（peptidolysis）	164
ヘミセルロース（hemicellulose）	211, 219
補因子（cofactor）	12, 49
包接化合物（inclusion compound）	128
包接化方法	129
補欠分子族（prosthetic group）	13, 50
補酵素（coenzyme）	12, 50
ホスファチジル基転移反応	199, 201
ホスファチジルコリン（PC）	181, 196, 199
ホスファチジン酸（PA）	181, 198, 203
没食子酸（gallic acid）	228
母乳代替脂	196

ポリガラクツロン酸（polygalacturonic acid）	214, 217
ポリペプチド鎖	13

ま

マルチトール（還元麦芽水あめ）	117
マルツロース（maltulose）	110, 122
マルトースの製造	115
マルトオリゴシルスクロース	94, 129
ミカエリス定数（K_m）	46
Michaelis–Menten の式	47
水あめの製造	111
味噌，醤油の醸造	162
みりんの製造	140
もち類の老化防止	143
モノまたはジアシルグリセロールの合成	193

や

野菜エキスの製造	228

ら

Lineweaver–Burk のプロット	47
ラクトスクロース（乳果オリゴ糖）	103, 109
卵黄の改質	204
卵黄レシチン	199
L–リシンの製造	263
リゾグリセロリン脂質（リゾリン脂質あるいはリゾレシチンと略称）	197, 200
リゾレシチン（lysolecithin）の製造	199
γ–リノレン酸	187
L–リンゴ酸の製造	266
リン酸エステル	85
リン脂質（phospholipid）	181, 196, 203
レシチン（lecithin）	196, 199

【微生物名索引】

A

Achromobacter obae	264
Acromobacter	267
Actinomadura	199
Actinoplanes missouriensis	96
Aerobacter aerogenes	75, 95
Agrobacterium	266
Alcaligenes	267
Arthrobacter	96, 134, 253
Arthrobactor sp. K-1	103
Aspergillus	153, 161, 166, 184, 218, 231
——*awamori* var. *kawachi*	87
——*luchuensis*	139
(旧名 *Aspergillus awamori*)	
——*niger*	6, 84, 86, 92, 102, 122, 131,
	142, 169, 214, 226, 242, 245
——*niger* var. *awamori*	169
——*oryzae*	5, 73, 78, 92, 132, 139, 154,
	199, 229, 245, 260
——sp. K-27	86
——*usamii*	84, 92, 119
Aureobasidium pullulans	103, 131

B

Bacillus	81, 153, 161, 166, 175
——*amyloliquefaciens*	73, 77, 155, 246
——*cereus*	83
——*circulans*	20, 86, 94, 104, 132
——*coagulans*	96
——*licheniformis*	73, 76, 77, 89, 155
——*macerans*	93
——*megaterium*	81, 83, 94
——*mesentericus*	5
——sp. 217C-11	136
——*stearothermophilus*	94, 100
——*subtilis*	5, 73, 76, 77, 154, 247
——*subtilis* MN-385	76
——*thermoproteolyticus*	156
Brevibacterium ammoniagenes	266

C

Candida	184
——*antarctica*	192, 194
——*cylindracea*	188, 189
——*rugosa*	188, 192
——*utilis*	239
Chaetomium	105
Chalara	86
Chryseobacterium proteolyticum	250
Clostridium	166
Corynebacterium ammoniagenes	240
Cryptococcus laurentii	132, 264

E

Empedobacter brevis	248
Endomyces	86
Erwinia herbicola	263
Escherichia coli	35, 262
——*coli* K12	169

F

Flavobacterium	105, 264
Fusarium oxysporum	199, 204

K

Klebsiella （旧名 *Aerobacter*）	89
——*oxytoca*	94
Kluyveromyces fragilis	104
——*lactis*	104, 169

L

Lactobacillus fermentum	253
Leuconostoc	105

M

Microbacterium imperiale	99
Micrococcus lysodeikticus	243
Morganella morganii	241
Mortierella vinacea	143
Mucor javanicus	92

P

Paenibacillus sp. PP710	101
Penicillium	6, 184, 231
——*amagasakiense*	242
——*camembertii*	194
——*chrysogenum*	242
——*citrinum*	238
——*cyclopium*	189, 193
——*roqueforti*	246
——*roquefortii*	194
Protaminobacter rubrum	104, 133
Pseudomonas	81, 90, 184, 187, 266
——*alcaligenes*	190
——*cepacia*	193
——*chlororaphis* B23	268
——*dacunhae*	34, 262
——*fluorescens*	194
——*hydrophila*	95
——*mendocina*	190
——*stutzeri*	75
——*thiazolinophilum*	264

R

Rhizomucor	184
——*miehei*	169, 195
（旧名 *Mucor miehei*）	
——*pusillus*	169
（旧名 *Mucor pusillus*）	

Rhizopus	6, 86, 166, 184, 218
——*arrhizus*	193
——*delemar*	84, 187, 189
——*niveus*	119, 154
——*oryzae*	189
Rhodococcus rhodochrous J-1	268

S

Saccharomyces cerevisiae	239
Sphingobacterium siyangensis	249
Sporobolomyces singularis	132
Streptococcus	105
——*bovis*	86
——*mutans*	137
Streptomyces	6, 81, 96, 123, 153
——*griseus*	74, 154
——*phaeochromogenes*	124
——*violaceoruber*	199
Streptoverticillum mobaraense S-8112	250
Sulfolobus	134

T

Thermomyces lanuginosa	192, 204
Thermomyces lanuginosus	190
Thermus aquaticus	100
Trichoderma reesei	214, 226
（*Hypocrea jecorina*）	
Trichoderma viride	214

■原著者略歴

小巻利章（こまき・としあき）

1929 年　尼崎市に生まれる
1951 年　大阪農業専門学校（現・大阪府立大学）農芸化学科卒業
同　年　長瀬産業株式会社入社，尼崎工場に勤務．微生物酵素の工業生産・研究開発に
　　　　従事
1954 年　大阪工研協会工業技術賞受賞
1967 年　日本澱粉学会学会賞受賞
1970 年　日本農芸化学会技術賞受賞
1975 年　長瀬産業株式会社化学品第二部部長，尼崎工場長，ナガセ生化学工業株式会社
　　　　取締役その他を兼務
1987 年10月　同社副本部長を経て定年退職．小巻利章技術士事務所を開設
1988 年 4 月　福山大学産業科学研究所教授
1989 年 4 月　福山大学工学部食品工学科教授
1999 年 4 月　福山大学工学部応用生物科学科教授
農学博士，技術士（農芸化学），元日本澱粉学会副会長
2003 年　没

■改訂編著者略歴

白兼孝雄（しろかね・よしお）

1975 年　広島大学 大学院工学研究科発酵工学専攻を卒業
同　年　キッコーマン醤油株式会社入社，中央研究所に勤務
（1980 年　キッコーマン株式会社に商号変更）
　　　　微生物酵素（診断薬用酵素ほか），食品分析キットの研究・商品開発に従事
2000 年　バイオケミカル事業部，研究開発本部に勤務
2010 年　同社を定年退職
2013 年　白兼バイオ技術士事務所を開設，現在に至る
技術士（生物工学部門），博士（工学），サイエンスライター

（共著）
1)　Mori, A., Cohen, B. D. & Koide, H. (Eds.) (1989) *"Guanidines 2: Further Explorations of the Biological and Clinical Significance of Guanidino Compounds"*, Plenum Press, New York.
2)　De Deyn, P. P., Marescau, B., Stalon, V. & Qureshi, I. A. (Eds.) (1992) *"Guanidino Compounds in Biology & Medicine"*, John Libbey & Company Ltd., London.

（趣味）
マラソン（Abbott World Marathon Majors - Six Star Finisher），囲碁

改訂新版 酵素応用の知識

1986 年 1 月 30 日	初 版	第 1 刷	発行
1988 年 10 月 25 日	2 版	第 1 刷	発行
1992 年 4 月 1 日	3 版	第 1 刷	発行
2000 年 3 月 21 日	4 版	第 1 刷	発行
2007 年 10 月 10 日	4 版	第 2 刷	発行
2019 年 9 月 25 日	改訂新版	初版第 1 刷	発行

原　著　者　小　巻　利　章

改訂編著者　白　兼　孝　雄

発　行　者　夏　野　雅　博

発　行　所　株式会社　幸書房

〒 101-0051　東京都千代田区神田神保町 2-7

TEL03-3512-0165　FAX03-3512-0166

URL　http : // www. saiwaishobo. co. jp

装　丁：クリエイティブ・コンセプト（根本眞一）

組　版：デジプロ

印　刷：シナノ

Printed in Japan. Copyright Yoshio Shirokane 2019.

・無断転載を禁じます．

・ JCOPY　〈（社）出版者著作権管理機構　委託出版物〉

本書の無断複写は著作権法上での例外を除き禁じられています．複写される場合は，そのつど事前に，（社）出版者著作権管理機構（電話 03-3513-6969，FAX 03-3513-6979，e-mail：info@jcopy.or.jp）の許諾を得てください．

ISBN978-4-7821-0441-5　C3058